U0315391

普通高等教育"十三五"规划教材

现代烧结造块理论与工艺

主　编　陈铁军
副主编　周仙霖　罗艳红　康兴东

北京
冶金工业出版社
2018

内 容 提 要

本书共 16 章，主要内容包括烧结过程概述、烧结过程燃烧与热量传输规律、烧结过程物理化学原理、烧结料层内气体运动规律、烧结过程的成矿机理、烧结矿的矿物组成与结构、烧结原料及其特性、烧结原料的准备与加工、混合料的烧结、烧结矿的处理、烧结矿质量评价、烧结新工艺与新技术、其他矿物的烧结、烧结过程节能、烧结过程除尘以及烧结过程减排等。

本书可作为高等院校矿物加工工程、冶金工程等专业的教材（配有教学课件），也可供冶金企业、设计院所以及有关的工程技术人员参考。

图书在版编目（CIP）数据

现代烧结造块理论与工艺/陈铁军主编. —北京：冶金工业
出版社，2018.1
普通高等教育"十三五"规划教材
ISBN 978-7-5024-7702-8

Ⅰ.①现… Ⅱ.①陈… Ⅲ.①烧结矿—高等学校—教材
Ⅳ.①TF046.6

中国版本图书馆 CIP 数据核字（2017）第 322813 号

出 版 人 谭学余
地　　址 北京市东城区嵩祝院北巷 39 号　邮编　100009　电话　(010)64027926
网　　址 www.cnmip.com.cn　电子信箱　yjcbs@cnmip.com.cn
责任编辑 俞跃春　杜婷婷　美术编辑　吕欣童　版式设计　禹　蕊
责任校对 王永欣　责任印制　牛晓波
ISBN 978-7-5024-7702-8
冶金工业出版社出版发行；各地新华书店经销；三河市双峰印刷装订有限公司印刷
2018 年 1 月第 1 版，2018 年 1 月第 1 次印刷
787mm×1092mm　1/16；17 印张；409 千字；257 页
49.00 元

冶金工业出版社　投稿电话　(010)64027932　投稿信箱　tougao@cnmip.com.cn
冶金工业出版社营销中心　电话　(010)64044283　传真　(010)64027893
冶金书店　地址　北京市东四西大街 46 号(100010)　电话　(010)65289081(兼传真)
冶金工业出版社天猫旗舰店　yjgycbs.tmall.com
（本书如有印装质量问题，本社营销中心负责退换）

前　言

铁矿烧结造块担负着为高炉冶炼提供优质炉料的任务。由于全球范围内高品位块矿稀缺，绝大部分的含铁物料需经加工后才能进行冶炼，使得矿物加工成为现代钢铁联合企业中的重要生产工序。传统的铁矿烧结造块是将细粒铁矿粉制备成供高炉炼铁使用的块状炉料的过程。随着冶金科学技术的进步、优质铁矿资源的不断减少和人类对自身生存环境的关切，现代铁矿造块已不限于制备成块状物料，还要求造块产品具有良好的机械强度、适宜的粒度组成、理想的化学成分和优良的冶金性能。

进入 21 世纪后，世界钢铁工业竞争不断加剧，发达国家铁矿烧结造块的发展重点已由早期追求产量和质量，转变到稳定产量和质量、降低能耗和清洁生产上来。我国目前铁矿烧结造块总产量已达约 10 亿吨，占世界总产量 60% 以上，但整体技术水平与国际先进水平相比仍存在差距，其中能耗和环境方面的差距尤为显著。

为了适应烧结造块行业的快速发展和技术进步，培养高素质的矿物加工工程应用型技术人才，编者结合多年的教学实践经验编写了本书。本书对烧结造块过程基础理论进行了梳理和增补，增加了铁矿石烧结基础特性、烧结成矿铁酸钙理论等新知识，并侧重基本原理与工艺技术相结合；同时本书紧密联系烧结及冶金行业的发展动态，结合我国烧结工艺技术的重大进展，在基本原理和原则工艺技术基础上介绍了最新的铁矿烧结技术及烧结造块方法在锰矿粉、红土镍矿等特殊矿粉造块工艺上的应用。基于目前我国节能减排新形势，本书增加了烧结过程节能、烧结过程除尘及烧结过程减排等章节，对烧结造块过程中节能减排新方法和新技术进行了详细的介绍。

本书由武汉科技大学陈铁军担任主编，周仙霖、罗艳红和康兴东（中冶东方工程技术有限公司）担任副主编。宝武集团武钢股份公司杨志高级工程师，中冶南方工程技术有限公司罗浩高级工程师，武汉科技大学庄骏、冯杨、万军营、崔进兵等参与了编写及校阅工作。

在本书的编写过程中，编者参考了诸多同行的研究工作和成果，得到了各方面的支持和帮助，在此深表感谢。

本书配套教学课件读者可在冶金工业出版社官网（http：//www.cnmip.com.cn）输入书名搜索资源并下载。

由于作者的学识及水平所限，书中不妥之处，恳请读者不吝赐教，并提出宝贵的建议或意见。

编　者

2017 年 10 月于武汉

目 录

1 烧结过程概述

1.1 烧结的作用与发展

1.1.1 烧结的作用

烧结工业是整个钢铁工业生产中的一个不可缺少的重要环节，其生产好坏对钢铁生产关系极大。随着工业的发展，能直接用于高炉冶炼的富矿越来越少，使得人们不得不开采贫矿（含铁品位 25%~40%）。但贫矿直接入炉冶炼是不经济的，所以，仍需经过选矿处理，要选矿，必须对矿石进行破碎研磨，选矿后的矿粉，品位提高了，但其粒度不符合高炉冶炼要求，因此，对于开采和筛选出来的矿粉都必须经过造块后方可用于冶炼。

烧结生产的主要任务是将铁矿粉进行造块，为高炉冶炼提供优质的人造富矿。烧结过程的基本原理是将有用矿物粉末（含铁原料、熔剂、燃料及返矿等）按一定配比进行配料，并配以适当的水分，经混匀制粒后铺到烧结机的台车上，烧结料经表面点火后，在下部风箱强制抽风作用下，料层内燃料自上而下燃烧并放热，混合料在高温作用下发生一系列物理、化学变化，并产生一定的液相，随着料层温度降低冷却，液相将矿粉颗粒固结成块，这个过程称为烧结。

烧结矿是人工制造的矿石，它与天然矿石相比有许多优点，通常含铁量高，粒度组成均匀，气孔率大，成分稳定，还原性能好；含碱性熔剂，造渣性能好，具有良好的冶金性能；烧结过程可除去 80%~90% 的有害杂质如硫（S）、磷（P）和砷（As）等。高炉使用人造富矿（烧结矿、球团矿），可提高产量，降低燃料消耗。另外，通过造块过程，可以利用工业生产中的副产品，如高炉灰、转炉尘、铁屑、轧钢皮、硫酸渣等，合理利用资源，节约生产成本。

高炉冶炼要取得好的技术经济指标，首要的条件就是要有好的原料和合理的炉料结构，烧结生产的作用就是为高炉制造精良的原料。高炉每生产 1t 生铁约需 1.5~1.8t 铁矿石，其中采用的烧结矿和球团矿所占的比例称做熟料比，目前，国内许多高炉的熟料比已达 80%，随着高炉的大型化，对"精料"的要求越来越高，熟料比还会进一步提高。

1.1.2 烧结的发展

1.1.2.1 烧结设备与生产发展

1897 年，T. Hunting Ton 等申请了硫化铅矿焙烧专利，而后用于生产，主要采用烧结设备完成鼓风间断烧结作业。1905 年，E. J. Savelsberg 首次将烧结锅用于铁矿粉烧结（鼓风）。1909 年，S. Penbaeh 申请用连续环式烧结机烧结铅矿石。1911 年，A. S. Dwight 和

R. L. Lloyd 首次发明抽风连续带式烧结机用于铁矿粉烧结，即 D-L 型烧结机。1914 年，J. E. Greenwalt 发明抽风间断烧结盘用于铁矿粉烧结，其称为 G. W 型烧结机。

在 20 世纪初期，烧结工艺主要循着两个不同的途径发展：一方面是不断改进间歇式烧结法，提高间歇式烧结机的效率，其中最具代表性的是 Greenwalt 烧结机，在早期规模相对较小的烧结生产中被应用多年；另一方面是抽风连续带式 D-L 烧结法的不断完善和发展，随着钢铁生产规模的不断扩大，D-L 烧结法逐渐演变为主要烧结方法，在现代大型钢铁企业中几乎是唯一的烧结方法。

带式烧结机因生产能力大而在铁矿石烧结中广泛应用。随着钢铁工业发展，为达到烧结矿产量要求，其设备面积也不断增大。例如日本等国将单机最大烧结机面积从 20 世纪 70 年代开始，已从 $400m^2$、$500m^2$ 扩大到 $600m^2$，台车宽从 4m 增加到 5m。我国 2010 年在太原钢铁公司及随后在其他公司建成投产的 $660m^2$ 烧结机是目前世界上单台面积最大的之一。烧结设备大型化是国内外从经济考虑追逐的目标，因为设备大型化，使生产量增大，而设备投资相对降低；生产经济效益增大，其相对设备维修和管理费用却大大降低。

目前，全世界烧结机年生产能力已达到 14 亿~15 亿吨。据统计，全世界高炉炉料中，烧结矿平均占 50%，球团矿占 35%，块矿占 15%，其中日本、德国和俄罗斯等国烧结矿入炉比达到 80% 以上，而美国因球团矿生产量大，烧结矿入炉比仅 24% 左右。

我国钢铁工业中造块主要靠烧结法，向高炉供入炉炉料占 90% 以上。带式烧结机台数（包括不同大小面积）2015 年统计共有 1150 台，重点钢铁企业有 525 台，总计生产能力约 8 亿吨。

1.1.2.2　烧结科学技术的发展

自 20 世纪 70 年代以来，在世界造块领域中，由于追求更大的经济效益，使烧结科学技术发展进一步深化，包括以下几个方面：

（1）加强烧结理论研究。为更好满足冶炼要求，力求提高烧结矿产品质量，而强化了烧结理论研究工作。一方面探明和掌握造块工艺规律，提高单台烧结机产量；另一方面查明新的条件下造块机理，为冶炼提供优良烧结矿，如高碱度烧结矿、低温烧结、料层透气性与质量传递、烧结矿成矿机理、铁矿石烧结基础特性等方面的理论研究。

（2）改进并寻找新烧结工艺。为实践已研究出的烧结理论，已被证实利用的工艺有：改善原料中和（建立智能封闭式原料场）；改善原料准备工艺（添加高效烧结添加剂、燃料及熔剂分加、搅拌混合、强化制料等）；改进烧结技术（厚料层、高负压、高碱度、低燃耗、混合料预热、富氧和热风烧结、偏析布料与保温、循环烟气烧结、含氢燃气顶吹）；强化烧结矿产品整粒等。

（3）强调环境保护和重视综合利用。加强烟尘捕集和回收，重新返回到烧结料中利用，为此，对产尘源点皆设置新型收尘设备；对热源和噪声采用隔离和防护措施；对烟气中 SO_x、NO_x 及二噁英等进行减排与治理；改善劳动条件等，其中烧结厂余热利用及烟气治理是当前重要课题。

（4）提高设备自动化和智能化水平。产品质量的稳定均一，与生产过程的自控和监控水平有关。国内外已广泛采用了自动配料；对混合料水分、料层透气性与料层厚度、点火温度、烧结终点、烧结矿 FeO 含量（导磁性法）都采用了自动监控装置。

1.2 烧结生产工艺流程

烧结生产工艺流程通常由下列几部分组成：

（1）原料的堆放和混匀。老式的烧结厂一般都建有铁料仓库、熔剂仓库、消石灰及燃料仓库来接受和贮存物料，20世纪80年代以后新建的烧结厂一般都建有大型混匀料场，目前许多新建钢厂，都开始建设无人值守的全封闭混匀料场。混匀的目的是使原料的化学成分稳定，波动值控制在一定范围内，提高高炉产量和降低焦比。

（2）原料运输。烧结厂的物料运输一般都采用胶带运输机，这种设备输送量大，投资省，易维护。

（3）燃料和熔剂的破碎和筛分。燃料（无烟煤、焦粉）通常采用对辊（或反击式破碎机）粗破加四辊细破的两段破碎流程；熔剂（石灰石、白云石）一般采用锤式破碎机破碎和检查筛分的闭路流程。

（4）配料。根据规定的烧结矿化学成分，通过计算，将使用的各种原料按比例进行给料。国内普遍采用重量及验算法配料。现代烧结一般都实行全自动配料，从而使烧结矿的物理化学指标越来越好，化学成分的波动范围越来越小。

（5）一次混合。一次混合的目的主要是加水润湿，将物料混匀。

（6）二次混合。二次混合除添加少量的水分继续将物料进行混匀外，主要目的是造球制粒，改善混合料在烧结过程中的透气性。

（7）布料和点火。布料是将铺底料、混合料先后平铺在烧结机台车上。点火的目的是供给混合料表层以足够的热量，使其中的固体燃料着火燃烧，同时使表层混合料在点火器内的高温烟气作用下干燥、预热脱碳和烧结。

（8）烧结。在点火高温的作用下，产生一系列的物理、化学反应，并将混合料烧结成合格的烧结矿。

（9）抽风系统。这一系统包括风箱、降尘管、集气管（大烟道）、除尘器、抽风机、烟囱等，该系统的作用是为烧结料层内提供足够的空气（即供氧），抽风烧结过程若没有空气（风量），燃烧反应则会停止，料层中则因不能获得必要的高温，烧结过程将无法进行。为了保证料层中固体燃料迅速而充分的燃烧，在点火的同时，自料面吸入足够的空气是必不可少的，这一任务需借助于抽风机来实现。与此同时，强大的风力自上而下地穿过烧结料层，抽风烧结的废气中含有大量的粉尘及有害化学成分（SO_2、NO_x和二噁英等），因此，废气必须经过除尘、脱硫脱硝等系统处理后方可排放到大气中。

（10）烧结矿成品处理系统。该系统包括热破碎、热筛分、冷却、冷破碎、冷筛分及成品运输系统。该工序的作用是对成品烧结矿进行整粒分级，粒度5~50mm（或40mm）为成品烧结矿，其中分出部分10~20mm（或10~25mm）的作为铺底料，小于5mm的为返矿。随着烧结技术的进步，20世纪90年代新建的烧结厂已取消了热矿筛，为实现自动配料创造了良好的条件。有的厂还取消了冷破碎，减少了工艺环节。

（11）返矿系统。在烧结工艺的各工序中，物料的运输、装卸的落差、烧结的抽风、冷却的气流作用、成品的整粒等都会产生部分散料和小于5mm的物料，这部分物料通称为返矿。其中大部分实际上是熟料，且含铁较高，还可作为造球核粒，因此必须回收利用。

（12）除尘系统。其任务是收集烧结厂各工序扬尘点的废气。依据不同的物料及物料的不同特性，分别采用不同的除尘方式和不同的除尘设备。通常，燃料采用袋式除尘器，其他一般都采用各种规格的电除尘器，含尘的气体经除尘器净化后，废气排入大气，粉尘经加水润湿后返回到该料种的矿槽内，集中参加配料，重新获得利用。

（13）脱硫脱硝系统。其任务是脱除烧结烟气中的 SO_x、NO_x、二噁英及部分重金属成分。

我国 20 世纪 70 年代以前建的烧结厂，工艺并不完善，且烧结机单台面积较小，一般有 $13.2m^2$、$18m^2$、$24m^2$、$36m^2$、$50m^2$、$75m^2$、$90m^2$ 和 $130m^2$ 8 种规格。70 年代以后建的烧结厂，不仅工艺完善，而且烧结设备趋于大型化。图 1-1、图 1-2 为太钢 $450m^2$ 烧结机工艺流程及设备联系图，除少量设备引进外，绝大部分都由我国自行设计和制造，代表了国内 20 世纪 90 年代以后烧结工艺水平。目前烧结装备水平不断提高，从 $130m^2$ 到 $660m^2$ 各种规格均已实现国产化，但其原则工艺流程变化不大。

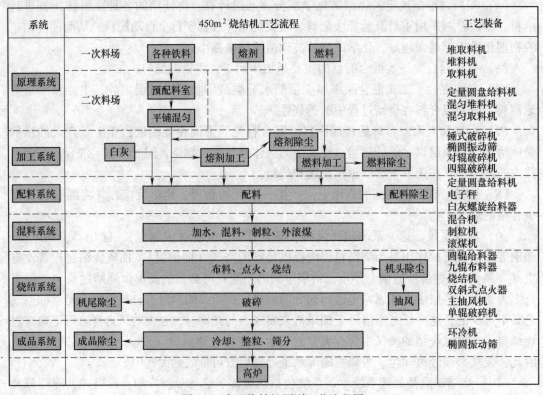

图 1-1 大型烧结机原则工艺流程图

1.3 带式抽风烧结过程概述

烧结是目前国内外钢铁企业最广泛采用的含铁原料造块方法。现在各烧结厂使用的烧结机，几乎都是自下部抽风的带式烧结机。据此，烧结过程可以概括为：将烧结混合料（含铁原料、燃料、熔剂及返矿等）配以适量的水分，经混匀及制粒后铺到烧结机的台车

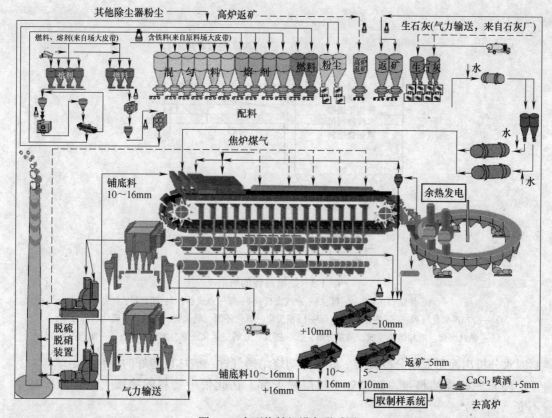

图 1-2 大型烧结机设备联系图

上，烧结料表面点火后，在下部风箱强制抽风作用下，料层内燃料自上而下燃烧并放热，混合料在高温作用下发生一系列物理、化学变化，最终固结成烧结矿。

对正在烧结过程的台车进行解剖，结果如图 1-3 所示。根据温度的高低和其中的物理化学变化，自上而下可以将正在烧结的料层分为 5 个带，即烧结矿带、燃烧带、干燥预热带、水分冷凝带及原始烧结料带。

（1）烧结矿带，即成矿带，主要反应是液相冷凝、矿物析晶、预热空气。此带表层强度较差，其原因有：一是烧结温度低；二是受空气剧冷作用，表层矿物来不及析晶，玻璃质较多，内应力很大。表层厚度一般为 40~50mm，只有在烧结机点火器采取保温措施才能改善其表层强度。近年来由于烧结采用高料层作业，表层所占比例相对减少，因此它对烧结矿强度总体影响较少。

（2）燃料带，又称燃料燃烧带，温度可达 1100~1500℃。此带中混合料软化、熔融及形成液相。该层厚度 15~20mm，此带对烧结过程产量及质量影响很大。该带过宽则料层透气性差，导致产量低；过窄则烧结温度低，液相量不足，烧结矿黏结不好，强度低。该带的宽窄受燃料粒度、抽风量等因素影响。

（3）干燥预热带。此带主要反应是水分蒸发，结晶水及石灰石分解，矿石的氧化还原以及固相反应等。此带特点是热交换迅速，由于热交换剧烈，废气温度很快从 1500℃下降到 60~70℃。

（4）水分冷凝带，又称过湿带。因为上层高温废气中带入较多的水气，进入下层冷

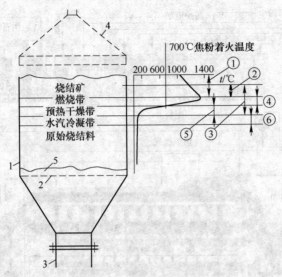

图 1-3　烧结过程的解剖

1—烧结台车；2—炉箅；3—废气出口；4—煤气点火器；5—铺底料；

①—冷却再氧化过程；②—熔体结晶；③—固相反应，氧化还原，氧化物、碳酸盐、硫化物的分解；

④—燃料燃烧，液相熔体生成，高温分解；⑤—挥发，分解，氧化还原，水分蒸发；⑥—水汽冷凝

料时水分析出而形成水分冷凝带。此带影响烧结透气性，破坏已造好的混合料小球。

（5）原始烧结料带。此带处于料层最下部。在此带中物料的物理、化学性质基本不变。

烧结过程的理论基础是物理化学（热力学、动力学）、燃烧理论、传热学、冶金传输理论、流体力学及结晶矿物学等，即：

1）用物理化学和燃烧理论的基本原理研究烧结过程固体燃料的燃烧、水分的蒸发和冷凝、含铁原料及熔剂的分解、氧化和还原规律。

2）用传热学和冶金传输理论的基本原理来研究烧结过程热量传输规律，料层中的温度分布规律及蓄热现象。

3）用流体力学的基本原理研究烧结过程气体运动规律，分析料层透气性及其对工艺参数的影响。

4）用物理化学及结晶矿物学原理研究烧结过程固相反应、液相生成与冷凝、烧结矿成矿机理及结构特性。

习　题

1-1　什么是烧结，烧结的作用是什么？

1-2　简述烧结的分类，以及带式抽风烧结的分带。

1-3　烧结包括哪些工艺流程？

烧结过程燃烧与热量传输规律

研究烧结过程燃料的燃烧与传热的规律，实质是研究烧结时高温带的移动速度，即燃烧带的移动速度或燃烧带下部的热交换强度。因为在低碳烧结的条件下，烧结过程的总速度取决于热交换；当配碳正常或稍高的情况下，烧结过程的总速度取决于碳的燃烧速度。所以，需要应用化学反应动力学的基本观点来研究烧结过程中固体燃料的燃烧机理、燃料燃烧反应速度、燃烧带宽度及其移动速度；应用传热的基本观点来研究气—固热交换、烧结过程温度分布及蓄热现象。

2.1 烧结料层燃料燃烧基本原理

烧结过程中，混合料中固体燃料燃烧所提供的热量占烧结总需热量的90%左右，因此，本章主要讨论固体燃料燃烧规律。

2.1.1 气体燃料燃烧热力学

气体燃料主要用于烧结料点火。气体燃料包括天然气、高炉煤气、焦炉煤气和混合煤气。其可燃成分主要为 H_2、CH_4 和 CO。

（1）高炉煤气。高炉煤气成分波动范围见表2-1。

表2-1 高炉煤气成分波动范围

成分	CO_2	CO	CH_4	H_2	N_2	$Q/kJ \cdot m^{-3}$
体积分数/%	9.0~15.5	25~31	0.3~0.5	2~3	55~58	3150~4190

（2）焦炉煤气。焦炉煤气成分波动范围见表2-2。

表2-2 焦炉煤气成分波动范围

成分	H_2	CO	CH_4	C_mH_n	CO_2	N_2	O_2	$Q/kJ \cdot m^{-3}$
体积分数/%	54~59	5.5~7	23~38	2~3	1.5~2.5	3~5	0.3~0.7	16330~17580

（3）混合煤气。混合煤气成分见表2-3。

表2-3 混合煤气的化学组成

成分	CO_2	CO	CH_4	H_2	N_2	$Q/kJ \cdot m^{-3}$
体积分数/%	11.2~15.5	13.5~25.2	2.8~16.8	7.8~38.6	23.8~52.7	5360~6700

气体燃料燃烧时发生如下反应：

$$2CO + O_2 \Longrightarrow 2CO_2 \qquad \Delta G = -561257 + 169.09T \quad J \qquad (2\text{-}1)$$

$$2H_2 + O_2 =\!=\!= 2H_2O \qquad \Delta G = -497754 + 113.81T \quad J \qquad (2\text{-}2)$$
$$2CH_4 + 3O_2 =\!=\!= 4H_2O + 2CO \qquad \Delta G = -1000000 - 162.69T \quad J \qquad (2\text{-}3)$$
$$CH_4 + 2O_2 =\!=\!= 2H_2O + CO_2 \qquad \Delta G = -803575 + 3.2T \quad J \qquad (2\text{-}4)$$
$$2CH_4 + O_2 =\!=\!= 4H_2 + 2CO \qquad \Delta G = -50385 - 390.31T \quad J \qquad (2\text{-}5)$$

将反应式（2-1）~式（2-5）的 $\Delta G^{\ominus}$-T 关系线绘于图 2-1 中。由图可看出：

（1）反应式（2-1）的 $\Delta G^{\ominus}$-T 线斜率为正，说明 CO 对 O_2 的亲和力随温度升高而减小。计算表明，在 1000~1200K 温度范围内，随温度升高，反应的平衡常数减小，说明随温度升高，其平衡气相中的 CO 含量增大，也即燃烧的不完全程度增大。

（2）反应式（2-2）的 $\Delta G^{\ominus}$-T 线斜率为正，说明 H_2 对 O_2 的亲和力随温度升高而减小，$\Delta G^{\ominus}$ 值随温度升高负值减小。

（3）反应式（2-3）的 $\Delta G^{\ominus}$ 值随温度升高负值增大，说明温度越高，反应进行得越完全，即平衡相中 CO 的浓度越高。

（4）反应式（2-4）的 $\Delta G^{\ominus}$-T 线几乎与温度坐标轴平行，说明温度对该反应进行程度的影响很小。

（5）反应式（2-5）的 $\Delta G^{\ominus}$-T 线斜率为负，反应的 $\Delta G^{\ominus}$ 值随温度升高负值增大，说明温度越高，反应进行得越完全。

在烧结过程中反应式（2-1）和式（2-2）都可以进行，且反应的程度接近。CH_4 的反应从图 2-1 中可以看出，反应式（2-3）发生的可能性最大。

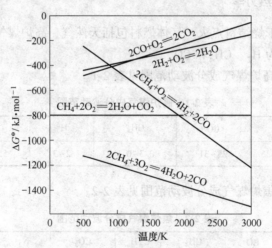

图 2-1　气体燃料各反应 $\Delta G^{\ominus}$ 与温度的关系

2.1.2　固体燃料燃烧热力学

烧结料中的固体碳在温度达 700℃ 以上即着火燃烧，发生如下反应：

$$2C + O_2 =\!=\!= 2CO \qquad \Delta G = -223426 - 175.31T \quad J \qquad (2\text{-}6)$$
$$C + O_2 =\!=\!= CO_2 \qquad \Delta G = -394133 - 0.84T \quad J \qquad (2\text{-}7)$$
$$2CO + O_2 =\!=\!= 2CO_2 \qquad \Delta G = -561257 + 169.09T \quad J \qquad (2\text{-}8)$$
$$CO_2 + C =\!=\!= 2CO \qquad \Delta G = 170707 - 174.47T \quad J \qquad (2\text{-}9)$$

反应式（2-6）称为不完全燃烧反应，反应式（2-7）称为完全燃烧反应，这两个反应

的 $\Delta G^{\ominus}$ 均具有较大的负值。反应式（2-8）随条件不同可以正向进行，也可以向逆向进行。反应式（2-9）在高温下向正方向进行，低温下向逆方向进行，常称为歧化反应（也称碳素沉积反应）。

将反应式（2-6）~式（2-9）的 $\Delta G^{\ominus}$-T 关系线绘于图 2-2 中。由图可看出：

（1）反应式（2-6）的 $\Delta G^{\ominus}$-T 线斜率为负，这是由于 1mol O_2 生成 2mol CO，而固体碳熵值很小，从而使体系熵增加。

（2）反应式（2-7）的 $\Delta G^{\ominus}$-T 线几乎与温度坐标轴平行，说明温度对该反应进行程度的影响很小。

（3）反应式（2-8）的 $\Delta G^{\ominus}$-T 线斜率为正，说明 CO 对 O_2 的亲和力随温度升高而减小。计算表明，在 1000~1200K 温度范围内，随温度升高，反应的平衡常数减小，说明随温度升高，其平衡气相中的 CO 含量增大，也即燃烧的不完全程度增大。

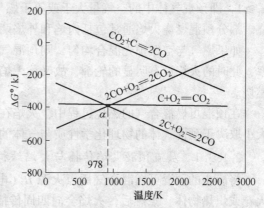

图 2-2 C-O 系各反应 $\Delta G^{\ominus}$ 与温度的关系

（4）反应式（2-9）的 $\Delta G^{\ominus}$ 值随温度升高负值增大，说明温度越高，该反应进行越完全，即平衡气相中 CO 浓度越大。计算表明，当压力为 9.8×10^4 Pa（1atm），而温度高于 1000℃时，平衡气相中几乎全是 CO；低温时，几乎全是 CO_2。随压强增大或减小，平衡气相中 CO 的浓度也会减小或增大。

在烧结料层中反应式（2-6）和式（2-7）都有可能进行。在高温区有利于反应式（2-6）进行，但由于燃烧带较薄，废气经过预热层时温度很快下降，反应式（2-6）受到限制。但在配碳过多且偏析较大时，此反应仍有一定程度的发展。反应式（2-7）是烧结料层中碳燃烧的基本反应，易发生，受温度的影响较少。反应式（2-8）和反应式（2-9）的逆反应在较低温度时有可能发生。烧结废气中以 CO_2 为主，只含有少量 CO 和 O_2。

2.1.3 气体燃料燃烧动力学

燃烧化学反应动力学研究对象是研究燃烧化学反应机理和反应速率及其影响因素的一门科学。掌握燃烧化学反应动力学基础，是弄清反应机理燃烧速率及其影响因素以及掌握燃烧污染物形成机理的前提。

气体燃料的燃烧过程基本包括以下 3 个阶段：（1）燃料与空气的混合阶段（形成可燃混合气）。（2）混合后可燃气体混合物的加热与着火阶段。（3）完成化学燃烧反应阶段。气体燃料（简称燃气）和氧化剂（空气或氧气）同为气相，因而气体燃料的燃烧称为均相燃烧或同相燃烧。

当一个炽热物体或电火花将可燃气体的某一局部点燃着火时，将形成一个薄层火焰面，火焰面产生的热量将加热邻近层的可燃混合气，使其温度升高至着火燃烧。这样一层一层地着火燃烧，把燃烧逐渐扩展到整个可燃混合气，这种现象称为火焰传播。

如果燃气与空气预先混合后再送入燃烧室燃烧，这种燃烧称为气体燃料的预混燃烧。此时在燃烧前已与燃气混合的空气量与该燃气燃烧的理论空气量之比，称为空气系数，常

用 α_1 表示，其数值的大小反映了预混气体的混合状况。

依据一次空气系数 α_1 的大小，预混气体燃烧又有两种情形。当 $0<\alpha_1<1$，即预混气体中的空气量小于燃气燃烧所需的全部空气量时，称为部分预混燃烧或半预混燃烧；如果 $\alpha_1 \geqslant 1$，即预混气体中的空气量大于或等于燃气燃烧所需的全部空气量时，称为全预混燃烧。部分预混燃烧火焰通常包括内焰和外焰两部分。内焰为预混火焰，外焰为扩散火焰。

如果燃气与空气预先混合均匀，则预混气体的燃烧速率主要取决于着火和燃烧反应速率，此时的火焰没有明显的轮廓，故又称无焰燃烧。与此对应，半预混燃烧又称为半无焰燃烧。

在预混可燃混合气的燃烧过程中，火焰在气流中以一定的速度向前传播，传播速度的大小取决于预混气体的物理化学性质与气体的流动状况。

2.1.3.1　层流预混火焰传播与火焰结构

将静止的预混可燃混合气用点火源 B（电火花或炽热物体）点燃后，火焰会向四周传播开来，形成按同心球面传播的火焰锋面，球体中心 B 就是火焰中心，如图 2-3 所示。球形火焰面 A 上的微分单元面 $dA=A_0$ 的火焰传播速度方向为沿着球体半径方向，称为微分单元面上的层流火焰传播速度 v_L。假如球形火焰锋面传播的每一个半径方向均为假想的流管 Z 的对称轴方向，流管断面上的平均火焰传播速度则可认为是层流火焰传播速度。在火焰面前面是未

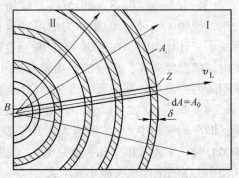

图 2-3　静止可燃混合气中层流火焰的传播

燃的预混可燃混合气（Ⅰ），在其后面则是温度很高的燃烧反应产物（Ⅱ）。它们的分界面是一层薄薄的火焰面，在其中进行着强烈的燃烧化学反应，同时发出光和热。它与邻近层之间存在着很大的温度和浓度梯度。这层火焰面称为火焰前锋（前沿）或火焰波，其厚度 δ 通常在 1mm 以下。

在实际的燃烧室中，可燃混合气并非静止而是在连续流动过程中发生燃烧的。另外，火焰的位置应该稳定，即火焰前锋应该驻定而不移动。在图 2-4 所示的管道中，可燃混合气以速度 v_0 流动。点火后所形成的火焰面将向可燃混合气的来流方向传播。对于传播速度为 v 的层流火焰，火焰的绝对速度 Δv 为：

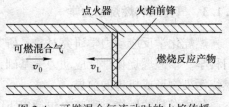

图 2-4　可燃混合气流动时的火焰传播

$$\Delta v = v_0 - v_L \tag{2-10}$$

由此可见，火焰前锋相对于管壁的位移将有 3 种可能的情况：

（1）若 $v_0<v_L$，即火焰的绝对速度 $\Delta v <0$，火焰面将向可燃混合气来流方向移动。

（2）若 $v_0>v_L$，即火焰的绝对速度 $\Delta v >0$，火焰面将向气流下游方向移动，即将被气流吹向下游。

（3）若 $v_0=v_L$，即火焰的绝对速度 $\Delta v =0$，火焰面将驻定不动，即火焰稳定。

典型的稳定层流火焰前锋可在本生灯的火焰中观察到。如果在本生灯直管内的预混可

燃混合气的流动为层流，则在管口处可得到稳定的近正锥形火焰前锋，如图 2-5 所示。如上所述，在静止的预混可燃混合气中局部点火形成球面火焰前锋。如果层流火焰在管道内传播，则焰锋呈抛物线形；若在管内的层流预混可燃混合气中安装火焰稳定器，则会形成倒锥形焰锋，如图 2-6 所示。

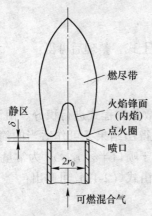

图 2-5　层流预混火焰的形状（近正锥形火焰锋）

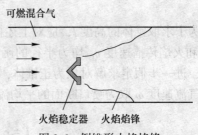

图 2-6　倒锥形火焰焰锋

　　工程实践中，通常要求预混火焰稳定在燃烧器的喷口附近，形成稳定的圆锥形火焰锋面。为了保证火焰驻定在喷口处，火焰面上各点的火焰传播速度 v_L 应等于焰面法线方向上的气流速度 v_0（见图 2-7），v_0 与可燃混合气喷出速率 ω 之间的关系为：

$$\omega\cos\phi = \omega\sin\theta = v_0 = v_L \qquad (2\text{-}11)$$

式中，ϕ 是火焰面法线与主气流方向的夹角，（°）；θ 是火焰锥半顶角，（°），$\theta = 90° - \phi$。

　　式（2-11）称为 Gouy-Michelson 定律，或称余弦等式。

　　由图 2-5 可见，锥形火焰锋面（内焰）的根部连在喷口附近。稍高于大气压力，喷出后将膨胀而向外散开，所以内焰锥底面较喷口断面略大，且稍许离开喷口才燃烧，通常将这段距离称为静区。内焰锥底端边界面处的气流速度很低，火焰锋面的传播速度由于受到周围环境的冷却作用也很低，因而在边界面处火焰传播速度与壁面边界层中气流速度直接达到平衡，

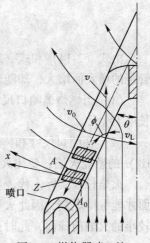

图 2-7　燃烧器喷口处层流预混火焰示意图

$v_L = \omega$。点火后，静区处形成一点火圈，火焰方可连在喷口上稳定燃烧。这是因为气流在火焰锋面切线方向的分速度 $\omega\sin\phi$ 本来要使锋面上任一质点沿切线方向向气流下游移动，如果未在锥底连续点火，火焰的切线方向就无法稳定而将熄灭。为了稳定燃烧，就必须连续点火，该点火圈即起到了连续点火的作用。锥形内焰的顶峰呈圆滑形而非尖顶，其顶点的切线为水平线。由式（2-11）可知，在锥形内焰顶点，火焰传播速度与气流速度直接达到平衡，即 $v_L = \omega（\phi = 0°）$。为此，火焰传播速度在锥形内焰的中心轴线处要增大许多才能满足平衡条件。由于内焰中心处的可燃混合气得到了预热，且有较多的活性中心由位置较低的反应区扩散至火焰顶端，因此火焰传播速度在内焰顶端将增大。

假定火焰锥体的高度（火焰长度）为 Z，喷口半径为 r_0。在火焰锥表面取一微元面，该微元面在高度方向上的投影为 dl，在径向上的投影为 dr。则由几何关系可得：

$$\tan\phi = \frac{dl}{dr}$$

$$\cos\phi = \frac{1}{\sqrt{1 + (dl/dr)}} \tag{2-12}$$

在火焰前锋稳定不动的前提下，将式（2-11）代入上式，整理后可得：

$$\frac{dl}{dr} = \pm\sqrt{\left(\frac{\omega}{v_L}\right)^2 - 1} \tag{2-13}$$

为了求取锥体的高度 l，应对上述描述锥体形状的微分方程式进行积分。由于气流速度 ω 和火焰传播速度 v_L 均为半径的函数，为了方便地得出结果，可作适当的简化处理。因此，进一步假定求解对象为正锥体，其底面的半径等于喷口半径 r_0，v_L 为常量，与 r 无关；气流速度 ω 取为喷口断面的平均流速 ω_{pj}。于是，由式（2-13）可解出：

$$l = r_0 \pm\sqrt{\left(\frac{\omega_{pj}}{v_L}\right)^2 - 1} \tag{2-14}$$

若喷口出口可燃混合气的体积流量为 q_v（m^3/s），则有

$$l = r_0 \pm\sqrt{\left(\frac{q_v}{\pi_0^2 v_L}\right)^2 - 1} \tag{2-15}$$

由式（2-14）和式（2-15）可知，层流预混火焰长度随着可燃混合气喷出速度或喷口管径的增大而增大，却随着火焰传播速度的增大而减小。这意味着：

（1）当燃烧器喷口尺寸和可燃混合气成分一定时，若增大体积流量 q_v，则将使火焰长度 l 增大。

（2）在喷口尺寸和体积流量相同的情况下，火焰传播速度较大的可燃混合气（例如 H_2）的燃烧火焰，要比火焰传播速度较小（例如 CO）的短。

火焰长度实际上代表着锥形火焰前锋面的大小。当流量增加时，需要更大的火焰前锋面才能维持燃烧，因此火焰长度自然增大。火焰传播速度较大的可燃混合气在燃烧时需要较小的火焰前锋面，此时火焰长度便较短。

2.1.3.2 火焰的稳定性

当可燃混合气喷出速度 ω 变化时，火焰面可通过改变中的大小来维持式（2-11）的成立，以维持自身的稳定。

当 ω 增大时，ϕ 也随之增大（θ 减小）。但如果小直到增大至接近 90° 而无法满足式（2-11），则火焰面无法继续保持稳定，火焰将被吹离喷口。此时，火焰可能出现 3 种现象：

（1）若火焰脱离喷口，悬举在喷口上方，但不熄灭，这种现象称为离焰。

（2）发生离焰时，火焰虽不立即熄灭，但此时火焰将吸入更多的二次空气，使悬举的火焰中燃气浓度降低。若可燃混合气流速继续增大，火焰则会出现吹熄现象。

（3）若火焰脱离喷口并熄灭，这种现象称为脱火。显然，脱火主要是由于喷口出口气流速度过高而引起的，故又常称为吹脱。

相反，当 ω 减小时，ϕ 也随之减小（θ 增大）。但如果小直到减小至接近 0° 也无法满足式（2-11），则火焰面也无法继续保持稳定。此时，火焰将缩入燃烧器喷口内，在喷口内燃烧，这种现象称为回火。

在燃烧技术中，如何保证燃气或可燃混合气在引燃后能够持续燃烧而不再熄灭，是一个十分重要的问题，即要求喷口上方的火焰能够稳定在某个位置上，使燃烧过程稳定地继续下去。如果燃烧条件（如燃气流量、一次空气量等）发生变化或者燃烧过程受到外界因素干扰，则将影响燃烧工况，往往可能造成火焰不稳定，出现离焰、吹熄、脱火、回火等现象。

燃烧器在工作时，不允许发生离焰、吹熄、脱火或回火问题。吹熄和脱火将造成燃气在燃烧室及其周围环境中的累积，一旦再遇到明火便会使大量燃气迅速着火，从而造成大规模爆燃，同时燃气也会对人员造成毒害作用。回火则可能烧毁燃烧区，甚至引起燃烧器或储气罐发生爆炸，也可能导致火焰熄灭，从而造成严重后果。

2.1.4 固体燃料燃烧动力学

在烧结过程中，固体燃料呈分散状分布在料层中，其燃烧规律性介于单体焦粒燃烧与焦粒层燃烧之间，固体碳的燃烧属非均反应。一般认为由下列 5 个步骤组成：

（1）气体氧化剂由气流本体通过界面层扩散到固体碳的表面。

（2）气体氧化剂在碳粒表面上吸附。

（3）被吸附的氧化剂与碳发生化学反应形成反应产物。

（4）气体反应产物从碳粒表面脱附。

（5）气体反应产物由碳粒表面通过界面层向气相扩散逸出。

上述吸附、化学反应和脱附这 3 个环节连续进行，故通常把吸附和脱附看作化学反应的一部分，又因一般气体反应产物与气体氧化剂的扩散速度差别不大，燃料燃烧的控制性环节可简化为：（1）气体氧化剂向固体碳表面的扩散；（2）固体碳表面上的化学反应。燃烧过程的总速率取决于二者之中最慢的步骤。为了建立碳粒燃烧速率方程，假设上述五个步骤中氧向碳粒表面的扩散和相界面上的化学反应两步的速率最小。这样整个反应就被（1）和（3）两个步骤控制。

2.1.4.1 氧气经气体薄膜（即边界层）向固体碳表面扩散迁移的速率

速率的计算公式为：

$$v_D = \kappa_D(C_{O_2} - C_{O_2}^S) \tag{2-16}$$

式中，C_{O_2} 为气流本体中氧的浓度；$C_{O_2}^S$ 为碳粒表面上氧的浓度；κ_D 为界面层内传质系数，$\kappa_D = D/\delta$，D 为扩散系数，δ 为边界层厚度。

2.1.4.2 固体碳表面上的化学反应速率

化学反应速率的计算公式为：

$$v_R = \kappa_R (C_{O_2}^S)^n \tag{2-17}$$

式中，κ_R 为化学反应速率常数，$\kappa_R \propto e^{-E/RT}$，$E$ 为活化能，R 为反应常数，T 为碳表面温度；n 为反应级数，为讨论方便，设 $n=1$。

当扩散速率与化学反应速率同步，即 $v_D = v_R$ 时，整个反应稳定进行，则：

$$\kappa_D(C_{O_2} - C_{O_2}^S) = \kappa_R C_{O_2}^S$$

$$C_{O_2}^S = \frac{\kappa_D}{\kappa_D + \kappa_R} C_{O_2} \tag{2-18}$$

所以, 碳粒燃烧的总速度为:

$$\upsilon = \upsilon_R = \frac{\kappa_R \cdot \kappa_D}{\kappa_D + \kappa_R} C_{O_2} = \kappa C_{O_2} \tag{2-19}$$

其中

$$\kappa = \frac{\kappa_R \cdot \kappa_D}{\kappa_D + \kappa_R} \tag{2-20}$$

或者

$$\frac{1}{\kappa} = \frac{1}{\kappa_D} + \frac{1}{\kappa_R} \tag{2-21}$$

即反应的总阻力 ($1/\kappa$) 为边界层扩散阻力和界面化学反应阻力 ($1/\kappa_D$) 之和。

在低温下, κ_R 远远小于 κ_D, $\kappa \approx \kappa_R$, 此时, 过程的总速度取决于化学反应速度, 称燃烧处于"动力学燃烧区"。

在高温下, κ_D 远远小于 κ_R, $\kappa \approx \kappa_D$, 此时, 过程的总速度取决于氧的扩散速度, 称燃烧处于"扩散燃烧区"。

当燃烧处于动力学燃烧区时, 燃烧速度受温度的影响较大, 随温度升高而增加, 而不受气流速度、压力和固体燃料粒度的影响。当燃烧处于扩散燃烧区时, 燃烧速度取决于气体的扩散速度, 而温度的改变影响不大。不同的反应由动力学区进入扩散区的温度也不同, 如碳和氧气的反应于 800℃ 左右开始转入, 而 C 和 CO_2 的反应则在 1200℃ 时才转入。

随着温度的逐渐升高, 表面上的化学反应速率加快, 燃烧过程逐步从动力学区过渡到扩散区。不同反应由动力学区进入到扩散区的温度也不同, 如碳和氧气的反应于 800℃ 左右开始转入, 而 C 和 CO_2 的反应则在 1200℃ 时才转入。对于 $3mm$ 的碳粒, 在 Re (雷诺准数) 为 100 的条件下, 在温度低于 700℃ 时, $C+O_2$ 反应速率处于动力学区, 温度高于 1250℃ 时, 反应速率处于扩散区, 700~1250℃ 处于过渡区。烧结过程在点火后不到 $1min$, 料层温度升高到 1200~1350℃, 故其燃烧反应基本上是在扩散区内进行, 因此, 一切能够增加扩散速度的因素, 如减小燃料粒度、增加气流速度 (改善料层透气性、增风机风量等) 和气流中的氧含量等, 都能提高燃烧反应速度, 强化烧结过程。

2.2 烧结料层中燃烧带的特性分析

2.2.1 烧结过程燃烧带厚度的计算

研究烧结过程中碳粒燃烧速度的目的之一是要研究燃烧带的厚度和移动速度。烧结料层中的燃烧带的厚度对烧结料反应和成矿行为、料层的透气性等具有重要的影响。C. T. 布拉塔可夫 (Bparakob) 等提出一种新的计算燃烧带厚度的方法。他假定烧结料由惰性物料与燃料组成并不发生任何化学反应, 同时燃料的燃烧反应以扩散区为主。此外, 在计算中考虑到燃料颗粒相对表面积的作用及影响燃烧速度的化学反应速度的因素。

燃料燃烧时沿料层高度 (z) 方向氧浓度的变化用式 (2-22) 表示:

$$\frac{\mathrm{d}C_\chi}{\mathrm{d}z} = (\alpha_1 + \alpha_2)fC_\chi \tag{2-22}$$

式中，C_χ 为料层某一水平下氧的浓度；α_1、α_2 为燃料燃烧时生成的 CO 及 CO_2 的速率常数；f 为燃料颗粒的相对表面积（单位体积烧结料中燃料的表面积与物料总表面积的比值）。

假设燃烧带的移动速率为 u 并在烧结过程中保持不变，则在燃烧时间为 t 时燃烧层的厚度（z）为：

$$z = ut$$

因此，单位时间内氧浓度的变化为：

$$\frac{\mathrm{d}C_\chi}{\mathrm{d}t} = u(\alpha_1 + \alpha_2)fC_\chi \tag{2-23}$$

假定燃烧反应为扩散控制，碳的燃烧速率常数可以用下式表示：

$$\alpha_1 = \frac{3\sqrt{2(1-m)}}{n\omega d_0}\alpha_{1f}$$

$$\alpha_2 = \frac{3\sqrt{2(1-m)}}{n\omega d_0}\alpha_{2f}$$

代入后则式（2-23）变为：

$$\frac{\mathrm{d}C_\chi}{\mathrm{d}t} = \frac{3\sqrt{2(1-m)}}{n\omega d_0}uf(\alpha_{1f} + \alpha_{2f})C_\chi \tag{2-24}$$

式中，m、n 为反映料层透气性的系数；α_{1f}、α_{2f} 为在燃料表面形成的 CO 及 CO_2 的速率常数；ω 为气流速率；d_0 为燃料颗粒的初始直径。

燃料颗粒的直径随燃烧过程的进行不断变小，在时间为 t 时燃料颗粒的直径为：

$$d_t = d_0\left(1 - \frac{t}{t_0}\right) \tag{2-25}$$

式中，d_0、d_t 分别为燃料颗粒开始（$t=0$）和时间为 t 时的直径；t_0 为燃料颗粒完全燃烧的时间。

因此，在任一时刻燃料颗粒的相对表面积（f）可由下式获得：

$$f = \frac{d_t^2 N}{d_t^2 N + d_m^2 M} \tag{2-26}$$

式中，M、N 为单位体积物料中惰性物料及燃料的颗粒数；d_m 为惰性物料颗粒的直径。

将 d_t 代入式（2-26）得到：

$$f = \frac{\left(1 - \dfrac{t}{t_0}\right)^2}{b + \left(1 - \dfrac{t}{t_0}\right)} \tag{2-27}$$

式中

$$b = \frac{M}{N}\left(\frac{d_m}{d_0}\right)^2 \tag{2-28}$$

将式（2-28）代入式（2-27）中，在 $t=0$ 时，$C_\chi = C_h$，$t=t_0$ 时，$C_\chi = C_0$ 的边界条件下积分可得到燃料颗粒完全燃烧的时间 t_0：

$$t_0 = \frac{n\omega d_0 \ln(C_0/C_H)}{6\sqrt{2(1-m)}\,u(\alpha_{1f} + \alpha_{2f})\left(1 - \sqrt{b}\arctan\dfrac{1}{\sqrt{b}}\right)} \tag{2-29}$$

式中，C_0、C_H 为氧最终及开始浓度（$t = t_0$ 及 $t = 0$ 时）。

因此，燃烧带的厚度 z_0 为：

$$z_0 = ut_0 \tag{2-30}$$

$$z_0 = \frac{n\omega d_0 \ln(C_0/C_H)}{6\sqrt{2(1-m)}\,(\alpha_{1f} + \alpha_{2f})\left(1 - \sqrt{b}\arctan\dfrac{1}{\sqrt{b}}\right)} \tag{2-31}$$

式（2-31）表明，燃烧带的宽度是由燃料粒的直径 d_0、空气流速 ω、原始气体中的氧的浓度 C_H、料层的透气性质 m 及 n 以及系数 b 来决定的。

从燃烧带出来的氧浓度 C_0 取决于燃料在烧结料中的比例及吸入空气中氧的浓度，因此，在焦粉配比一定时，它是不变的。

系数 b 取决于燃料比表面积 α_T 和其他混合料比表面积 α_m，以及混合料中燃料的体积 V，可用式（2-32）计算：

$$b = \frac{\alpha_m}{\alpha_T}\left(\frac{1-V}{V}\right) \tag{2-32}$$

如果燃料和混合料组成的粒度相同，则：

$$b = \frac{1-V}{V} \tag{2-33}$$

根据电极碳的数据：

$$\alpha_{1f} = 3.02 \times 10^3 e^{-41600/RT} \tag{2-34}$$

$$\alpha_{2f} = 0.2 \times 10^3 e^{-28000/RT} \tag{2-35}$$

式中，T 为焦粉燃烧时颗粒表面的平均温度。

根据以上数据，当空气流速为 0.5m/s、燃料的体积分数 V 为 14%（质量分数为 5%）、焦粉粒度 d 为 1mm 时，计算的燃烧带宽度为 32mm。而实验室使用精矿烧结时实测为 28~38mm，两者很接近。一般情况下烧结料层中燃烧带的厚度为 20~40mm。

如果燃烧带过宽，则料层阻力增加，烧结速率降低，影响烧结矿产量。但如果烧结带过窄，虽然料层阻力较小，烧结过程中物理化学反应来不及完成，烧结矿的质量下降。

2.2.2　燃烧带特性与燃烧废气组成

2.2.2.1　烧结料层的燃烧特性

烧结料层是典型的固定床，但与一般固定床燃料燃烧相比又有很大的不同。

（1）烧结料层中碳含量少、粒度细而且分散，按质量计燃料只占总料重的 3%~5%，按体积超高频不到总料体积的 20%。

（2）烧结料层的热交换十分有利，固体碳颗粒燃烧迅速，且在一个厚度不大（一般为 20~40mm）的高温区内进行，高温废气降低很快，二次燃烧反应不会有明显的发展。

（3）烧结料层中一般空气过剩系数较高（常为 1.4~1.5），故废气中均含一定数量的氧。

图 2-8 为燃烧带的结构示意图。假设烧结混合料质量分数由 95% 赤铁矿和 5% 焦粉组成。矿石和焦粉平均粒度 2mm，体积 4.2mm³，矿石密度为 5g/cm³，焦粉密度为 1.3g/cm³，混合料中矿石为 45000 粒/kg，而焦粉为 9000 粒（单位质量分别为 0.021g 和 0.0055g）。由此可见，燃烧带的特征是一种"嵌晶"结构，即碳粒燃烧是在周围没有含碳的惰性物料包围下进行的。在靠近燃

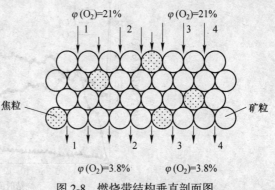

图 2-8 燃烧带结构垂直剖面图

料颗粒附近，最高温度和还原性气氛占优势，氧气不足，特别是烧结块形成时，燃料被熔融物包裹时氧更显得不足。但空气抽过邻近不含碳的区域，温度就低得多，具有明显的氧化气氛。

烧结料层中燃料燃烧的另一特点是除空气供给氧外，混合料中某些氧化物所含的氧，也往往是燃料活泼的氧化剂，燃烧产物中除游离氧（O_2）外，还包括 CO 和 CO_2 中的氧，若在烧结混合料中没有碳酸盐分解，没有氧化物的还原和没有漏风的情况下，烧结废气（$CO_2+0.5CO+O_2$）的总量（体积分数）就应当接近于 21%；实际上烧结赤铁矿时，废气中（$CO_2+0.5CO+O_2$）总量（体积分数）为 22%~23%，即混合料中的一部分氧进入到废气中了，在烧结软锰矿时（MnO_2），因加热时氧特别易于分解使得废气中（$CO_2+0.5CO+O_2$）体积分数达到 23.5%。因此，在燃料燃烧时颗粒的表面上氧的总平衡中，矿石中的氧起着重要作用，如 1kg 赤铁矿分解磁铁矿，分解出 23.3L 氧气。这部分氧用于碳的燃烧，以及用于 CO 燃烧为 CO_2，可达到碳全部需氧量的 20%，在烧结磁铁矿石时，燃料消耗量较低，空气中的一部分氧将用于磁铁矿氧化为赤铁矿，此时烧结废气中（$CO_2+0.5CO+O_2$）体积分数相应降到 18.5%~20.0%。

2.2.2.2 烧结废气组成及其影响因素

图 2-9 为烧结试验（料高 500mm，焦粉配比 4.2%）过程中测得的废气中 O_2、CO_2 和 CO 的变化。点火后 2~3min 废气中的氧体积分数迅速下降到 9%~11%，CO 和 CO_2 体积分数分别增加到 1%~3% 和 12%~14%，并在此后的大部分时间内保持基本不变，到烧结终点前 2~3min，CO_2 和 CO 迅速下降到零，氧又升到与空气中的氧一致。

通常用燃烧比 [CO/(CO+CO_2)] 来衡量烧结过程中碳的化学能的利用程度，燃烧比大则碳素利用差，气氛还原性强，反之碳素利用好，氧化气氛较强。还原性气氛较强时，CO 可以将 Fe_2O_3 还原为 Fe_3O_4，因此，烧结混合料中配碳量过高，烧结矿亚铁含量随之升高。

影响烧结废气燃烧比的因素有燃料粒度（见图 2-10）、混合料中燃料含量（见图 2-11）、烧结负压（见图 2-12）、返矿配入量（见图 2-13）和料层高度。

燃料粒度变细、燃料量增加和提高烧结温度，使燃烧比增大，是因为燃烧反应倾向于布多尔反应的结果，而料层的提高和返矿的减少引起燃烧比的增加是由于燃料分布密度增大、烧结时间延长和烧结温度提高的结果。提高负压引起 CO 有所增加，可能是由于燃烧

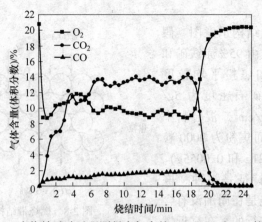

图 2-9   在烧结试验过程测得废气中的 O_2、CO_2 和 CO 的变化

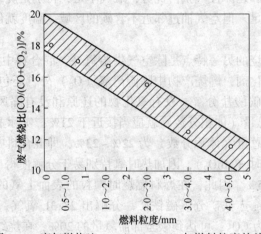

图 2-10   废气燃烧比 $CO/(CO+CO_2)$ 与燃料粒度的关系

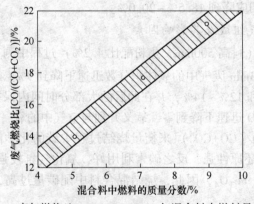

图 2-11   废气燃烧比 $CO/(CO+CO_2)$ 与混合料中燃料量的关系

产生的 CO 来不及燃烧所致。适量返矿使燃烧比下降是由于返矿配入改善了透气性，增加了透过料层的空气量，而配入过量的返矿使料层中燃料分布不均、局部密度过大以及由此引起烧结温度不均，又导致燃烧比增大。

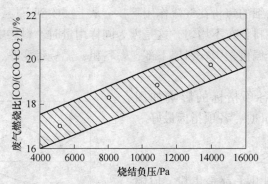

图 2-12 废气燃烧比 $CO/(CO+CO_2)$ 与负压间的关系

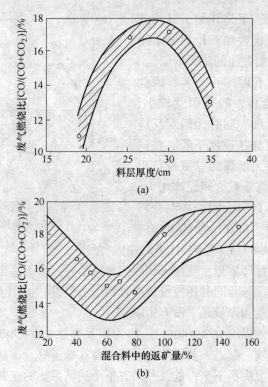

(a)

(b)

图 2-13 废气燃烧比与料层厚度、返矿量的关系

2.3 固体燃料特性及用量对烧结过程的影响

2.3.1 固体燃料的粒度

烧结所用固体燃料的粒度，与混合料中各组分的特性有关，一般可由实验决定。

粒度-0.5mm 的燃料颗粒燃烧时，难以在自身周围建立起成块的烧结矿。根据试验资料在烧结粒度为-8mm 的铁矿粉时，粒度为 1~2mm 的焦粉是最适宜的，这样的粒度有能力在周围建立 18~20mm 烧结矿块。在烧结精矿时（-1mm，其中-0.074mm 占 30%），试验表明焦粉粒度 0.5~3mm 最好；试验和生产实践证明，焦粉中-0.5mm 和+3mm 粒级的存在是不利的。因为太细的焦粉在气流作用下，会从上层吹到下层，从而损害了烧结矿的强度。粒度过大时，燃料分布不均匀，这是因为同样用量时，料层中碳的分布点少；另一方面，面料时粒度易于偏析集中在料层下部，燃料粗，燃烧带变厚，料层透气性变差，也会导致产质量下降。

燃料粒度对烧结各项指标的影响如图2-14所示，表明 3~0mm 时，各项指标最好。

2.3.2　固体燃料的种类

早期烧结所用燃料几乎都是焦粉，但随着钢铁工业的发展和高炉熟料比的不断提高，烧结用的焦粉供不应求，于是开始了寻找其他固体燃料代替或部分代替焦粉作为烧结用的燃料，其中首先被人们关注的是无烟煤。

无烟煤与焦粉相比孔隙率小得多，因此同样的质量时，在混合料中的体积就较小，降低了烧结料层的透气性。同时无烟煤反应性较差，因而导致垂直烧结速度下降。在同样用量和同样粒度时，无烟煤的总颗粒数小于焦粉，在料层中无烟煤颗粒之间距离增大，也使烧结矿质量恶化。试验表明，在混合料中，用无烟煤代替焦粉，从 0 增加到 100%，合格烧结矿的产出率从 53.5% 降到 41.0%，

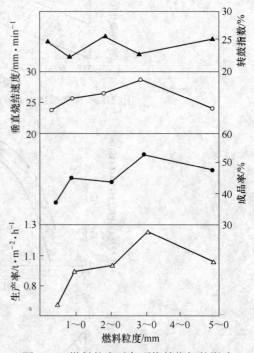

图 2-14　燃料粒度对各项烧结指标的影响

所以要保证烧结矿的产量和质量，使用无烟煤代替焦粉时，必须适当增加固体燃料的用量和适当降低其平均粒度，与此同时还应设法改善料层透气性。但用无烟煤代替 20%~25% 的焦粉，对烧结矿的质量和产量几乎没有影响。

若采用挥发分较高的煤（10%~40%），因为挥发物在 150~700℃ 温度下的预热带就从煤中分解出来，与废气一起进入抽风除尘系统，而在管道壁、排灰阀、除尘器以及抽风机的内壁和转子的叶片上沉积下来，危及和妨害整个抽风系统的正常工作。

因此，焦粉和无烟煤中的挥发分含量（体积分数）不应超过 5%。固体燃料的着火温度，在含氧量（体积分数）为 5%~30% 的范围内分别为：

$$t_{焦} = 975 \sim 190 \lg \varphi(O_2)$$
$$t_{煤} = 908 \sim 193 \lg \varphi(O_2)$$

如果通过预热带的废气中含 O_2 体积分数为 5%~6% 时，无烟煤的着火温度为 750~770℃，而它的分解挥发温度为 380~400℃，即挥发物不可能燃烧而进入废气。

2.3.3　固体燃烧的用量

在烧结过程中，氧化物的再结晶、高价氧化物的还原和分解、低价氧化物的氧化、液相生成数量、烧结矿的矿物组成及烧结矿的宏观和微观结构等，在很大程度上取决于燃料的用量，对不同种类的矿石，烧结最适宜的燃料用量也不同。

燃料用量增加，烧结矿 FeO 的含量也增加，还原性就下降，见表 2-4。

表 2-4 混合料中含碳量对烧结矿中 FeO 含量和还原性的影响

混合料质量分数/%	$w(FeO)$/%	碱度	还原率/%	备 注
5.0	34.11	1.05	36.2	
4.5	29.44	1.04	43.6	还原用 CO
3.5	24.57	1.09	53.3	还原 40min

燃料用量对烧结矿结构的影响是：含碳量少时，烧结矿微观结构发达，随着含碳量的增加，烧结矿逐渐发展成为薄壁结构，而且沿料层高度也有变化，上部微孔多，而下部多为大孔薄壁结构。

最适宜的燃料用量应保证所获得的烧结矿具有足够的强度和良好的还原性。对于具体的矿石原料最适宜的燃料用量需由试验确定。通常在磁铁矿烧结过程中，由于 Fe_3O_4 氧化放热，故需求的燃料用量小些，一般为 5%~6%，赤铁矿则缺乏氧化时的热收入，故燃料用量要高些，一般为 7%~9%。对于菱铁矿和褐铁矿则因为碳酸盐和氢氧化物的分解需要消耗热量，一般则要求更高的燃料用量。

2.3.4 燃烧催化剂

2.3.4.1 燃烧催化剂的分类

燃烧催化剂主要包括助燃剂、增氧剂、分散剂、稳定剂、膨松剂等，其主要目的就是在燃料燃烧过程中起到助燃作用。目前研究比较多的催化剂种类有钯、铂、稀土、碱金属、碱土金属和过渡金属氧化物、氢氧化物及其盐类等。

2.3.4.2 燃烧催化作用机理

对于煤燃烧催化剂的助燃作用，目前已有的研究结果可以归纳为两种观点，即氧传递学说和电子转移学说。

氧传递学说认为，在加热条件下催化剂首先被还原成金属（或低价金属氧化物），然后依靠金属（或低价金属氧化物）吸附氧气，使金属（或低价金属氧化物）氧化得到金属氧化物（或高价金属氧化物），紧接着碳再次还原金属氧化物（或高价金属氧化物），就这样金属（或低价金属氧化物）一直处于氧化—还原的循环中，在金属（或低价金属氧化物）和氧化物（或高价金属氧化物）两种状态来回变动。从宏观上，氧原子不断从金属氧化物（或高价金属氧化物）向碳原子传递，加快氧气扩散速度，使煤燃烧反应易于进行。电子转移学说从电子催化理论入手，认为金属离子嵌入碳晶格的内部使碳的微观结构发生变化，并作为电子给予体，通过电子转移加速部分反应步骤。电子转移学说认为，催化剂中的金属离子在加热过程中能够被活化，从而其自身的电子发生转移，成为电子给予体。结果，金属离子将形成空穴，而碳表面的电子结构也将发生变化，这种电荷的迁移将加速某些反应，从而提高了整个反应的速度，使碳燃烧得更完全。催化剂能降低煤燃烧的表观活化能，降低煤的着火点和加快焦炭的燃烧速率；能加速煤热解过程中各种结合键的断裂，提高煤挥发分的析出速度。

在铁矿粉烧结中，燃料燃烧过程可简单地分为干燥、挥发分析出、燃烧和燃烬阶段。

挥发分的析出直接影响着后面的两个阶段，如能加速挥发分的析出，将有助于提高烧结过程中燃料的燃烧效率和燃烬度。烧结过程中加入添加剂可加速焦炭中挥发分的析出速度，缩短其均相着火时间，降低着火温度，使焦炭在较低的温度下即可着火燃烧，且由于添加剂充当了氧的活性载体，使料层中氧量增多，从而焦粉可充分燃烧。两者共同作用的结果提高了"燃烧前沿"移动速度，使整个烧结过程加快，进而达到与"传热前沿"移动速度同步进行的目的，强化了烧结过程。当添加剂加入焦粉中后，焦粉中碳的晶格结构会发生畸变，结构单元间的桥键结合力削弱，在受热分解时，更多的桥键受到破坏，挥发分将提前释放，使挥发分的析出温度变低。另外，添加剂受热分解出金属离子，金属离子渗透进石墨层，作为电子施主，形成活性中间化合物，使碳结构发生变化，金属离子能与焦粉表面含氧基团形成表面络合物 $CO\text{-}M^+$（M^+ 为添加剂的金属离子），它们可以与芳香碳或脂肪碳相连。由于金属离子的供电子效应，进而通过氧传递到碳环或碳链上，迫使它不稳定而破裂，生成 CO、CO_2 逸出。此外，中间形成的表面络合盐，担负着反应活性中心的作用。其反应方程式如下：

$$2M_2CO_3 + C + 2O_2 =\!\!=\!\!= 4MO + 3CO_2$$

添加剂在反应过程中产生中间化合物充当了氧的载体，促进了氧从气相向炭表面的扩散。其反应过程如下：

$$M_2CO_3 + \frac{3}{2}O_2 =\!\!=\!\!= 2MO + 2CO_2$$

$$4MO + C =\!\!=\!\!= 2M_2O + CO_2$$

$$M_2O + \frac{1}{2}O_2 =\!\!=\!\!= 2MO$$

$$M_2O + CO_2 =\!\!=\!\!= M_2CO_3$$

其中 M 代表添加剂所含金属原子或离子。在反应循环中，MO、M_2O 作为一种新生成的中间化合物，具有极高的反应活性。可见，固定炭催化着火机理归因于添加剂生成的中间化合物，该化合物充当氧的载体，促进氧的转移，从而促进了焦粉中碳的燃烧，提高了其反应速率。同时，添加剂加速了焦粉中有机质的分解与焦粉本身的裂化反应，使反应系统中的烃类物质发生了部分氧化转移反应。

当添加剂通过浸渍处理后可使金属盐和金属氧化物均匀分布在碳的表面和孔隙中。在这种传递机理下，碳的燃烧反应从表面到内部都得到了极大的强化，从而燃烧加速，相对放热量增加，热量相对集中，燃烧层减薄，透气性改善，垂直烧结速度增加。

2.3.4.3　燃烧催化剂的应用

有人研究了加入一定量添加剂烧结时，当焦粉配入量为 5.5% 时，各项烧结指标明显优于其他配量时的指标。相对于基准试验，当加入添加剂烧结时，烧结利用系数、成品率、转鼓指数分别提高 7.30%、2.52%、6.01%，焦粉消耗减少 11.2kg/t，固体燃耗降低 16.22%。由此可见，添加剂的加入确实强化了焦粉的燃烧反应，提高了燃料的利用率，达到了增产节能的效果。

也有人研究通过采用碱土金属盐、铁系盐、稀土类化合物复配而成新型煤高效能催化剂，具有成本低、催化效果好的特点。

2.4 烧结料层中的温度分布及蓄热

2.4.1 烧结料层中的温度分布特点

由于烧结料层内气—固之间热交换较快，烧结料层同一水平面上气相和固相温度可以认为近似相等，因此在以下讨论中不区分气相和固相温度。

研究烧结料层温度随烧结时间的变化发现，任一水平层的温度都经历由低温到高温然后再降低的热浪式变化，但是在料层高度方向不同水平温度开始上升和下降的时间、上升和下降的速率、所达到的最高温度不同。将不同水平层的温度—时间曲线绘制在同一坐标系中，即可获得烧结料层的热波或热波曲线。

烧结料层中温度分布的特点是：

（1）由低温到高温，然后又从高温迅速下降到低温的典型温度分布曲线，在燃烧带有最高点。此曲线仅仅随着烧结进程沿着气流方向波浪式的移动不断改变位置，这个特征与料层的高度、原料的特性等其他因素没有关系。只有采用新的烧结方法，如烧结料层的预热或烧结矿的热处理时才会改变。

（2）燃烧带下部的热交换是在一个很窄的加热及干燥带完成的，它的高度一般小于50mm，尽管距离很短，但气体可以自1400~1500℃冷却到50~60℃。主要是气流速度大，温差大，对流传热量大。另一方面由于料粒有很大的比表面积，彼此紧密接触，传导传热也在迅速进行。

（3）一般燃烧带温度，即分布曲线上的最高点温度随着烧结过程的进行有所上升，这主要由于料层的蓄热作用，如图2-15所示。

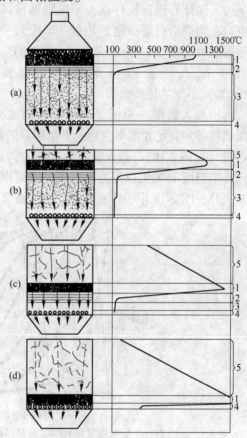

图 2-15 沿料层高度的温度分布曲线
（a）刚点火毕；（b）点火终了后 1~2min；
（c）开始烧结后 8~10min；（d）烧结终了前
1—燃烧带；2—预热干燥带；3—水分冷凝带；
4—铺底料；5—烧结矿带

2.4.2 燃料用量对料层温度分布规律的影响

图2-16所示为混合料中不含固体燃料，仅由在初始阶段抽入的温度为1000℃的热空气为热源时（相当于烧结过程的点火阶段），所获得的热波曲线，这相当于纯气—固传热

的热波曲线。图2-16中a~g代表自表层而下等距离的7个水平层。图2-16表明，当内部无固体燃料而又无稳定的外部热源时，热波曲线是以最高温度为中心、两边基本对称的曲线，随着热波向下推进，曲线不断加宽，而最高温度逐渐下降，温度分布在一较宽的区间，每瞬间或每一温度曲线的热焓相等。

为了保证料层温度移动，不致降低最高温度，必须供给料层一定的热量，即配入一定量的燃料。图2-17为点火温度为1000℃、料层中配入适量燃料维持最高温度（1000℃）不变的热波曲线。

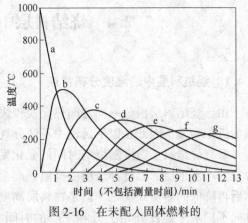

图2-16　在未配入固体燃料的料层中移动的温度—时间曲线

由于点火温度一般低于烧结最高温度，内配燃料必须充足才能尽快达到烧结所需的最高温度。如果在混合料中配入足够多的固体燃料时（见图2-18），点火温度为1000℃，就会使得料层的第2水平b的温度由1000℃上升到烧结温度1500℃以下温度水平可能逐渐升高，但由于产生了熔融相，温度不可能进一步上升。图2-18中曲线波峰部分的断面线表示各水平层内具有的熔化热。

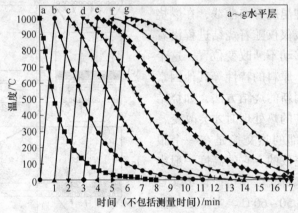

图2-17　配入适量燃料以维持料层最高温度（1000℃）不变的热波曲线

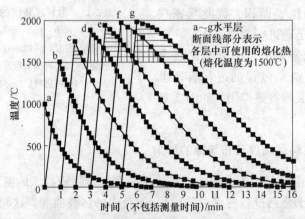

图2-18　配入充足燃料以使第2水平层最高温度从1000℃提高到1500℃时的热波曲线

由图 2-17 和图 2-18 可以看出，当料层内部配有燃料时，热波曲线的形状发生了很大的变化：相同水平层达到的最高温度上升了；达到最高温度所需的时间缩短了；随着热波向下推进，曲线两边越来越不对称。

燃料用量与料层最高温度的关系如图 2-19 所示。

(1) 当热波通过不含燃料 (0) 的料层时，最高温度随着热波向下移动而不断降低，因为在每一单元料层中都要留下部分热量而其余部分才为气体带走。如果料层没有其他热补充 (固体燃料)，继续向下的热波，其最高温度必然逐步下降。

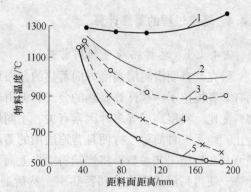

图 2-19　燃料用量对各料层最高温度的影响
$[$ 物料粒度 3~5mm，空气消耗 79.5m^3/(m^2·min)$]$
1—$w(C) = 2.5\%$；2—$w(C) = 1.5\%$；
3—$w(C) = 1.1\%$；4—$w(C) = 0.5\%$；5—$w(C) = 0$

(2) 随着物料中含碳量 $[w(C) = 0.5\% \sim 1.5\%]$ 增加，曲线发生变化。在下部各水平面由于固体燃料燃烧所积蓄的热量使温度提高了，在同一水平的最高温度随着燃料用量的增加而增加。当 $w(C) = 2.5\%$ 时，出现了凹形曲线。在料层上部出现下降的趋势是由于热交换过程中温度降低了，不能为固体燃料产生的热量所补偿。在料层下部，由于蓄热条件较好，进入燃烧带的空气温度也较高，所以料层中最高温度开始上升。如果燃料超过一定值，则料层下部的最高温度出现逐渐增高的趋势。

2.4.3　物料粒度对料层最高温度的影响

物料粒度对料层最高温度的影响如图 2-20 所示。粒度越大，在相同料层水平达到最高温度水平越低，因为粒度大小直接影响到热交换，粒度粗的物料比表面积小，从气流中接受的热量较细粒部分少。由于气流中在一段较长的料层通道中保存本身较多的热量，这就使得在粗粒物料中有较大的热波迁移速度和较低的料层最高温度。燃料粒度大小对烧结料层的最高温度产生影响如图 2-21 所示，在其他条件相同的情况下，较细的固体燃料燃烧时产生较高的温度，因为粒度小比表面积大，燃烧速度快，燃烧带厚度小，热能集中。

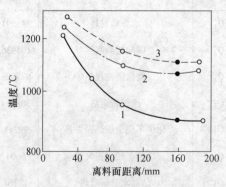

图 2-20　物料粒度对料层各水平面最高温度的影响
[1、2、3 分别为 5~8mm、3~5mm、
0.84~1.68mm 粒级的曲线，料中 $w(C) = 1.5\%$]

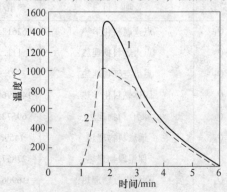

图 2-21　燃料粒度对料层中最高温度的影响
1—0~1mm；2—3~6mm

2.4.4　烧结过程的蓄热计算

2.4.4.1　总蓄热与可利用蓄热

研究并查明沿料层高度方向蓄热的分布规律是合理利用蓄热的前提。过去数十年，虽然有学者提出了一些计算蓄热的公式，但由于烧结料层的蓄热量与原料种类、性质、各种物料配比、料层高度等多种因素有关，不同烧结厂料层蓄热量及其分布特点不同，到目前为止，尚无一种简单、方便且普遍适用的蓄热计算方法。普遍采用的方法是：针对具体烧结原料和烧结工艺参数，将烧结料层自上而下划分为若干分层，通过对各分层进行热平衡计算，获得每层的蓄热量和蓄热率，然后通过绘图获得沿整个料层蓄热量或蓄热率的分布。需要指出的是，现有关于烧结料层蓄热的研究只是获得烧结料层每一分层的总蓄热量及沿料层高度方向总蓄热量的分布规律。但是，从合理利用蓄热的角度考虑，仅获得总蓄热量是不够的。这是因为在实际生产过程中，离开烧结机的烧结饼自上而下温度越来越高，带走的热量也自上而下越来越多。也就是说，下部特别是底部料层的蓄热实际上是无法全部用于烧结本身的。为此，有研究者提出了可利用的蓄热量概念。可利用蓄热量是从总蓄热量中扣除烧结饼所带走的物理热后的蓄热量，它是合理利用蓄热、开发节能烧结新技术的依据。

以下的蓄热计算以某钢铁公司烧结原料和工艺为例进行。

2.4.4.2　计算依据与假定

为方便计算，需首先进行一些参数的设定或假定：

（1）根据钢厂现场情况，料层高度为 0.7m，烧结混合料堆密度为 $1.9t/m^3$。为便于计算，取长 1m、宽 1m、高 0.7m，体积为 $0.7m^3$ 的单元料柱为对象。

根据对钢厂烧结热平衡计算的结果，获得此料柱总热收入和支出平衡表，见表 2-5。

表 2-5　料柱（长 1m、宽 1m、高 0.7m）**中烧结热收入和支出平衡表**

收　入			支　出		
符号	项　目	热量/kJ	符号	项　目	热量/kJ
Q_1	点火燃料化学热	62612.8	Q_1'	水分蒸发热	248591.8
Q_2	点火燃料物理热	111.2	Q_2'	碳酸盐分解热	105936.2
Q_3	点火空气物理热	792.9			
Q_4	固体燃料化学热	1463966.2	Q_3'	烧结饼物理热	679828.1
Q_5	混合料物理热	69572.3	Q_4'	废气带走热	308434.6
Q_6	铺底料物理热	1459.6	Q_5'	化学不完全燃烧损失热	79218.3
Q_7	保温段物理热	27857.1	Q_6'	烧结矿残碳损失热	6604.6
Q_8	烧结空气物理热	16906.6	Q_7'	结晶水分解吸热	11764.7
Q_9	化学反应放热	95637.3	Q_8'	其他热损失	312319.1
Q_{10}	氧化铁皮中金属铁氧化放热	13781.3			
合计	总热收入	1752697.3	合计	总热支出	1752697.3

（2）沿料层高度方向把料柱等分为 7 个单元层，如图 2-22 所示，每层高度为 0.1m，每个单元料层体积为 0.1m³。

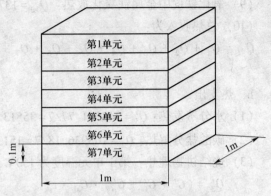

图 2-22 单元料层示意图

第1单元
第2单元
第3单元
第4单元
第5单元
第6单元
第7单元
0.1m
1m
1m

（3）参考有关研究，确定第 1 层热损失为该层热量收入的 15%，除第 1 层外其他各层热损失为热量收入的 8%。

（4）点火燃料化学热、点火燃料物理热、点火空气物理热、保温段物理热和烧结空气物理热只对第 1 层物料有影响，保温段空气温度为 300℃。

（5）铺底料的物理热只对第 7 层物料有影响。

（6）其他各个项目的热量对 7 个分层的物料平均分配。

（7）烧结终了时，烧结饼最上层温度为 150℃，最下层温度为 1300℃，根据相关研究，拟合了烧结饼离开烧结机时的平均温度与料层高度的关系，获得烧结饼离开烧结机时 7 个分层的温度分别为：第 1 单元 150℃；第 2 单元 200℃；第 3 单元 300℃；第 4 单元 450℃；第 5 单元 700℃；第 6 单元 1000℃；第 7 单元 1300℃。

（8）蓄热量的计算研究表明，在正常烧结条件下，自烧结上部料层传给下部料层的热量绝大部分被厚度为 200mm 的下部料层所吸收，其中前 100mm 料层吸收 70%，后 100mm 料层吸收 30%。因此，第 i 分层的蓄热量计算公式为：

$$Q_i^a = 0.7Q_{i-1}' + 0.3Q_{i-2}' \tag{2-36}$$

式中，Q_i^a 为第 a 单元的蓄热量；Q_{i-1}' 为第 $i-1$ 单元废气带入下部单元的热量；Q_{i-2}' 为第 $i-2$ 单元废气带入下部单元的热量。

（9）蓄热率（n）的计算。

$$n_i = Q_i^a/Q_i \times 100\% \tag{2-37}$$

式中，Q_i 为第 i 单元的热收入量。

2.4.4.3 计算过程与结果

A 第 1 单元

a 热收入

（1）点火燃料化学热：$Q_1 = 62612.83$ kJ/0.1m³。

（2）点火燃料物理热：$Q_2 = 111.18$ kJ/0.1m³。

（3）点火空气物理热：$Q_3 = 792.85$ kJ/0.1m³。

（4）保温段物理热：$Q_7 = 27857.14$ kJ/0.1m³。

（5）烧结空气物理热：$Q_8 = 16906.57$ kJ/0.1m³。

（6）固体燃料化学热：$Q_4 = 1463966.18/7 = 209138.03$ kJ/0.1m³。

（7）混合料化学热：$Q_5 = 69572.34/7 = 9938.91$ kJ/0.1m³。

（8）化学反应放热：$Q_9 = 95637.31/7 = 13662.47$ kJ/0.1m³。

（9）氧化铁皮中金属铁氧化放热：$Q_{10} = 13781.33/7 = 1968.76 \text{kJ}/0.1\text{m}^3$。

（10）总热收入为：

$$Q_{收} = Q_1 + Q_2 + Q_3 + Q_4 + Q_5 + Q_6 + Q_7 + Q_8 + Q_9 + Q_{10} = 342988.74 \text{kJ}/0.1\text{m}^3$$

$$(2-38)$$

b　热支出

（1）水分蒸发热：$Q_1' = 248591.77/7 = 35513.11 \text{kJ}/0.1\text{m}^3$。

（2）碳酸盐分解热：$Q_2' = 105936.18/7 = 15133.74 \text{kJ}/0.1\text{m}^3$。

（3）烧结饼物理热：第1单元温度为150℃；烧结饼的比热，取 $0.72\text{kJ}/(\text{kg}\cdot\text{℃})$，则

$$Q_3' = (G' + G_f' + G_p') \cdot C_{sb} \cdot t_{sk}$$
$$= [990+(237.40+63.2)\times0.99]\times0.72\times150/7 = 19865.11 \text{kJ}/0.1\text{m}^3 \quad (2-39)$$

（4）化学不完全燃烧损失热：$Q_5' = 79218.25/7 = 11316.90 \text{kJ}/0.1\text{m}^3$。

（5）烧结矿残碳损失热：$Q_6' = 6604.57/7 = 943.51 \text{kJ}/0.1\text{m}^3$。

（6）结晶水分解吸热：$Q_7' = 11764.72/7 = 1680.67 \text{kJ}/0.1\text{m}^3$。

（7）其他热损失：$Q_8' = 0.15 Q_{收} = 0.15\times342988.74 = 51448.31 \text{kJ}/0.1\text{m}^3$。

（8）本单元传给下部单元热量：

$$Q_9' = Q_8' = Q_{收} - Q_{1\sim3}' - Q_{5\sim8}' = 207087.39 \text{kJ}/0.1\text{m}^3 \quad (2-40)$$

此 Q_9' 全部为以下各单元所吸收，其中70%为第2单元吸收，30%为第3单元吸收。

（9）总热支出：$Q_{出} = Q_{收}$。

B　第2单元

a　热收入

（1）固体燃料化学热：$Q_4 = 1463966.18/7 = 209138.03 \text{kJ}/0.1\text{m}^3$。

（2）混合料化学热：$Q_5 = 69572.34/7 = 9938.91 \text{kJ}/0.1\text{m}^3$。

（3）化学反应放热：$Q_9 = 95637.31/7 = 13662.47 \text{kJ}/0.1\text{m}^3$。

（4）氧化铁皮中金属铁氧化放热：$Q_{10} = 13781.33/7 = 1968.76 \text{kJ}/0.1\text{m}^3$。

（5）上单元废气带入的热量（蓄热）：$Q_{11} = 207087.39\times70\% = 144961.17 \text{kJ}/0.1\text{m}^3$。

（6）本单元总热收入为：

$$Q_{收} = Q_4 + Q_5 + Q_9 + Q_{10} + Q_{11} = 379669.34 \text{kJ}/0.1\text{m}^3 \quad (2-41)$$

b　热支出

（1）水分蒸发热：$Q_1' = 248591.77/7 = 35513.11 \text{kJ}/0.1\text{m}^3$。

（2）碳酸盐分解热：$Q_2' = 105936.38/7 = 15133.74 \text{kJ}/0.1\text{m}^3$。

（3）烧结饼物理热：第2单元平均温度为200℃，烧结饼的比热，取 $0.74\text{kJ}/(\text{kg}\cdot\text{℃})$，则

$$Q_3' = (G' + G_f' + G_p') \cdot C_{sb} \cdot t_{sk} = [990+(237.36+63.2)\times0.99]\times0.74\times200/7$$
$$= 27222.56 \text{kJ}/0.1\text{m}^3 \quad (2-42)$$

（4）化学不完全燃烧损失热：$Q_5' = 79218.28/7 = 11316.90 \text{kJ}/0.1\text{m}^3$。

（5）烧结矿残碳损失热：$Q_6' = 6604.57/7 = 943.51 \text{kJ}/0.1\text{m}^3$。

（6）结晶水分解吸热：$Q_7' = 11764.72/7 = 1680.67\text{kJ}/0.1\text{m}^3$。

（7）其他热损失：$Q_8' = 0.15Q_收 = 0.15 \times 342988.74 = 51448.31\text{kJ}/0.1\text{m}^3$。

（8）本单元传给下部单元热：

$$Q_8' = Q_收 - Q_{1\sim3}' - Q_{5\sim8}' = 257485.30\text{kJ}/0.1\text{m}^3 \qquad (2\text{-}43)$$

此 Q_8' 全部为以下两单元所吸收，其中70%为第3单元吸收，30%为第4单元吸收。

（9）总热支出：$Q_出 = Q_收$。

c 第2单元可利用蓄热率

$$Q_{11}/Q_收 = 38.18\%$$

d 第2单元总蓄热率

在不扣除本单元烧结饼物理热的情况下进行类似 c 的计算，获得第2单元总蓄热率为40.37%。

C 第3单元

a 热收入

（1）固体燃料化学热：$Q_4 = 1463966.18/7 = 209138.03\text{kJ}/0.1\text{m}^3$。

（2）混合料化学热：$Q_5 = 69572.34/7 = 9938.91\text{kJ}/0.1\text{m}^3$。

（3）化学反应放热：$Q_9 = 95637.31/7 = 13662.47\text{kJ}/0.1\text{m}^3$。

（4）氧化铁皮中金属铁氧化放热：$Q_{10} = 13781.33/7 = 1968.76\text{kJ}/0.1\text{m}^3$。

（5）上部两单元废气带入的热量（蓄热）：$Q_{11} = 207087.39 \times 30\% + 257485.30 \times 70\% = 242365.93\text{kJ}/0.1\text{m}^3$。

（6）总热收入为：

$$Q_收 = Q_4 + Q_5 + Q_9 + Q_{10} + Q_{11} = 477074.09\text{kJ}/0.1\text{m}^3 \qquad (2\text{-}44)$$

b 热支出

（1）水分蒸发热：$Q_1' = 248591.77/7 = 35513.11\text{kJ}/0.1\text{m}^3$。

（2）碳酸盐分解热：$Q_2' = 105936 - 18/7 = 15133.74\text{kJ}/0.1\text{m}^3$。

（3）烧结饼物理热：第3单元平均温度为300℃，烧结饼的比热，取 0.78kJ/（kg·℃），则

$$Q_3' = (G' + G_f' + G_p') \cdot C_{sb} \cdot t_{sk}$$
$$= [990 + (237.359 + 63.2) \times 0.99] \times 0.78 \times 300/7 = 43041.07\text{kJ}/0.1\text{m}^3 \qquad (2\text{-}45)$$

（4）化学不完全燃烧损失热：$Q_5' = 79218.28/7 = 11316.90\text{kJ}/0.1\text{m}^3$。

（5）烧结矿残碳损失热：$Q_6' = 6604.57/7 = 943.51\text{kJ}/0.1\text{m}^3$。

（6）结晶水分解吸热：$Q_7' = 11764.72/7 = 1680.67\text{kJ}/0.1\text{m}^3$。

（7）其他热损失：$Q_8' = 0.08Q_收 = 0.08 \times 477074.09 = 38165.93\text{kJ}/0.1\text{m}^3$。

（8）本单元传给下部单元热：

$$Q_9' = Q_收 - Q_{1\sim3}' - Q_{5\sim8}' = 331279.16\text{kJ}/0.1\text{m}^3 \qquad (2\text{-}46)$$

此 Q_9' 全部为以下两单元所吸收，其中70%为第4单元吸收，30%为第5单元吸收。

（9）总热支出：$Q_出 = Q_收$。

c 第3单元可利用蓄热率

$$Q_{11}/Q_收 = 50.80\%$$

d　第3单元总蓄热率

在不扣除本单元烧结饼物理热的情况下进行类似c的计算，获得第3单元总蓄热率为54.07%。

采用上述同样方法可获得第4、5、6、7单元的总蓄热率、可利用蓄热率。

各单元的热平衡、总蓄热率、可利用蓄热率见表2-6。

表 2-6　各单元的热平衡及蓄热表

项　目		第1单元	第2单元	第3单元	第4单元	第5单元	第6单元	第7单元
热收入项	总热收入/kJ·(0.1m³)⁻¹	342988.74	379669.34	477074.09	543849.17	591608.51	600642.17	567557.16
	其中，上部单元废气带入热量（蓄热）/kJ·(0.1m³)⁻¹		144961.17	242365.93	309141.00	356900.34	365934.00	331389.43
热支出项	总热支出/kJ·(0.1m³)⁻¹	342988.74	379669.34	477074.09	543849.17	591608.51	600642.17	567557.16
	传给下部各单元热/kJ·(0.1m³)⁻¹	207087.39	257485.30	331279.16	367880.85	365099.64	316942.20	220838.76
	烧结饼带走物理热/kJ·(0.1m³)⁻¹	19865.11	27222.56	43041.07	67872.46	114592.25	171060.67	236725.89
蓄热率及理论焦粉配比	各单元总蓄热率/%		40.37	54.07	61.39	66.60	70.30	72.99
	各单元可利用蓄热率/%		38.18	50.80	56.84	60.33	60.92	58.39
	理论焦粉配比/%	4.30	3.81	3.48	3.26	3.10	3.07	3.18

2.5　烧结过程传热规律及应用

2.5.1　烧结过程传热现象

1951~1952年英国 E. W. 沃伊斯（Voice）在试验时发现，不论原料品种如何，配碳量多少，烧结废气率（m³/t 混合料）都是差不多的。除供燃料燃烧外，空气是否还要满足传热的需要？因此他设计了两组试验，用惰性物料如石英、硅铝砖、三氧化二铝代替矿粉，避免放热或吸热熔融造渣。考虑到热的来源，一组试验配加燃料，另一组试验用外部加热，即将载体加热到1300℃，放在料面上加热，然后进行同样操作条件下的两组试验。前者称为烧结试验，后者称为传热试验，所得结果如图2-23所示。

从图2-23可以看出：

（1）不论烧结试验与传热试验，料层各水平温度变化曲线的形状有些差别，但高温带穿过料层的速率对每种物料是很相似的。

（2）不论烧结试验或传热试验，热波通过料层达到废气最高温度的传热时间也很相近。

（3）烧结试验与传热试验的废气率很接近，见表2-7。

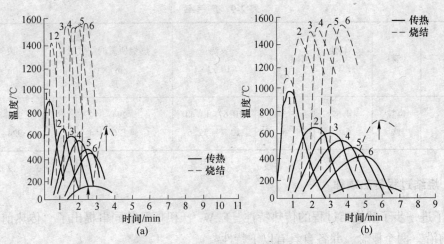

图 2-23　料层每一单元烧结与传热试验时的温度变化曲线

(a) 硅铝砖；(b) 石英

1~6 分别表示距料顶部 6.35mm、31.75mm、57.15mm、88.85mm、

107.95mm、133.35mm，箭头表示废气最高温度

表 2-7　传热与烧结试验的废气率

物　料	废气率（m³/t 烧结矿）	
	传热试验	烧结试验
石英	728~1148	980~1188
硅铝砖	1226.4	1232~1536
氧化铝	971.6	924~1148

通常将无内部热源时的温度变化曲线称为热波曲线，而将内配燃料的温度变化曲线称为燃烧波曲线。

为了进一步证实此结论，用不同热容量的气体进行传热试验。采用热容量较小的 Ar、He 及热容量大的 CO_2，如果是传热作用，那么使用 Ar、He 时的废气率就应该大，CO_2 的废气率就应该小，见表 2-8。这说明了烧结过程的传热决定了废气率，废气率与热容量成反比，其乘积为常数。为了进一步证实上述结果，改变燃料种类（用钛和炭素）做试验。如果是以燃烧过程作为决定废气率的因素，则炭素燃烧所需的气体量大，应该有较高的废气率。试验结果表明，用钛和炭素燃烧，其废气率相近（见表 2-9），从而反证了废气率取决于热传导过程而不是取决于燃料燃烧过程。

表 2-8　石英料层的特性

气体	密度 /kg·m⁻³	热容 A /kJ·℃⁻¹·m⁻³	热波速度 B /cm·min⁻¹	废气率 C /m³·t⁻¹	传热量 A·C	B/A
空气	1.217	1.27	5.18	1022	1298	4.1
CO_2	1.874	1.94	7.31	708	1374	3.8
Ar	1.682	0.80	3.17	1501	1201	4.0
He	0.176	0.80	3.17	1458	1166	4.0

表 2-9　废气率

物料	燃料	燃料比/%	水分（体积分数）/%	发热量/$\times 10^5 kJ \cdot t^{-1}$	燃烧所需的空气量/$m^3 \cdot t^{-1}$	废气率/$m^3 \cdot t^{-1}$
石英	焦粒	4.5	3	10.67~13.44	294~392	924~1148
石英	钛	6.6	3	10.79~12.6	126~154	924~1008

2.5.2　烧结过程传热规律

为了进一步了解烧结过程的传热特性，E. W. 沃伊斯及其同事提出了"传热前沿"及"燃烧前沿"两个概念，并各自具有以下特性：

(1) 没有内部热源时，规定当料层温度开始均匀上升时传热前沿即已到达，一般以 100℃ 等温线为准。当配有燃料时，引入燃烧前沿的概念，规定当料层温度迅速上升时表明燃烧前沿到达，一般以 600℃ 或 1000℃ 等温线为基准。

(2) 热波曲线的特点是以最高温度为中心，两边对称的曲线。因为整个料层比热相同，空气流速相同；而燃烧波曲线由于配有燃料，所以曲线两边不对称，是不等温曲线。

(3) 热波曲线随着热波向下前进，最高温度逐步下降，而且热波曲线不断加宽；而燃烧波曲线随着火焰波（或燃烧带）向下移动，最高点的温度升高。

2.5.2.1　传热前沿速度的影响因素

图 2-24 的两种外部供热方法所得到的热波曲线可变换成图 2-25 (a) 和 (b)。图中可以看到，100℃ 的传热前沿速度最大。在烧结料层中，从 100℃ 到 1000℃ 这一区间很窄，温差非常大，所以选定 100℃ 作为传热前沿的代表性温度是合乎实际的。图 2-25 中 (c) 和 (d) 说明混合料中的水分会降低传热前沿速度；图 2-25 (e) 和 (f) 说明碳酸盐也有相同的作用。表 2-10 列出了不同气体和不同固体料对传热前沿速度的影响，对应曲线绘于图 2-25 (g) 和 (h)。

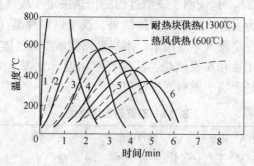

图 2-24　两种外部供热的传热曲线（无水石英砂料层）

图中数字	1	2	3	4	5	6
耐热块供热，距料面/mm	6.4	32	57	83	108	133
热风供热，距料面/mm	12.7	38	64	89	114	140

表 2-10 不同气体和固体对传热前沿速度的影响

名 称	堆密度 /kg·m⁻³	比热容 /kJ·m⁻³·℃⁻¹	传热前沿速度 /×10⁻⁴m·s⁻¹	比气体容积 /×10³m³·t⁻¹料	备 注
空气	1.217	1.126	8.47	1.02	固体为石英砂
CO₂	1.874	1.742	12.28	0.71	
Ar	1.682	0.747	5.29	1.50	
He	0.176	0.747	5.29	1.46	
刚玉砂	1730	—	4.66	0.98	气体为空气
莫来石砂	1313.5	—	5.93	0.88	
石英砂	1009.2	—	8.47	1.03	
硅铝砖粒	688.8	—	14.82	1.24	

对不同比热的气体来说，要完成相同料层（包括种类和料高）的传热过程，都需要消耗同样的热量，所以气体的比热容小时，传热前沿速度也小。而各固体料的比热容相近，则堆密度大的料，传热前沿速度就慢。

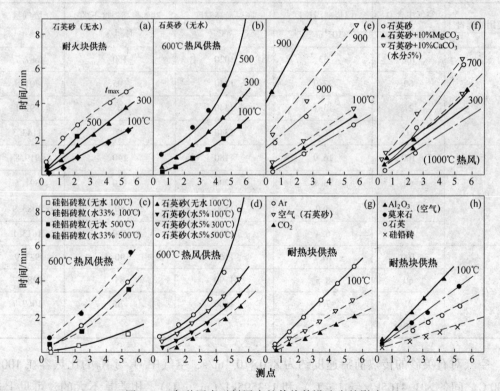

图 2-25 各种因素对料层中的传热前沿速度的影响

图中数字	1	2	3	4	5	6
耐热块供热，距料面/mm	6.4	32	57	83	108	133
热风供热，距料面/mm	12.7	38	64	89	114	140

因此，传热前沿速度受下列因素影响：

（1）气体速度较大，传热前沿速度较大。

（2）气体密度较大，传热前沿速度较大。

（3）气体比热较大，传热前沿速度较大。

（4）固体料堆密度大、比热容较大，则传热前沿速度较小。

（5）固体料层水分较多、碳酸盐较多、料层孔隙率较小，则传热前沿速度较小。

关于传热前沿速度，B. B. 勃拉斯科特（Blaskett）提出计算公式（2-47）：

$$v = \frac{h_g \cdot \omega}{h_s(1 - \varepsilon)} \tag{2-47}$$

式中，h_g 为单位体积的气体热容；h_s 为单位体积的固体物料热容；ε 为料层空隙率；ω 为单位体积上的气流速度。

2.5.2.2　燃烧前沿速度的影响因素

试验说明了空气含 O_2 量对燃烧前沿速度的影响，见表 2-11。试验条件是：固体料为石英砂，燃料采用木炭（配比 4%）、石墨（配比 4%）或焦粉（配比 4.5%），混合料水分体积分数为 3%。

表 2-11　空气中含氧量对燃烧前沿速度的影响

使用的燃料	空气中含 O_2 体积分数/%	燃烧前沿速度 $/\times10^{-1}\mathrm{m \cdot s^{-1}}$	底层最高温度 /℃	80%最高温度下的时间/s	废气量 $/\mathrm{m^2 \cdot t^{-1}}$ 料
木炭	100	33	1020	150	687.7
	60	22.9	1240	105	701.8
	21	13.1	1340	105	897.1
	10	9.3	1340	87	1143.3
焦粉	100	16.9	1180	140	919.8
	60	13.1	1200	110	891.5
	21	8.0	1560	80	1083.9
	10	6.4	1200	100	1613.1
石墨	100	10.2	1160	90	933.9
	60	8.5	1190	85	1287.7
	21	7.6	1600	70	1069.7
	10		灭火		

空气对石英砂的传热前沿速度约为 $8.0\times10^{-4}\mathrm{m/s}$，空气中 O_2 与 N_2 的比热容在 100~1000℃ 之间各为 $1.4165\mathrm{kJ/(m^3 \cdot ℃)}$ 和 $1.3595\mathrm{kJ/(m^3 \cdot ℃)}$，相差是不大的，可见上述试验中传热前沿速度基本上是不变的。

试验表明，在空气（O_2 体积分数为 21%）条件下，木炭的燃烧前沿速度比传热前沿速度大得多，而焦粉的则比较接近，因而燃烧温度能达到比较高的值。当两种前沿速度不协调时，燃烧最高温度下降，甚至可能灭火。

燃烧前沿速度主要受下列因素所制约：

（1）空气中含氧量越大，燃烧前沿速度越大。

（2）固体燃料的可燃性越好、粒度越小，燃烧前沿速度越大。

（3）固体燃料用量与燃烧前沿速度间的关系有极大值。

（4）增加风量会使燃烧前沿速度加快。

风速对两种前沿速度的影响见表 2-12。

表 2-12　风速对两种前沿速度的影响

混合料品种	果阿赤铁矿	拉那堡磁铁矿	达拉泊特磁铁矿
混合料中焦粉质量分数/%	7.0	5.0	3.0
混合料中水分体积分数/%	7.0	10.0	6.0
烧结风速/m·s^{-1}	0.39→1.16	0.39→1.16	0.19→0.58
增大倍数	3	3	3
传热前沿速度/mm·min^{-1}	7.5→15.0	7.5→17	26→46
增大倍数	2	2.3	1.8
燃烧前沿速度/mm·min^{-1}	9→31	8→36	30→52
增大倍数	3.4	4.5	1.7

2.5.3　传热规律在烧结中的应用

烧结过程中必须区别传热前沿速度和燃烧前沿速度，在一般情况下它们彼此在数量上是不相同的。在配碳稍高的情况下，炭的燃烧速度决定了烧结过程的总速度，"燃烧前沿"的移动速度往往落后于"传热前沿"的移动速度，这种烧结制度由于氧供应不足，即使焦粒已经加热到燃点也不会燃烧。应采用富氧加速燃烧，或用压力烧结促使燃烧前沿速度加快，从而使整个烧结过程加快。倘若配碳较低，剩余氧很大，在此情况下加热到燃点的焦粉剧烈燃烧，燃烧前沿移动速度大，因此烧结过程的总速度取决于传热前沿速度。例如烧结含硫矿石时，传热前沿移动速度慢于燃烧前沿速度，因此可提高气体热容量；改善透气性，增加气流速度，从而加速烧结过程。

使用焦粉或无烟煤做燃料，并且使用空气进行烧结生产时，料层中的传热和燃烧前沿速度大体上是协调的。但对不同的原料和操作条件还需要作具体的研究，并通过调整，使两种速度尽可能同步，从而得到最优操作参数。

习　题

2-1 根据固体燃料燃烧的热力学原理，分析在实际烧结过程中固体炭燃烧的基本反应。

2-2 分析各因素对烧结料层燃烧带厚度的影响。

2-3 分析固体燃料特性及用量对烧结过程的影响。

2-4 绘制不同配碳条件下烧结料层温度的分布曲线。

2-5 分析含铁原料及燃料粒度对烧结料层温度的影响。

2-6 分析改善烧结料层中温度分布的方法及途径。

2-7 分析影响烧结过程废气组成的因素。

3 烧结过程物理化学原理

3.1 水分在烧结过程中的行为与作用

3.1.1 水分在烧结过程中的作用

烧结料中的水分来源，主要是原始物料含有的物理水、混合料混匀制粒时外加的水、燃料中碳氢化合物燃烧产物中的水汽以及空气中带入的水蒸气。此外，还有混合料中褐铁矿等含有结晶水矿物分解释放的化合水。

一般认为，水分在烧结过程中可以起到以下几个方面的作用：

（1）制粒作用。烧结混合料加入适当的水分，水在混合料粒子间产生毛细力，在混合料的滚动过程中互相接触而靠紧，制成小球粒，改善烧结料层的透气性。

（2）导热作用。水的导热系数为 $130 \sim 400 kJ/(m^2 \cdot h \cdot ℃)$，而矿石的导热系数为 $0.60 kJ/(m^2 \cdot h \cdot ℃)$，烧结料中水分的存在，改善了烧结料的导热性，使料层中的热交换速率加快，有利于使燃烧带限制在较窄的范围内，减少了烧结过程中料层的阻力，同时保证了在燃料消耗较少的情况下获得必要的高温。

（3）润滑作用。水分子覆盖在矿粉颗粒表面，起类似润滑剂的作用，降低了表面粗糙度，减小了气流通过时的阻力。

（4）助燃作用。固体燃料在完全干燥的混合料中燃烧缓慢，水分在高温下能与固体碳发生水煤气反应，生成 CO 和 H_2，利于固体燃料的燃烧。

水分的上述作用，是保证烧结过程顺利进行，提高烧结矿产量和质量必不可少的条件之一。

下面的实验可以充分说明水分在烧结过程中的作用。将制粒后的混合料烘干到水分含量（体积分数）为2.3%，其烧结效果与正常水分的烧结料比较，利用系数从 $1.11 t/(m^2 \cdot h)$ 下降到 $0.66 t/(m^2 \cdot h)$，烧结时间由 9min 延长到 21min，平均真空度由 7000Pa 增加到 7360Pa。

不同烧结料的适宜水分含量也不同。一般来说，物料粒度越细，比表面积越大，所需适宜水分越多。此外，适宜水分含量与原料类型关系很大，松散多孔的褐铁矿烧结时所需水量（体积分数）可达 20%，而致密的磁铁矿烧结时适宜水分含量（体积分数）为 6%~9%。

烧结料最适宜水分含量是以使混合料达到最高成球率或最大料层透气性来评定的。当适宜的水分含量范围较小，实际水分含量（体积分数）变化超过±0.5%时，就会对混合料的成球产生显著影响。图 3-1 为某物料成球性与含水量的关系。

3.1.2 水分的蒸发

在烧结过程中，水分的蒸发主要指的是烧结混合料中物理水的蒸发，该过程发生在干燥预热带内。含有水分的混合料与来自上部燃烧带的热废气先接触，混合料中的水分开始蒸发而转移到气相中。

当热气体与湿料接触时，在较长一段时间内，蒸发过程进行得较为缓慢，物料含水量没有多大变化，但物料温度却有了明显的升高。在这段期间内，热量主要消耗于预热物料，直至传给物料的热量与用于汽化的热量之间达到平衡为止。

物料达到蒸发平衡温度时，水分开始等速蒸发，物料中的水分随时间直线下降。该阶段物料表面的蒸气压等于同一温度下纯水的饱和蒸气压。水分蒸发速率取决于干燥介质（热废气）的性质（温度、湿度等），而与物料的水分含量无关。这个阶段持续到物料达到临界湿度为止。

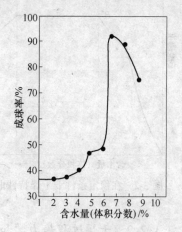

图 3-1　某物料成球性与
含水量的关系

在达到临界湿度以后，物料表面润湿面积不断减少，汽化面移向固体颗粒内部，热废气传给湿物料的热量大于水分汽化所需热量，物料表面温度逐步上升而接近于废气温度。这一阶段水分蒸发速率取决于物料的水分含量，而与废气关系不大。

3.1.2.1　水分的蒸发过程

水分在烧结过程中的蒸发可以分为以下几个阶段：

（1）预热阶段。当热气体与湿料接触时，在一段很短时间内，蒸气过程进行得较为缓慢，物料含水量没有多大变化，但物料有了明显的升高，在这段期间内，热量主要消耗于预热混合料，直至传给物料的热量与用于汽化的热量之间达到平衡为止，这段时期通常称为"预热阶段"。

（2）等速干燥阶段。当物料达到蒸发平衡的温度时，物料中的水分成直线规律发生变化，水分以等速进行蒸发，这段时期通常称为"等速干燥阶段"，其特征在于物料表面上的蒸气压可以认为等于纯液面上的蒸气压，而与物料的湿度无关。这个阶段持续到物料达到所谓"临界湿度"为止。

（3）降速干燥阶段。在达到临界湿度以后就进入"降速干燥阶段"，干燥速度逐渐变小，而物料逐渐被加热，气体与物料温度差较小。当达到所谓"平衡湿度"时，即气体中蒸气分压与物料表面水的饱和蒸气压达到平衡时，干燥速度等于零。

在稳定条件下（气流温度、速度和湿度保持不变）干燥特性曲线示于图 3-2，图中的 I 区、II 区和 III 区分别代表减速干燥区、等速干燥区和预热区，其中 BC 为第一降速阶段，C 以下为第二降速阶段。如图 3-3 所示，为在稳定条件下混合料中的含水率和物料的温度变化，图中的 I 区、II 区、III 区分别代表预热区、等速干燥区和降速干燥区。

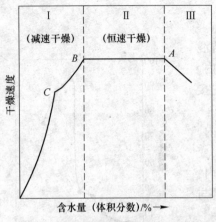

图 3-2　在稳定条件下干燥特性曲线

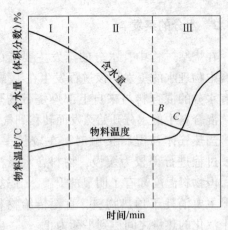

图 3-3　在稳定条件下混合料
含水量和温度的变化

3.1.2.2　干燥过程静力学和动力学

A　水分在气固两相间的平衡

a　结合水与非结合水

当固体物料具有结晶结构时，其中含有一定量的结晶水，这部分水以化学力与固体相结合，如褐铁矿中的结晶水。

当固体为可溶物时，其所含的水分可以溶液形态存在于固体中。

当固体物料系多孔性，或固体物料系由细颗粒聚集而成。其所含的水分可以存在细孔中，并受到孔壁毛细管力的作用。

当固体表面有吸附性时，其所含的水分则因受到吸附力而结合于固体内、外表面上。

以上这些借化学力或物理力与固体相结合的水统称为结合水。

当物料中含水较多，除一部分水与固体结合外，其余的水是机械地附着于固体表面，或颗粒堆积层的大孔隙中（不存在毛细管力），这些水称为非结合水。

结合水与非结合水的基本区别表现在平衡蒸气压不同。非结合水的性质与纯水相同，其表现的平衡蒸气压即为同温度下纯水的饱和蒸气压。结合水则不同，因为化学和物理学力的存在，所表现的蒸气压低于同温度下纯水的饱和蒸气压。

b　平衡蒸气压曲线

一定湿物料的蒸气压（P_e）与含水量的关系大致如图 3-4（a）所示（物料含水量以绝对干料为基准，即每公斤绝对干料所带有的水量，以 X_e 表示）。物料中只要存在非结合水时，其平衡蒸气压不会变化，总是纯水的饱和蒸气压。当含水减少时，非结合水不复存在，以后首先除去的是结合较弱的水，余下的是结合较强的水，因而蒸气压逐渐下降。

图 3-4（b）为以相对湿度（湿物料平衡蒸气压 P_S/同温度下饱和蒸气压 P_e）代替平衡蒸气压 P_e 做纵坐标表示的平衡曲线。固体中只要存在着非结合水，则 $\varphi=1$，除去结合水后，φ 即逐渐下降。如以相对湿度 φ 的空气通过湿固体，长时间后，固体的含水量由原来的 X_t 降到 X^*，但不可能绝对干燥。X^* 是物料在该条件下被干燥的极限，称为该空气状态下的平衡含水量。在这种情况下被除去的水（$X_t - X^*$）包括两部分，一部分为非结合水，另一部分为结合水。所有能被指定状态的气体带走的水分称为自由水分，其含水量称为自由含水量。

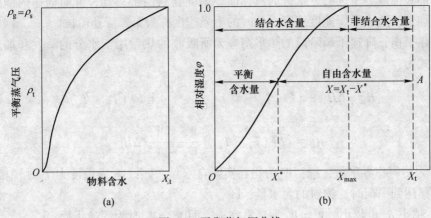

图 3-4　平衡蒸气压曲线

B　水分蒸发量的计算

在混合料粒度不大时，湿物料的干燥过程脱除的水量可以用公式（3-1）计算：

$$\overline{W} = ZCF(P_s - P_g)760/b \tag{3-1}$$

式中，$\overline{W}$ 为蒸发水量，g；Z 为干燥时间，h；F 为蒸发表面积，m^2；P_s 为该温度下烧结料表面水的饱和蒸气压，Pa；P_g 为气相中水蒸气分压，Pa；b 为废气压力，Pa；C 为与颗粒表面气体移动速度和蒸发强度有关的系数。$V < 2m/s$，$C = 33g/(m^2 \cdot h)$；$V = 2.0m/s$，$C = 42g/(m^2 \cdot h)$；$V > 2m/s$，$C = 52g/(m^2 \cdot h)$。

从公式（3-1）可以看出水的蒸发量与蒸发表面积，气体中水蒸气分压和同温度下水的饱和蒸气压之差以及气流速度成正比。

C　等速干燥速度

当下行的废气到达干燥带后，加热混合料，气体的温度降低，水分很快蒸发，而当热量流入的速度一定时，固体的温度基本不变，废气传送的热量几乎全部用于蒸发潜热的需要，这时水分的蒸发速度也一定，用热平衡法可以求出等速干燥速度（R_w）：

$$R_w \cdot \Delta H_w = hF(T_g - T_s) \tag{3-2}$$

$$R_w = \frac{hF(T_g - T_s)}{\Delta H_w} = \frac{dw_s}{dt} \tag{3-3}$$

$$t = \int \frac{\Delta H_w}{hF(T_g - T_s)} dw_s \tag{3-4}$$

式中，ΔH_w 为蒸发潜热，kJ/kg；R_w 为干燥速度，kg/min；F 为蒸发面积，m^2；h 为气体对混合料的传热系数，$kJ/(m^2 \cdot min \cdot ℃)$；$T_g$、$T_s$ 分别代表废气和混合料的温度，℃；t 为干燥时间，min；w_s 为混合料中的水分，kg。

为使干燥速率加快，增大固体表面积，提高废气温度，降低废气湿度和加强通风（改善透气性）是有成效的。

D　降速干燥速度

干燥进入降速干燥区后，物料含水迅速减少，绝对干燥速度也随之降低。随着干燥的进行，由于水分的不均匀分布，局部干区而引起的干燥速度下降，称为第一降速阶段。当物料的全部表面成为干区后，水分的汽化面逐渐向物料内部移动，此时固体内部的传热、传质途径加长，造成干燥速度下降，此时的干燥速度称为第二降速阶段。

根据热平衡，降速干燥阶段的热平衡应为所吸收的热量用于水分的蒸发和加热物料，因此平衡式为：

$$R_w \cdot \Delta H_w + \left[hF(T_g - T_s) \right] \frac{W_c - W_s}{W_c - W_e} = hF(T_g - T_s) \tag{3-5}$$

所以

$$R_w = \left[hF(T_g - T_s) \right] \frac{W_c - W_s}{W_c - W_e} / \Delta H_w \tag{3-6}$$

式中，W_c 为物料临界水量，kg；W_s 为物料实际含水量，kg；W_e 为温度为 T_s 时气相与物料间水分转移达到平衡时，物料的含水量，kg。

若 W_s 越小 R_w 也越小，$W_s = W_e$ 则蒸发完毕，而 $W_s = W_c$ 时为等速干燥。

干燥速度降低的原因除了实际汽化表面减少（第一降速阶段和汽化面的内移）第二降速阶段外，还由于平衡蒸气压下降，即当物料中非结合水已干燥完毕，再继续蒸发的已是各种形式的结合水，平衡蒸气压将逐渐下降，传质的振动力减小，干燥速度也随之降低。

3.1.3　水分的冷凝

3.1.3.1　烧结过程水汽的冷凝现象

从干燥带出来的废气，其中含有较多的水汽，由于其水蒸气分压（P_g）大于物料表面上的饱和蒸气压（P_s），废气中的水汽再次返回到物料中，即在下部物料表面冷凝下来。

湿空气中的水汽开始在料面冷凝的温度称为露点，烧结废气的露点为60℃左右。

烧结废气中的水汽首先在与其紧邻的下层物料表面冷凝。在废气所带热量和水汽冷凝潜热的作用下，该冷凝带的物料被加热，当该层物料温度达到干燥带排出气体的温度时，这一层中水汽冷凝即告结束，此后在该层中不再发生冷凝。废气的冷却和由此而发生的水汽冷凝转到下一层中进行。这样冷凝层就像过湿带的前沿，在气流运动方向移动，而在它经过的地方变成过湿带。当干燥带下部全部变为过湿带后，过湿带的温度等于干燥带排出气体的温度，从此开始，干燥带蒸发的水分与废气一起全部从烧结料中排出去。当干燥带继续向下迁移时，过湿带逐渐缩小，当干燥带接近床层时，过湿带全部消失。

3.1.3.2　烧结过程冷凝现象的试验测定

烧结料层过湿完成的时间可以根据炉箅底下废气温度的变化来判断。如图3-5所示为烧结废气温度曲线的一般特征，点火后2~3min 内废气温度从原始料温跳跃到60~65℃（曲线 ab 和 bc），表明在这段时间内完成了整个床层的过湿过程，这个温度一直保持到约10min（曲线 cd），至干燥带接近炉箅为止。这一实验结果表明，虽然过湿带存在的时间较长，但过湿带的形成在烧结开始后2~3min 内即完成，而不是烧结的全部时间。

如图3-6所示，为料层高度300mm、烧结开始后很短时间内料层温度的变化。烧结料层中从上向下依次等距离地安放1、2、3、4共4支温度计，其中4号靠近床层底部。在烧结开始 2min 内，依次地显示出每支温度计都是从原始料温度跃升到 60~65℃。这一现象与烧结料过湿有关，料温随着冷凝放热的同时被加热到露点 t_d，t_1、t_2、t_3、t_4 分别代表各温度计水平面完成过湿的时间，在 2min 时，4 号温度计达到 t_d，表明整个料层已经完成了冷凝过程。需要说明的是，烧结料层完成过湿的时间与料层厚度密切相关，近年来烧结料层厚度不断增加，其过湿完成的时间相应延长。

在冷凝过程中，有关废气和物料的湿度和温度变化如图 3-7 所示。

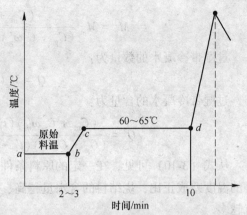

图 3-5 烧结杯烧结过程废气温度的变化

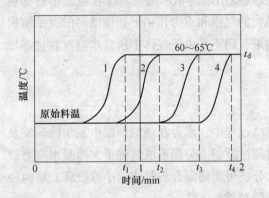

图 3-6 300mm 厚度料层中最初 2min 温度变化曲线

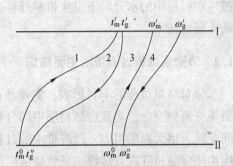

图 3-7 冷凝过程中烧结料和气体参数变化
Ⅰ，Ⅱ—冷凝过程的上限、下限；
1，2—烧结料和气体的温度；
3，4—烧结料和气体的湿度

3.1.3.3 烧结过程冷凝水量的计算

由于烧结料的比表面积较大，气体和物料间的热交换进行得很强烈，单元冷凝层的厚度一般介于 20~40mm。在过湿带形成的整个周期中，烧结料和气体间的热交换完全。在冷凝过程中，烧结料从原始温度 t_m^0 被加热到 t_m'，接近于干燥带排出的湿气体的温度 t_g'；气体从温度 t_g' 冷却到 t_g''，接近于烧结料的原始温度 t_m^0；物料的湿度从原始湿度 $\omega^0 m$ 增加到 ω_m'；而气体的湿度从温度 t_g' 时的饱和含湿量 ω_g' 降低到温度 t_g'' 时的饱和含湿量 ω_g''。

烧结料中过湿带形成的热平衡可以式（3-7）表示：

$$M_m(C_m + C_w\omega_m')(t_g' - t_g'') = M_g(C_g + C_g\omega_g')(t_g' - t_g'') + M_g(\omega_g' - \omega_g'')P \qquad (3-7)$$

式中，M_m 为过湿带烧结料量，kg；M_g 为形成过湿带所需气体的量，kg；P 为水汽冷凝时的放热量（等于汽化热），kJ/kg；C_m、C_w、C_g、C_s 为烧结料、水分、气体、水蒸气的比热，kJ/(kg·℃)。

根据式（3-7）可以求出形成过湿带所需的气体量为：

$$M_g = M_m \frac{(C_m + C_w \omega_m')(t_g' - t_g'')}{(C_g + C_s \omega_g')(t_g' - t_g'') + (\omega_g' - \omega_g'')P} \qquad (3-8)$$

过湿带冷凝水的数量为:

$$Q = M_g(\omega_g' - \omega_g'') \qquad (3-9)$$

过湿带冷凝水的含量为:

$$Q' = \frac{(C_m + C_w \omega_m')(t_g' - t_g'')(\omega_g' - \omega_g'')}{(C_g + C_s \omega_g')(t_s' - t_s'') + (\omega_g' - \omega_g'')P} \times 100 \qquad (3-10)$$

从式 (3-10) 可见，在一定的原料条件下，冷凝水量与烧结料的含水量及气体与混合料的温度差成正比，烧结料的含水量越高、气体与混合料的温度差越大，过湿带冷凝水量就越多。

在过湿带增加的冷凝水数量（体积分数），根据不同的料温和物料特性，一般介于1%~2%范围内。但在实际烧结过程中，有时发现烧结烟道积水现象，湿容量较小的物料特别容易产生这种现象，这种现象是由于在强大的气流和重力作用下，烧结料的原始结构被破坏和料层中的水分向下发生机械迁移的结果，而不是由于气体中所含水蒸气在过湿带不断冷凝的结果。

3.1.4　消除烧结料过湿带的主要措施

水分对烧结过程的不利影响，主要是在烧结过程中，水分在烧结料层中发生的蒸发及冷凝等一系列变化，导致烧结料层中部分物料超过原始水分而形成过湿，冷凝水充塞粒子间空间，增大料层阻力，过湿带中的过量水分还可能使混合料制成的小球破坏。这两种作用均使烧结过程进行缓慢，导致烧结矿的产量和质量下降。

由于废气冷凝的前提条件是其水蒸气分压（P_a）大于物料表面上的饱和蒸气压（P_s），冷凝水的数量取决于两者的差值（$P_a - P_s$）。P_a 取决于废气中的水分含量，P_s 取决于料层的原始温度，温度越高则 P_s 越大。因此，降低料层水分冷凝量的主要途径是提高料层的原始温度、降低废气中的水分含量。烧结生产中，防止烧结料层过湿可以采取以下主要措施。

3.1.4.1　提高混合料的原始温度

从水分冷凝的机制来分析，将料温提高到露点温度以上，就可以从根本上防止水分的凝结。烧结废气的露点温度与它的含水量和空气消耗量有关。例如，在450m²烧结机上，烧结料含水体积分数为8%，料温20℃，烧结料堆密度为1.8t/m³，烧结机机速为3m/min，料层高度0.7m，抽风系统总压为101325×0.9Pa，根据以上数据可以求出烧结混合料应当预热的温度。

每分钟从烧结料中抽走的水汽量 = 3×5×0.7×1.8×0.08 = 1.512t/min = 1512000g/min

式中，5 为烧结机台车宽度，m。

$$每分钟通过烧结料层的废气量 = \frac{40500 \times (1 - 0.6)}{0.9} = 18000 m^3/min$$

式中，40500m³/min 为烧结机的抽风机铭牌能力；0.6 为烧结机漏风率。

如果大气湿度为 $36g/m^3$，则废气中的总水汽含量 $= \dfrac{1512000}{18000} + 36 = 120g/m^3$。

根据饱和蒸气压图表，可以查得废气中含水汽 $120g/m^3$ 时，其相应露点温度为 $54℃$。即料温提高到 $54℃$ 以上时，理论上即可消除过湿现象。

提高混合料温度的方法有：

（1）热返矿预热混合料。将热返矿（$600℃$）直接添加在铺有配合料的皮带上，再进入混合机，在混合过程中，返矿的余热将混合料加热至一定温度。这种方法简单，不需外加热源，合理利用了返矿热量，预热效果是几种方法中最好的，在 $1\sim2min$ 内可将混合料加热到 $50\sim60℃$ 或更高。

（2）蒸气预热混合料。在二次混合机内通入蒸气来提高料温，近年来也有在混合料槽内和布料时通蒸气来提高料温的。其优点是既能提高料温又能进行混合料润湿和水分控制、保持混合料的水分稳定。由于预热是在二次混合机内进行，预热后的混合料即进入烧结机上烧结，因此热量的损失较小。生产实践证明，蒸气压力越高，预热效果越好，如某钢厂在二次混合机内使用蒸气压力为 $(1\sim2)\times10^5Pa$ 时，可提高料温 $4.2℃$。当压力增加到 $(3\sim4)\times10^5Pa$ 时，可提高料温 $14.8℃$。使用蒸气预热的主要缺点是热利用效率较低，一般仅为 $40\%\sim50\%$，单独使用不经济，与其他方法配合使用比较合理，可以考虑改进蒸气的加入方法以进一步提高热利用率。

（3）生石灰预热混合料。利用生石灰消化放热提高混合料的温度，其消化反应如下：

$$CaO + H_2O \Longrightarrow Ca(OH)_2 + 64.90kJ/mol \tag{3-11}$$

即 $1mol\ CaO$（$56g$）完全消化放出热量 $64.90kJ$。如果生石灰含 $w(CaO)$ 85%，混合料中加入量为 5%，若混合料的平均热容量为 $1.047kJ/(kg \cdot ℃)$，则放出的消化热全部利用后，理论上可以提高料温 $47℃$ 左右。但是，由于实际使用生石灰时要多加水，以及热量散失，故料温一般只提高 $10\sim15℃$。某钢铁厂二烧在采用热返矿预热的条件下，配入质量分数为 2.87% 的生石灰，混合料温由 $51℃$ 提高到 $59℃$，平均每加 1%（质量分数）的生石灰提高料温 $2.7℃$。

3.1.4.2 提高烧结混合料的湿容量

凡添加具有较大表面积的胶体物质，都能增大混合料的最大湿容量，由于生石灰消化后，呈极细的消石灰胶体颗粒，具有较大的比表面（其平均比表面达 $3\times10^5cm^2/g$），可以吸附和持有大量水分。例如，鞍山细磨铁精矿加入 6%（质量分数）的消石灰（相当于 4.5%（质量分数）生石灰所生成的量），可使混合料的最大分子湿容量的绝对值增大 4.5%，最大毛细湿容量增大 13%。因此，烧结料层中的少量冷凝水，将为混合料中的这些胶体颗粒所吸附持有，既不会引起制粒小球的破坏，也不会堵塞料球间的通气孔道，仍能保持烧结料层的良好透气性。

3.1.4.3 降低废气中的含水量

实际上是降低废气中的水汽的分压。将混合料的含水量降到比适宜的制粒水分低 $1.0\%\sim1.5\%$，可以减少过湿带的冷凝水。采用双层布料烧结，将料层下部的含水量降低，也有一定的效果。

3.2　烧结过程中固体物料的分解

3.2.1　结晶水的分解

在烧结混合料中的矿石和添加物中往往含有一定量的结晶水，它们在预热带及燃烧带将发生分解。表3-1是部分水合物、结晶水的开始分解温度及分解后的产物。

表 3-1　结晶水开始分解的温度及分解后的固体产物

原始矿物	分解产物	开始分解温度/℃
水赤铁矿 $2Fe_2O_3 \cdot H_2O$	赤铁矿 $\alpha\text{-}Fe_2O_3$	150~200
褐铁矿 $2Fe_2O_3 \cdot 3H_2O$	针铁矿 $Fe_2O_3 \cdot H_2O(\alpha\text{-}FeO \cdot OH)$	120~140
针铁矿 $Fe_2O_3 \cdot H_2O(\alpha\text{-}FeO \cdot OH)$	赤铁矿 Fe_2O_3	190~328
针铁矿 $Fe_2O_3 \cdot H_2O(\gamma\text{-}FeO \cdot OH)$	磁性赤铁矿 $\gamma\text{-}Fe_2O_3$	260~328
水锰矿 $MnO_2 \cdot Mn(OH)_2(MnO \cdot OH)$	褐锰矿 Mn_2O_3	300~360
三水铝矿 $Al(OH)_3$	单水铝矿 $\gamma\text{-}AlO(OH)$	290~340
单水铝矿 $\gamma\text{-}AlO(OH)$	刚玉（立方）$\gamma\text{-}Al_2O_3$	490~550
硬水铝石 $a\text{-}AlO(OH)$	刚玉（三斜）$\alpha\text{-}Al_2O_3$	450~500
高岭石 $Al_2O_3 \cdot 2SiO_2 \cdot 2H_2O$	偏高岭石 $Al_2O_3 \cdot 2SiO_2$	400~500
拜来石 $(Fe, Al)_2O_3 \cdot 3SiO_2 \cdot 2H_2O$	—	550~575
石膏 $CaSO_4 \cdot 2H_2O$	半水硫酸钙 $CaSO_4 \cdot 0.5H_2O$	120
半水硫酸钙 $CaSO_4 \cdot 0.55H_2O$	硬石膏 $CaSO_4$	170
臭葱石 $FeAsO_4 \cdot 2H_2O$	—	100~250
鳞绿泥石 $8FeO \cdot 4(Al, Fe)_2O_3 \cdot 6SiO_2 \cdot 9H_2O$	—	410
鲕绿泥石 $15(Fe, Mg)0.5Al_2O_3 \cdot 11SiO_2 \cdot 16H_2O$	—	390

对含水赤铁矿的研究表明，只有针铁矿（$Fe_2O_3 \cdot H_2O$）是唯一真正的水合矿物，而其他一系列的所谓的含水赤铁矿都只是水在赤铁矿和针铁矿中的固溶体。

从表3-1可以看出，在700℃的温度下，烧结料中的水合物都会在干燥和预热带强烈分解。由于混合料处于预热带的时间短（1~2min），如果矿石粒度过粗和导热性差，就可能有部分结晶水进入烧结带。在一般的烧结条件下，80%~90%的结晶水可以在燃烧带下面的预热带中脱除掉，其余的水则在最高温度下脱除。由于结晶水物料分解热消耗大，故其他条件相同时，烧结含结晶水的物料时，一般较烧结不含结晶水的物料时，最高温度要低一些。为保证烧结矿质量，需增加固体燃料。如烧结褐铁矿时，固体燃料用量可达9%~10%。如果水合矿物的粒度过大，固体燃料用量又不足时，一部分水合物及其分解产物未被高温带中的熔融物吸收，而进入烧结矿中，就会使烧结矿强度下降。

3.2.2 混合料中碳酸盐的分解

烧结混合料中通常含有碳酸盐，它是由矿石本身带进去的，或者是为了生产熔剂性烧结矿而加进去的。这些碳酸盐在烧结过程中必须分解后才能最终进入液相，否则烧结矿带有夹生料或者白点，影响烧结矿的质量。了解碳酸盐矿物的分解行为，对于控制烧结矿质量具有指导意义。

3.2.2.1 碳酸盐分解的热力学

碳酸盐分解反应的通式可写为：

$$MCO_3 \Longrightarrow MO + CO_2 \tag{3-12}$$

碳酸盐分解反应可以看做碳酸盐生成的逆反应。图 3-8 绘制几种碳酸盐生成的 $\Delta G^{\ominus}$ 与温度的关系，从中可以看出碳酸盐的稳定性顺序为：$ZnCO_3 < FeCO_3 < PbCO_3 < MnCO_3 < MgCO_3 < CaCO_3 < BaCO_3 < Na_2CO_3$。

碳酸盐分解反应的分解压与温度的关系为：

$$\lg P_{CO_2} = \frac{A}{T} + B \tag{3-13}$$

式中，A 和 B 为碳酸盐的分解常数，可利用碳酸盐标准生成吉布斯自由能求出。

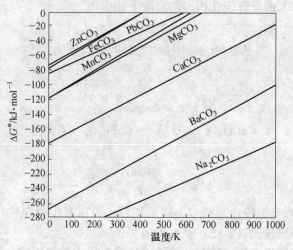

图 3-8 碳酸盐生成的 $\Delta G^{\ominus}$ 与温度的关系

碳酸盐的分解压 P_{CO_2} 与温度的关系如图 3-9 所示，曲线上每一点表示 MCO_3、MO 和 CO_2 同时平衡存在。若以 P'_{CO_2} 表示外界 CO_2 的分压，曲线下面的区域，由于 $P_{CO_2} > P'_{CO_2}$，MCO_3 发生分解反应；曲线上面的区域，$P_{CO_2} < P'_{CO_2}$，MO 和 CO_2 化合生成碳酸盐；在曲线上，$P_{CO_2} = P'_{CO_2}$，MCO_3 分解反应达到平衡。

铁矿石烧结最常遇到的碳酸盐有 $FeCO_3$、$MnCO_3$，以及作为熔剂的添加物 $CaCO_3$、$MgCO_3$ 等，上述碳酸盐的分解压与温度的关系如图 3-9 所示。图中上部虚线是烧结料层中的总压，而下部虚线为烧结料层中 CO_2 的分压。从图 3-9 中可以看出在烧结层中它们开始分解的次序是 $FeCO_3$、$MnCO_3$、$MgCO_3$、$CaCO_3$。

对于碳酸钙的分解反应：

$$CaCO_3 \Longrightarrow CaO + CO_2 \qquad (3\text{-}14)$$

其分解压与温度的关系式为：

$$\lg P_{CO_2} = -\frac{8920}{T} + 7.54 \qquad (3\text{-}15)$$

在大气中 CO_2 的平均含量（体积分数）约为 0.03%，即大气中 CO_2 的分压 $P_{CO_2} = 30.39Pa$（0.0003atm），由式（3-15）得出碳酸钙在大气中的开始分解温度 $T_{开}$ 为 530℃。当分解压达到体系的总压时的分解温度称为碳酸盐的沸腾温度。由式（3-15）得出碳酸钙在大气中的沸腾温度 $T_{沸}$ 为 910℃。同理，可以分别求得大气中 $MgCO_3$ 开始分解温度为 320℃，沸腾温度 680℃；$FeCO_3$ 开始分解温度为 230℃，沸腾温度 400℃。

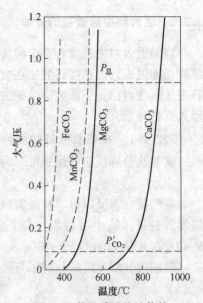

图 3-9　某些碳酸盐矿物的
分解压与温度的关系

在铁矿烧结时，烧结料中的某些碳酸盐的分解不同于纯的碳酸盐矿物。例如 $CaCO_3$，它的分解产物 CaO 可以与其他矿物进行化学反应，生成新的化合物，这样就使得烧结料中 $CaCO_3$ 的分解压在相同的温度下相应地增大，分解得更完全。如：

$$CaCO_3 + SiO_2 \Longrightarrow CaSiO_3 + CO_2 \qquad (3\text{-}16)$$

其分解压：

$$\lg P_{CO_2} = -\frac{4580}{T} + 8.57 \qquad (3\text{-}17)$$

$$CaCO_3 + Fe_2O_3 \Longrightarrow CaFe_2O_4 + CO_2 \qquad (3\text{-}18)$$

其分解压：

$$\lg P_{CO_2} = -\frac{4900}{T} + 8.57 \qquad (3\text{-}19)$$

将式（3-17）、式（3-19）与式（3-15）比较，可以看出当温度相同时，式（3-17）、式（3-19）所得分解压较式（3-15）要大得多。

以上热力学分析结果表明，碳酸盐矿物在烧结料层内部都不难分解，一般在烧结预热带可以完成，但实际烧结过程中，仍有部分石灰石进入高温燃烧带才能分解完成，特别是当石灰石粒度较大时，这主要是碳酸盐分解反应动力学因素造成的。石灰石进入高温燃烧带分解，将降低燃烧带的温度，增加燃料的消耗。

3.2.2.2　碳酸盐分解动力学

碳酸盐的分解为多相反应，由界面上的结晶反应和 CO_2 在产物层 MeO 中的扩散环节组成。当分解过程由界面上结晶化学反应控制时，由于天然碳酸盐结构都很致密，球形或立方体颗粒分解反应符合收缩未反应核模型，其动力学方程为：

$$1 - (1 - R)^{1/3} = \frac{k}{r_0 \rho} t = k_1 t \qquad (3\text{-}20)$$

式中，R 为反应分数，又称分解率；k 为分解反应速度常数；r_0 为碳酸盐颗粒半径；ρ 为碳酸盐密度；t 为反应时间。

分解产物虽然是多孔性的，但随着反应向颗粒内部推移，CO_2 离开反应界面向外扩散的阻力将增大，当粒度较大时尤甚。此时，CO_2 的扩散成为过程的控制环节，反应的动力学方程为：

$$1 - \frac{2}{3}R - (1 - R)^{2/3} = \frac{De}{r_0^2 \rho}t = k_2 t \tag{3-21}$$

式中，De 为 CO_2 的扩散系数。由于固相产物层内扩散阻力的存在，反应界面上 CO_2 的分压将被提高，而接近于该温度下的分解压。因此，为使反应能继续进行，必须把矿块加热到比由气流的 CO_2 分压所确定的分解温度更高的温度。并且矿块越大，完全分解的温度也越高，时间也越长。

当气流速度比较小时，CO_2 的扩散还可受到矿块外面边界层扩散阻力的影响。

碳酸钙分解的限制环节是和其所在的条件（温度、气流速度、孔隙度和粒度等）有关。可根据矿块的物性数据及反应条件利用上述的动力学方程确定分解速度的限制环节。如果界面反应是限制环节，由实验测得的 $1-(1-R)^{1/3}$ 对 t（反应时间）的关系是直线关系，表明矿块完全的分解时间是与其半径的一次方成正比。相反，如 CO_2 的扩散是限制环节，那么 $1 - \frac{2}{3}R - (1 - R)^{2/3}$ 对 t 是直线关系，表明矿块完全分解的时间与其半径的二次方成正比。但在混合限制范围内，$1-(1-R)^{1/3}$ 对 t 的关系是曲率较小的 S 形曲线。现有资料认为，在一般条件下石灰石的分解是位于过渡范围内的，即界面反应和 CO_2 的扩散在不同程度上限制了石灰石的分解速度。

3.2.2.3 烧结混合料中碳酸盐的分解现象

A 碳酸盐分解

烧结混合料中的碳酸盐，除菱铁矿外，最常见的是生产自熔性烧结矿或高碱度烧结矿时添加的石灰石或白云石，其添加数量随铁矿粉中 SiO_2 含量不同，有时可达到可观的程度。

现在来研究烧结混合料中的碳酸盐的分解条件。图 3-10 简略地表示出抽风烧结时靠近铺底料的混合料的气相中，二氧化碳的分压（P'_{CO_2}）的变化。气体的总压力（$P_总$）假定取为常数（$0.9 \times 101325Pa$），料层中温度随时间的变化（横坐标）是由烧结某铁矿石的熔剂性混合料的试验数据。图 3-10 中虚线表示燃烧带中 CO_2 假定的浓度。首先，必须指出，用来自燃烧带的废气预热混合料时，$P_{CO_2(CaCO_3)} = P'_{CO_2}$ 的条件仅在混合料的温度为 800℃ 时才能实现（点 1），在 900℃ 时，开始了石灰石的化学沸腾（点 3），此时 $P_{CO_2(CaCO_3)} > P_总$。在此以后，燃烧带穿过所研究的混合料层，该层的温度开始下降，但是温度降低速度较混合料加热速度慢得多。温度的下降，引起 P_{CO_2} 的激剧下降。在点 4 化学沸腾停止，而到点 2，$CaCO_3$ 分解过程完全结束（这时通过料层的是含 CO_2 不多的空气），由图 3-10 可见在本研究的情况下，$CaCO_3$ 分解过程经历的时间不多于 2min，而激烈分解的时间仅仅为 80s。由于菱铁矿分解压力大，分解时间增加到 200s；化学沸腾时间延长到 3min。

$MnCO_3$ 和 $MgCO_3$ 的分解压较 $FeCO_3$ 为大，相应的分解压曲线位于 $CaCO_3$ 和 $FeCO_3$ 之间

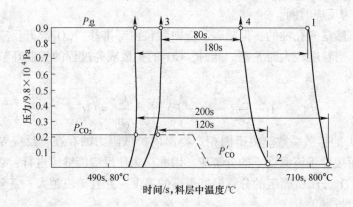

图 3-10　烧结熔剂性混合料时，碳酸盐分解过程可能延续时间测定图

的中间区，如图 3-9 所示。

　　铁矿粉烧结混合料中所含的 SiO_2、Fe_2O_3 和 Al_2O_3 可以在相同温度下相应增大石灰石的分解压，由于分解产物 CaO 可以与上述矿物进行化学反应，生成新的化合物之故。根据试验资料 CaO 和 Fe_2O_3 的固相反应，在 590℃ 就已经开始进行了。

　　在添加石灰石的熔剂性混合料烧结时，在燃料用量相同的条件下，较不添加石灰石时燃烧区温度下降了 200~300℃，一般都认为是由于石灰石分解吸热的结果，这一点无疑是符合事实的。但是还发现在烧结混合料中添加少量的石灰时，燃烧区的温度也发生激烈下降（见图 3-11），在这种情况下就根本谈不上是碳酸盐分解的吸热所致，这可以解释为预热带固相反应生成的亚铁酸钙，而较早地产生熔融物所致。所以燃烧区温度的降低，事实上是由于上述两种因素综合影响的结果。

　　研究表明，CO_2 从混合料中析出主要发生在燃烧带，在燃烧带前混合料中 CO_2 的含量有一些提高，可用混合料脱水后矿石质量减少，而其他组成相对增加来解释。在烧结矿冷却区碳酸盐分解的可能性小，因为包裹在烧结矿中的残存碳酸盐颗粒，阻碍 CO_2 从反应区析出。

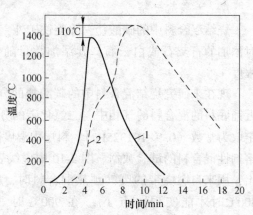

　　增加气压可以抑制碳酸盐的分解，试验表明，压力从 9.8×10^4 Pa 增加到 19.6×10^4 Pa，方解石的开始分解温度从 910℃ 增加到 1110℃，所以采用加压烧结条件时，过量缩短烧结时间，对碳酸盐的分解是很不利的。未分解的残存石灰石，或未被烧结矿吸收（矿化）的生石灰，是熔剂性烧结矿强度下降的一个重要原因。

图 3-11　烧结料中添加 5%CaO 时，

对燃烧带温度的影响

1—烧结熔剂性混合料；2—烧结非熔剂性混合料

　　B　碳酸盐分解产物的矿化

　　在烧结生成过程中，不仅要求碳酸盐特别是碳酸钙完全分解，而且要求其分解产物与其他组分完全化合。如果烧结矿中有游离的 CaO 存在，则遇水消化，体积增大 1 倍，烧结矿会因内应力而粉碎。

碳酸盐分解产物与其他组分发生化合反应称为矿化，一般用矿化度表示。

碳酸钙的分解度用式（3-22）表示：

$$D = [w(CaO_石) - w(CaO_残)]/w(CaO_石) \times 100\% \qquad (3-22)$$

式中，D 为碳酸钙分解度，%；$w(CaO_石)$ 为混合料中以 $CaCO_3$ 形式带入的 CaO 总含量（质量分数），%；$w(CaO_残)$ 为烧结矿中以 $CaCO_3$ 形式残存的 CaO 含量（质量分数），%。

氧化钙的矿化度用式（3-23）表示：

$$K_H = [w(CaO_总) - w(CaO_游) - w(CaO_残)]/w(CaO_总) \times 100\% \qquad (3-23)$$

式中，K_H 氧化钙的矿化度，%；$w(CaO_总)$ 为混合料或烧结矿中以各种形式存在的 CaO 总含量（质量分数），%；$w(CaO_游)$ 为烧结矿中游离 CaO 含量（质量分数），%。

必须指出，$w(CaO_石)$ 和 $w(CaO_总)$ 是有区别的，一般地，$w(CaO_总) > w(CaO_石)$；当混合料中的 CaO 仅以 $CaCO_3$ 形式存在时，$w(CaO_总) = w(CaO_石)$。

图 3-12、图 3-13 是各因素对 CaO 的矿化度的影响，从图中可以看出，降低石灰石粒度、提高烧结温度或降低烧结矿碱度均可提高 CaO 的矿化度。

从图 3-14 还可以看出铁矿石或精矿的粒度对 CaO 的矿化度也有很大的影响。一般精矿使用的石灰石粒度可以较粗一些（如 0~3mm），而粒度较粗的粉矿要求石灰石的粒度要细一些（如 0~2mm，甚至 0~1mm）。

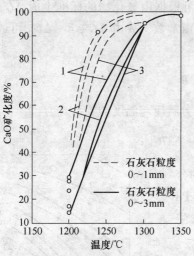

图 3-12 碱度和石灰石粒度对 CaO 矿化程度的影响
1~3—代表碱度 0.8、1.3 和 1.5

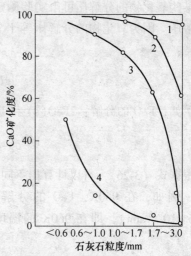

图 3-13 温度和石灰石粒度对 CaO 矿化程度的影响
1—1350℃；2—1300℃；3—1250℃；4—1200℃

3.2.3 氧化物的分解

3.2.3.1 氧化物分解的热力学

氧化物如 MO 的分解可表示为：

$$2MO(s) \Longrightarrow 2M(s) + O_2 \qquad (3-24)$$

如 MO 和 M 是以固相存在而不互相溶解，则式（3-24）的平衡常数应等于其分解压：

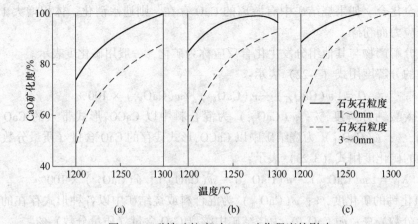

图 3-14　磁铁矿粒度对 CaO 矿化程度的影响

（a）～（c）磁铁矿粒度分别为 6～0mm、3～0mm、0.2～0mm

$K^{\ominus} = P_{O_2(MO)}$，从而 $\Delta G^{\ominus}_{分} = -RT\ln K^{\ominus} = -RT\ln P_{O_2(MO)}$。当气相中氧的分压为 P'_{O_2} 时，$\Delta G_{分} = RT\ln P'_{O_2} - RT\ln p_{O_2(MO)}$，当 $p'_{O_2} > p_{O_2(MO)}$ 时，$\Delta G_{分} > 0$，反应向生成氧化物的方向进行；当 $p'_{O_2} < P_{O_2(MO)}$ 时，$\Delta G_{分} < 0$，氧化物分解；当 $p'_{O_2} = p_{O_2(MO)}$ 时，$\Delta G_{分} = 0$，反应趋于平衡状态。由此可见，氧化物的分解压 $P_{O_2(MO)}$ 越大，则其 $\Delta G^{\ominus}$ 的负值就越大，氧化物就越易分解，而氧化物的稳定性也就越小。因此，分解压也是氧化物稳定性的度量。

某些氧化物的分解压可由实验测定外，一般也可根据由氧化物的标准生成 $\Delta G^{\ominus}_{生}$ 计算其分解压。因为氧化物的分解压等于分解反应的平衡常数，故由 $\Delta G^{\ominus}_{分} = -\Delta G^{\ominus}_{生}$ 可通过计算获得：

$$\lg P_{O_2(MO)} = \frac{A}{T} + B \qquad (3-25)$$

例如，FeO 的分解：$2FeO(s) = 2Fe(s) + O_2$，其分解压与温度的关系式为：

$$\lg P_{O_2(FeO)} = -\frac{27628}{T} + 6.76 \qquad (3-26)$$

根据式（3-26），可以计算出不同温度下 FeO 的分解压。例如，在 960K，FeO 的分解压为 663.68kPa（6.55×10^{-23} atm），即在 960K 的温度下 FeO 不发生分解。

根据上述分解压与温度 T 的关系可求出氧化物的分解温度，一般将分解压等于体系中氧的分压（大气中为 21.28kPa/0.21atm）时的分解温度称为开始分解温度，而把分解压等于体系总压（一般为 101.25kPa/1atm）时的分解温度称为分解的沸腾温度。

图 3-15 为各种金属氧化物分解压与温度的关系。各种金属氧化物的分解压都是随温度的升高而增大的。但绝大多数金属氧化物的分解压一般在冶炼温度（1400～1700℃）下都是比较小的，远小于大气的氧分

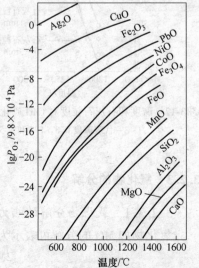

图 3-15　氧化物的分解压与温度的关系

压，所以仅用热分解的方法是难以得到金属的。此外，从图 3-15 中还可以发现，在同一金属的许多氧化物中，例如铁氧化物，高价氧化物的分解压要比低价氧化物的分解压大，即高价氧化物较易分解，而低价氧化物则比较难一些。

3.2.3.2　铁氧化物的分解特性

铁是过渡族金属元素，有几种价态，可形成 3 种氧化物：FeO，Fe_3O_4，Fe_2O_3。其分解是逐级进行的，即氧化铁的分解是以高价氧化物经过中间价态的氧化物转变为铁的，这称为逐级转变原则。但是，FeO 仅在 570℃以上才能在热力学上稳定存在，570℃以下要转变成 Fe_3O_4：

$$4FeO = Fe_3O_4 + Fe(s) \qquad \Delta G^\ominus = -48525 + 57.56T \quad J/mol \qquad (3-27)$$

上述反应的 $\Delta G^\ominus$ 在 570℃以下为负值，所以氧化铁的分解以 570℃为界，在 570℃以上，分为三步进行：

$$6Fe_2O_3 = 4Fe_3O_4 + O_2 \qquad \Delta G^\ominus = 586770 - 340.20T \quad J/mol \qquad (3-28)$$

$$2Fe_3O_4 = 6FeO + O_2 \qquad \Delta G^\ominus = 636130 - 255.67T \quad J/mol \qquad (3-29)$$

$$2FeO = 2Fe + O_2 \qquad \Delta G^\ominus = 539080 - 140.56T \quad J/mol \qquad (3-30)$$

在 570℃以下分两步进行：

$$6Fe_2O_3 = 4Fe_3O_4 + O_2 \qquad \Delta G^\ominus = 586770 - 340.20T \quad J/mol \qquad (3-31)$$

$$1/2Fe_3O_4 = 3/2Fe + O_2 \qquad \Delta G^\ominus = 563340 - 169.34T \quad J/mol \qquad (3-32)$$

铁氧化物分解压与温度的关系如图 3-16 所示。由图 3-16 可见，Fe_2O_3 的分解压，在一切温度下比其他级氧化铁的分解压都高。在 570℃以上，FeO 分解压最小；在 570℃以下，Fe_3O_4 分解压最小。由于 FeO 在 570℃以下不能稳定存在，所以，在 570℃以下凡有 FeO 参加的反应都不能存在。因此温度在 570℃以上时，铁氧化物的分解顺序为：Fe_2O_3 →Fe_3O_4→FeO→Fe。

图 3-16 中的曲线把图形分为 Fe_2O_3、Fe_3O_4、FeO 及 Fe 稳定存在的区域。利用此图可以确定各级氧化铁分解或形成的温度和氧分压。

表 3-2 列出了铁氧化物和锰氧化物在部分温度下的分解压。在烧结条件下，进入烧结矿冷却带气体中氧的分压介于 18.24 ~ 19.25kPa（0.18 ~ 0.19atm），经过燃烧带进入预热带的气相氧分压一般为 7.09 ~ 9.12kPa（0.07~0.09atm）。将表 3-2 中的数据与烧结料层内气相氧的分压比较可知，在 1383℃时 Fe_2O_3 的分解压已达到 21.28kPa（0.21atm），

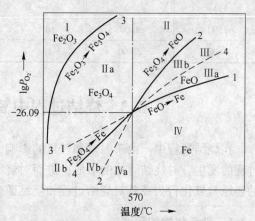

图 3-16　铁氧化物分解压对数值与温度的关系

故在 1350 ~ 1450℃的烧结温度下，Fe_2O_3 将发生分解，Fe_3O_4 和 FeO 由于分解压极小（1500℃以下分别为 $101.325 \times 10^{-0.75}$ kPa 和 $101.325 \times 10^{-8.3}$ kPa），在烧结条件下将不发生分解；但在有 SiO_2 存在的条件下，温度高于 1300 ~ 1350℃以上时，Fe_3O_4 可能按以下反应进行分解：

$$2Fe_3O_4 + 3SiO_2 \Longrightarrow 3[(2FeO \cdot SiO_2)] + O_2 \tag{3-33}$$

MnO_2 和 Mn_2O_3 有很大的分解压，故在烧结条件下都将剧烈分解。

表 3-2　铁锰氧化物的分解压（1atm 或 101.325kPa）

温度/℃	Fe_2O_3	Fe_3O_4	FeO	MnO_2	Mn_2O_3
327	—			$8.9×10^{-3}$	—
460	—			0.21	—
527	—			0.69	$2.1×10^{-4}$
550	—	—	—	1.00	$3.7×10^{-4}$
570	—			9.50	$1.2×10^{-2}$
727	—	$7.6×10^{-19}$			—
827			$10^{-18.2}$		
927		$2.2×10^{-3}$	$10^{-16.2}$		0.21
1027			$10^{-11.5}$		
1100	$2.6×10^{-5}$	—	—		1.00
1127	—	$2.7×10^{-9}$	10^{-13}		
1200	$9.2×10^{-4}$				
1227			$10^{-11.7}$		1.25
1300	$19.7×10^{-5}$				
1337	—	$3.62×10^{-8}$	$10^{-10.6}$		
1383	0.21	—	—		
1400	0.28	—	—		
1452	1.00	—	—		
1500	3.00	$10^{-7.5}$	$10^{-8.3}$		
1600	25.00	10^{-5}	—	—	—

3.3　烧结过程中氧化物的还原及氧化

在烧结过程中，由于温度和气氛的影响，金属氧化物将会发生还原和氧化反应，这些过程的发生，对烧结熔体的形成，进而对烧结矿的质量影响极大。本节重点讨论铁氧化物的还原与氧化行为及其对烧结过程和烧结矿质量的影响。

3.3.1　铁氧化物的还原

根据热力学研究结果，铁氧化物的还原反应也是逐级进行的。用气体还原时，还原产物主要取决于还原温度和气相组成，用固体碳还原时，还原产物主要取决于还原温度。

根据理论计算，Fe_2O_3 还原成 Fe_3O_4 的平衡气相中 CO% 含量要求很低，即 CO_2/CO 的比值很大。因此，在烧结过程中，甚至极微量的 CO（H_2 也是一样）就足以使 Fe_2O_3 完全还原成为 Fe_3O_4。还原反应主要在料层的燃烧带发生，也可能在预热带进行。

在烧结过程中，Fe_3O_4 也可以被还原。Fe_3O_4 还原反应在 900℃ 时的平衡气相中 CO_2/CO 为 3.47，1300℃ 时为 10.75，而实际烧结过程中的气相中 $CO_2/CO = 3 \sim 6$，所以在 900℃ 以上，Fe_3O_4 被还原是可能的。在还原烧结时，气相中 CO_2/CO 比值更大，可使大部分 Fe_3O_4 还原成浮氏体甚至金属铁。SiO_2 存在时，可促进 Fe_3O_4 的还原：

$$2Fe_3O_4 + 3SiO_2 + 2CO \Longrightarrow 3(2FeO \cdot SiO_2) + 2CO_2 \tag{3-34}$$

由于 CaO 的存在不利于 $2FeO \cdot SiO_2$ 的生成，因而提高烧结矿碱度，可以降低 FeO 的含量。

在一般烧结条件下，FeO 还原成 Fe 是困难的。因为反应在 700℃ 的平衡气相组成 $CO_2/CO = 0.67$，温度升高，这一比值下降，1300℃ 时为 0.297。因此，在一般烧结条件下烧结矿中不会有金属铁存在。但在燃料用量很高，如生产预还原或金属化烧结矿时，可获得一定数量的金属铁。

必须指出，在烧结料中由于碳的分布不均，在整个烧结料层断面的气相组成也是极不均匀的。燃料颗粒周围的 CO_2/CO 的比值可能很小，而远离燃料颗粒中心的区域 CO_2/CO 的比值可能很大，O_2 的含量也可能较高。在前一种情况下铁的氧化物甚至可能被还原成金属铁，后一种情况下，Fe_3O_4 和 FeO 有可能被氧化。因此，在普通烧结条件下，不可能使所有的 Fe_3O_4 甚至所有的 Fe_2O_3 还原。此外，实际的还原过程还取决于过程的动力学条件，如矿石本身的还原性、反应表面积和反应时间。虽然烧结料中铁矿石粒度小、比表面积大，但由于高温保持时间较短，CO 向矿粒中心的扩散条件差，以及磁铁矿本身还原性不好，所以 Fe_3O_4 还原受到限制。因此从热力学分析 Fe_3O_4 有可能被还原成 FeO，而实际上被还原多少，还取决于高温区的平均气相组成和动力学条件。

当料层局部还原性较强时，不仅铁氧化物可以还原，而且使在烧结过程中形成的铁酸钙系列化合物也可能被还原，其反应如下：

铁酸钙的还原 $\quad 2(CaO \cdot Fe_2O_3) + CO \Longrightarrow 2CaO \cdot Fe_2O_3 + 2FeO + CO_2 \quad (3-35)$

$$2CaO \cdot Fe_2O_3 + 3CO \Longrightarrow 2Fe + 2CaO + 3CO_2 \tag{3-36}$$

$$2FeO + 2CO \Longrightarrow 2Fe + 2CO_2 \tag{3-37}$$

总反应式 $\quad CaO \cdot Fe_2O_3 + 3CO \Longrightarrow 2Fe + CaO + 3CO_2 \quad (3-38)$

铁酸半钙的还原

$$1/2CaO \cdot Fe_2O_3 + 3CO \Longrightarrow 2Fe + 1/2CaO + 3CO_2 \tag{3-39}$$

铁酸二钙的还原 $\quad 2CaO \cdot Fe_2O_3 + 3CO \Longrightarrow 2Fe + 2CaO + 3CO_2 \quad (3-40)$

在还原过程中还可以形成中间化合物 $CaO \cdot FeO \cdot Fe_2O_3$，或 $CaO \cdot Fe_2O_3$ 变为 $2CaO \cdot Fe_2O_3$。当生产自熔性金属化烧结矿时，成品中不含有铁酸钙，因为铁酸钙已被还原。

燃料配比对于还原反应有很大的影响。图 3-17 为烧结料中配碳量不同时铁氧化的变化，图中的曲线表明，用富赤铁矿粉烧结的自熔性烧结矿，随着配碳量的提高，烧结矿

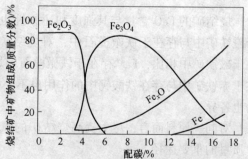

图 3-17　富赤铁矿粉烧结自熔性烧结矿时铁氧化物与配碳比的关系

中 Fe_3O_4 减少，Fe_3O_4 增多。继续增加配碳量，烧结矿中 Fe_3O_4 减少而 FeO 增多，再增加配碳量，可以看出有金属铁的生成。

金属化烧结工业试验表明：当使用高品位精矿（TFe 质量分数为 62%~63%）及 10% 富矿粉配加 22% 焦粉时（混合料中固定碳质量分数为 10%~12%），烧结矿含金属铁质量分数为 17%，说明当配碳高时，有相当多的金属铁被还原出来。

燃料颗粒大小对铁氧化物的还原与分解也有影响。在相同的燃料消耗下，大颗粒焦粉由于缓慢燃烧并增加燃烧带的宽度，因而有较大程度的还原和分解。在燃烧带，炽热的焦粒与液相中的铁氧化物紧密接触，还原速度也很高。

3.3.2　烧结过程中低价铁氧化物的再氧化

3.3.2.1　氧化度的概念

氧化度的定义是矿石或烧结矿中与铁结合的实际氧量与假定全部铁（TFe）为 3 价铁时结合的氧量之比。氧化度（η）的计算式为：

$$\eta = (1 - Fe^{2+}/3TFe) \times 100\% = (1 - 0.259FeO/TFe) \times 100\% \tag{3-41}$$

铁氧化物的氧化度分别为：Fe_2O_3 为 100%，Fe_3O_4 为 88.89%，FeO 为 66.67%。

烧结矿的氧化度反映了其中 Fe^{2+} 与 Fe^{3+} 之间的数量关系，在一定程度上也反映烧结矿中矿物组成和结构的特点，通常认为氧化度高的烧结矿还原性较好而强度较差。生产低碱度或自熔性烧结矿时，在烧结总铁品位变化不大的情况下，往往用 FeO 含量代替氧化度作为评价成品烧结矿强度和还原性的特征指标。由于 FeO 含量与燃料消耗量有着密切关系，故也被视为烧结过程中温度和热量水平的标志。实际上用同一含铁原料可以生产不同品位和碱度的烧结矿，当含铁原料或烧结矿碱度发生变化导致总铁品位变化较大时，氧化度与 FeO 含量没有直接对应关系，见表 3-3。因此，只有在相同的总铁含量前提下，采用 FeO 含量比较两种烧结矿的氧化度时才有实际意义。

表 3-3　烧结矿在不同碱度时氧化度和 FeO 含量（质量分数）

碱度	0.39	0.9	1.08	1.4	2.1	2.5	3.1
TFe/%	60.54	56.71	55.81	57.38	53.39	50.66	44.37
FeO/%	16.48	17.50	15.86	16.84	15.84	14.40	12.44
η/%	92.95	92.0	92.64	92.36	92.31	92.64	92.82

烧结矿的 FeO 含量与其强度和还原性也只有定性而无定量的对应关系，如 Fe^{2+} 存在于磁铁矿中与存在于铁橄榄石中，对烧结矿的强度和还原性的影响并不相同，与 Fe^{2+} 存在于磁铁矿中相比，Fe^{2+} 存在于铁橄榄石中烧结矿的强度虽好，但还原性差。同样 Fe^{3+} 存在于赤铁矿中与存在铁酸钙中的作用也不一样，甚至 Fe_2O_3 的生成路线和结晶不同，其行为也各异。

对同一原料而言，尽力提高烧结矿的氧化度，降低结合态的 FeO 生成，是提高烧结矿质量的重要途径。

3.3.2.2　烧结料层氧化度的变化

烧结过程料层的温度和气氛由上而下出现不同的变化，导致烧结料层氧化度也不同。

根据烧结通液氮骤冷取样分析发现，表层烧结矿带比燃烧带的 Fe^{2+} 低 15%～20%，燃烧带下部很快降至混合料含 Fe^{2+} 量的水平。Fe^{2+} 最大值被限制在 20mm 左右的狭窄范围内，这与燃烧带的厚度相吻合，即烧结料层中 FeO 变化趋势与温度分布的波形变化基本同步，如图 3-18 所示。

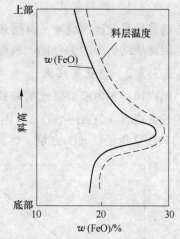

图 3-18　磁铁矿烧结时料层断面某瞬间 FeO 含量（质量分数）的分布

在燃烧带上部冷却时，伴随着矿物结晶、再结晶和重结晶，并发生低价氧化铁再氧化，温度越高则氧化速度越快。不同温度下结晶的 Fe_3O_4 氧化成具有多种同质异构变体的 Fe_2O_3，使氧化度提高。

在燃烧带的高温及碳的作用下，使局部高价氧化物分解为 Fe_3O_4，甚至还原成浮氏体，氧化度降低。

在燃烧带下部料层，靠近炽热的炭燃烧处或 CO 浓度较高的区域内，高价氧化铁可发生还原，生成 Fe_3O_4 和 Fe_xO，氧化度降低。随着废气温度的迅速降低。其还原反应也相应减弱，甚至不发生还原反应，此时料层的 FeO 含量即原始烧结料层的 FeO 含量，氧化度恢复到原始烧结料的水平。

以上只是宏观上的分析，实际上同一料层中在靠近碳粒处的铁矿颗粒发生局部还原，而靠近气孔处的颗粒则可能发生氧化。

使用高品位的赤铁矿粉的烧结试验表明，在正常配碳条件下，燃烧带中的赤铁矿全部还原为磁铁矿，氧化度降低，但燃烧带上部受氧化作用，烧结矿 Fe^{2+} 逐步减少，氧化度逐步提高。随着固定碳的减少，氧化更加剧烈，以至于又可以重新氧化到赤铁矿水平。

当烧结磁铁矿时，氧化反应得到相当大的发展，特别在燃料偏低的情况下，燃烧带的温度小于 1350℃，氧化进行得非常剧烈。磁铁矿的氧化先在预热带开始进行，然后在燃烧带不含碳的烧结料中，最后在烧结矿冷却带中进行。

当燃料消耗高于正常值时，磁铁矿在预热带的氧化对最后烧结矿的结构影响不大，因为磁铁矿被氧化成赤铁矿后，在燃烧带又完全还原或分解。在较低的燃料消耗时所得到的烧结矿结构，通常含有沿着解理平面被氧化的最初的磁铁矿粒，在这种情况下，热量及还原气氛都较弱，不足使它们被还原。赤铁矿带的宽度通过显微镜观察到从几微米到 0.5～0.6mm，这种结构类型常具有天然氧化磁铁矿及假象赤铁矿的特征。

当烧结矿最后的结构形成后，将经受微弱的第二次氧化。在一般条件下，分布在硅酸盐液相之间的磁铁矿结晶来不及氧化，因为氧难以扩散到它的表面。磁铁矿氧化一般只是在烧结矿孔隙表面、裂缝以及各种有缺陷的粒子上发生。

3.3.3　影响烧结矿 FeO 含量的因素

烧结矿 FeO 含量对其冶金性能有重要影响。烧结矿中 FeO 主要以磁铁矿和铁橄榄石形式存在，前者主要取决于烧结料层的气氛、原料中的磁铁矿含量，后者主要取决于烧结料层的气氛和 SiO_2 的含量。

3.3.3.1　燃料配比

随着燃料配比的增加，料层还原气氛增强，不利于磁铁矿的氧化，甚至使赤铁矿还原，因此烧结矿中的 FeO 随燃料配比的增加而增加，如图 3-19 所示。

3.3.3.2　磁铁矿比例

国内精矿多为细磨磁选的磁铁矿，与赤铁矿粉矿相比，其氧化度低，容易与 SiO_2 反应生成橄榄石（$2FeO \cdot SiO_2$），因而使烧结矿的 FeO 含量提高，如图 3-20 所示。由于烧结矿 FeO 含量还受 SiO_2 含量、燃料配比等因素影响，图 3-20 为不同条件下的统计结果。

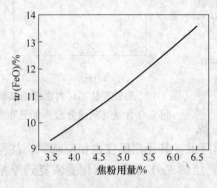

图 3-19　焦粉用量对烧结矿中 FeO 含量
（质量分数）的影响

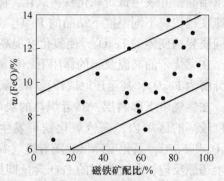

图 3-20　磁铁矿比例对烧结矿中 FeO 含量
（质量分数）的影响

3.3.3.3　原料中 SiO_2 含量

高 SiO_2 含量有利于橄榄石、硅酸盐玻璃相矿物的生成，因而随着 SiO_2 含量的升高，烧结矿的 FeO 含量升高，如图 3-21 所示。

3.3.3.4　碱度

随着碱度的提高，有利于形成低熔点化合物，降低燃烧带温度，使还原反应过程受限，铁酸钙、硅酸钙的形成又抑制了磁铁矿和橄榄石的发展，故烧结矿中 FeO 下降。当烧结料中加入石灰石时，$CaCO_3$ 分解放出的 CO_2 增多，料层氧化气氛增强，也使烧结矿FeO 含量降低，如图 3-22 所示。

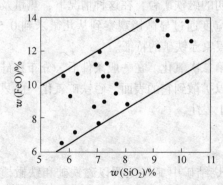

图 3-21　原料中 SiO_2 含量（质量分数）
对烧结矿中 FeO 含量（质量分数）的影响

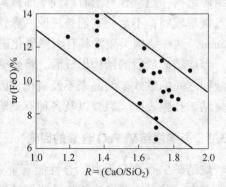

图 3-22　碱度对烧结矿中 FeO 含量
（质量分数）的影响

3.3.3.5　原料中 MgO 含量

当烧结料中 MgO 含量增加时，MgO 易进入磁铁矿晶格，抑制磁铁矿的氧化，且 MgO 存在时易形成高熔点化合物，使燃烧带温度及烧结矿中的 FeO 含量都上升，如图 3-23 所示。

3.3.3.6　料层高度

随着料层高度的提高，"自动蓄热"作用增强，固体燃耗随之降低，FeO 含量降低。此外，为高效合理利用高料层蓄热发展的偏析布料技术，改善了燃料沿料层高度的合理分布，而使烧结矿 FeO 含量进一步降低，如图 3-24 所示。

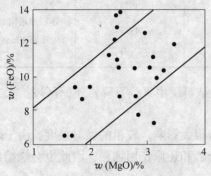 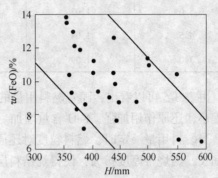

图 3-23　原料中 MgO 含量（质量分数）　　　图 3-24　料层高度对烧结矿中 FeO 含量
对烧结矿中 FeO 含量（质量分数）的影响　　　　　　　　（质量分数）的影响

3.3.4　氧化—还原规律在烧结生产中的应用

在烧结过程中，铁、锰氧化物所含的氧量在一切情况下都是在变化的。热分解、还原及氧化过程直接影响烧结矿的产量和质量。

3.3.4.1　生产高氧化度烧结矿

根据氧化度的计算公式，在烧结矿品位相同的条件，烧结矿中 FeO 含量越少，则氧化度越高。表 3-4 为不同原料用 CO 还原 90min 测定的还原性能。可见原料的还原率随 FeO 含量的减少而增加，氧化度还原率有高。因此，在烧结过程中保证烧结矿具有足够的强度的条件下，严格控制 FeO 生成量是十分必要的。适当地降低 FeO 含量，可以改善烧结矿的还原性，为高炉降低焦比提供了有利条件，FeO 的增加及大量生成，不仅提高了开始还原的温度，且难还原，使最终的还原率大大降低。

表 3-4　各种不同原料的氧化度与还原率

原料性质		$w(\mathrm{TFe})/\%$	$w(\mathrm{FeO})/\%$	还原率/%	氧化度/%
块矿	I	57.4	0.2	54	99.88
	II	55.8	17.9	47	89.50
烧结矿	I	62.5	16.4	44	91.35
	II	61.0	17.2	32	90.20
球团矿	I	62.6	0.3	70	99.00
	II	61.0	4.2	61	97.35
	III	50.47	7.2	57.2	92.50

FeO 含量基本上可以表示烧结矿的还原的难易度，生产低 FeO 烧结矿，必须采用高氧位烧结技术，其控制方法为：

（1）适当降低燃料用量。燃料用量是控制烧结料层氧位的关键。表 3-5 为混合料中含碳量对烧结矿中 FeO 含量的影响。

表 3-5　混合料含碳量与烧结矿中 FeO 含量的关系

混合料含碳量 （质量分数）/%	碱度	$w(FeO)/\%$	还原率/%	备注
5.0	1.05	34.41	36.2	还原率系用 CO 还原 40min
4.5	1.04	29.41	43.6	
3.0	1.09	24.57	53.3	

由表 3-5 可以看出，随着燃料用量的增加，烧结料层中氧位下降，还原区域扩大，氧化缩小，还原作用加强，FeO 含量增加。

当燃料用量一定时，燃料粒度对还原反应也有很大影响。较粗的燃料粒度，由于燃烧时间长，燃烧带厚度扩大，使得烧结料层中的热分解和还原作用加强，因此也会烧结矿中的 FeO 增加。

（2）强化外部供热。实现高料层烧结，对烧结热平衡来说，外部供热与配碳燃烧供热热是等价的。强化外部供热对废气的氧分压无影响，而配碳量的多少则直接影响废气成分，使废气中 CO 提高，O_2 含量降低，而发生预还原。强化外部供热与高料层烧结相结合工艺可以减少烧结料配碳量，降低燃料消耗，这已为生产实践所证明。

强化外部供热既能提高气相氧分压，又能提高烧结料上层烧结温度。而高料层利用"自动蓄热"作用的热量，保证烧结料下层烧结温度，在烧结质量均匀的情况下，提高烧结矿的成品率。

（3）采用低温烧结，降低燃料用量。磁铁精矿料层在烧结过程中的温度分布如图 3-25 所示。温度的高峰值和高温区间的大小主要取决于配碳量和点火制度，同时受料层传热特性和料层高度等因素的影响，高温型的温度分布曲线说明了下部的高温层厚度比较大，总的温度水平也较高。

通常在燃烧带以下的废气的氧分压为 $0.78\times10^4 \sim 1.13\times10^4$ Pa，故希望控制燃烧带的温度不大于 1350℃。在高于 900℃ 的温度下氧化反应可迅速进行，进入燃烧带前生成较多的自由 Fe_2O_3，如燃烧带温度过高，达到 1400℃ 时，则自由的 Fe_2O_3 很快被分解或还原为 Fe_3O_4。

（4）生产高碱度烧结矿。当混合料加入 CaO 时，由于形成低熔点的化合物，为降低燃烧带的温度创造了良好的条件。另一方面，CaO 的存在有利于易还原的铁酸钙 $CaO \cdot Fe_2O_3$ 的生成，阻碍了难还原的 $2FeO \cdot SiO_2$ 的生成。这些都有利于烧结矿中 FeO 的减少，如图 3-22 所示。相反，混合料中加入 MgO，由于形成高熔点化合物，燃烧带的温度升高，烧结矿的 FeO 也增加了，如图 3-23 所示。

3.3.4.2　生产金属化烧结矿

金属化烧结矿就是部分含铁原料被还原成金属铁的烧结矿。它是借在烧结混合料中加

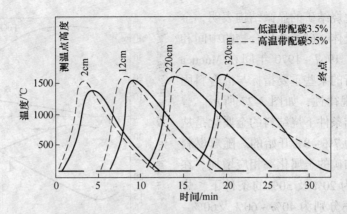

图 3-25 磁铁精矿烧结的温度、时间曲线（料高 370mm，返矿量 40%）

入比普遍烧结大得多的固体燃料用量，改善烧结料层的还原条件制得的。当固体燃料用量很高时，气相中 CO 的浓度将大大增加，与此同时，抽入料层内的空气中的水汽与炽热的燃烧碳粒相互作用放出 H_2、CO，H_2 和固体碳本身都是铁氧化物的还原剂，而且在金属化烧结矿中有 4%～6% 的过剩的碳存在，这就保证了烧结矿冷却过程中有利于还原反应的继续进行，而不会使金属铁再被大量氧化，如图 3-26 所示。

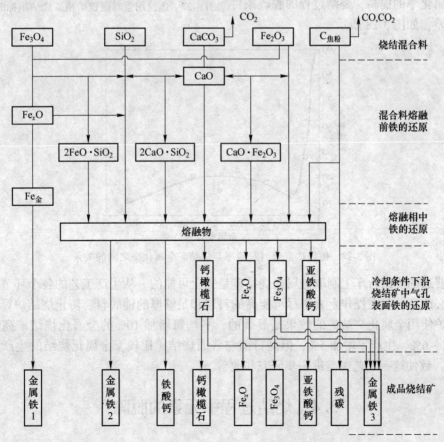

图 3-26 金属化烧结矿矿物组成的假定流程

研究金属化烧结矿的显微结构表明，金属铁颗粒于浮氏体、硅酸盐化合物的中间和剩余碳粒周围。1967～1970 年间在 Mucuca 等实验室里进行的某些重要指标与混合料固体燃料用量的规律性，如图 3-27 所示。曾经确定，在烧结条件下烧结料的金属化是从含碳质量分数为 7%～8%开始的。随着燃料用量增多，烧结矿的金属化率相应增加。在含碳质量分数为 20%及 30%的条件下，烧结矿的金属化率分别为 40%～60%及60%～80%。

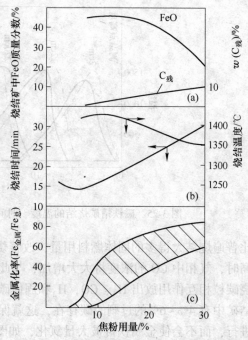

图 3-27   焦粉用量对磁铁矿精矿烧结指标的影响

但是，应该注意到，随着固体燃料用量增多，烧结废气 CO 含量增大，甚至会造成抽风管道发生煤气爆炸的危险，故一般要求固体燃料用量不超过 25%～30%，其计算的烧结矿金属化率接近 40%。此外，随着烧结矿金属化率的提高，烧结过程的脱硫条件剧烈变差，如图 3-28 所示。

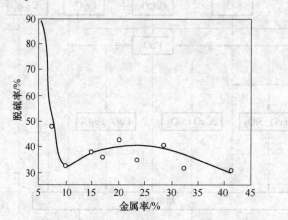

图 3-28   磁铁矿混合料脱硫率与烧结矿金属化率之间的关系

在普通的烧结台车上制取金属化烧结矿是完全可能的。从生产工艺的各个环节到烧结台车不必改变，仅在操作上要求尽可能高的料层和足够厚的铺底料，防止烧结炉箅。

高炉使用金属化烧结矿的效果是显著的，平均每增加 10%的金属化烧结矿高炉焦比下降 5%～6%，生产率增加 5%，但是目前与普通烧结矿比较，金属化烧结的生产率下降了 50%，致使这一工艺尚需进一步研究和改善。

3.4   烧结过程中元素的脱除

在大多数的情况下，烧结原料中含有对钢铁冶炼过程及钢材有害或不希望存在的元素，如硫、砷、氟、铅、锌、钾、钠等。研究这些伴生元素在烧结过程中的行为及其脱除方法有重要实际意义。

3.4.1 硫

3.4.1.1 硫的存在形态及其对钢铁生产的影响

铁矿石中的硫通常以硫化物和硫酸盐形式存在，以硫化物形式存在的矿物有：FeS_2、$CuFeS_2$、CuS、ZnS、PbS 等；以硫酸盐形式存在的矿物有 $BaSO_4$、$CaSO_4$、$MgSO_4$ 等，而焦粉带入的硫可能有以单质形式存在的硫。

硫是影响钢质量极为有害的元素，因为它极大降低钢的塑性，在加工过程中使晶粒边界先熔化，出现金属热脆现象。此外，硫对铸造生铁同样有害，它降低生铁的流动性，阻止碳酸铁分解，使铸件产生气孔并难以切削。若在炼铁和炼钢过程中需脱除大量的硫，不仅会降低设备的生产率，而且也会使冶炼的技术经济指标变差，因此，一般要求入炉冶炼的铁矿石或人造块矿中的硫含量（质量分数）不超过 $0.07\% \sim 0.08\%$，有时甚至要求小于 $0.04\% \sim 0.05\%$。

3.4.1.2 烧结过程脱硫原理

以单质和硫化物形式存在的硫通常通过氧化反应脱除，以硫酸盐形式存在的硫则在分解反应中脱除。

黄铁矿（FeS_2）是铁矿石中经常遇到的含硫矿物，它具有较大分解压，在空气中加热到 565℃时很容易分解出一半的硫，因此，在烧结的条件下可能分解出元素硫。

黄铁矿氧化，在更低的温度（280℃）就开始了，当温度较低时，从黄铁矿着火（366~437℃）到565℃，硫的蒸气分解压还较小。黄铁矿的氧化脱硫反应如下：

$$2FeS_2 + 11/2O_2 = Fe_2O_3 + 4SO_2 + 1668900kJ \tag{3-42}$$

$$3FeS_2 + 8O_2 = Fe_3O_4 + 6SO_2 + 2380238kJ \tag{3-43}$$

当温度高于565℃时，黄铁矿分解，分解产物 FeS 及 S 的氧化反应同时进行，其反应式如下：

$$FeS_2 = FeS + S - 113965kJ \tag{3-44}$$

$$S + O_2 = SO_2 + 296886kJ \tag{3-45}$$

$$2FeS + 7/2O_2 = Fe_2O_3 + 2SO_2 + 1230726kJ \tag{3-46}$$

$$3FeS + 5O_2 = Fe_3O_4 + 3SO_2 + 1723329kJ \tag{3-47}$$

$$SO_2 + 1/2O_2 = SO_3 \tag{3-48}$$

当温度低于 1250~1300℃时，FeS 的燃烧主要按反应式（3-46）进行，生成 Fe_2O_3；当温度更高时，按反应式（3-47）进行生成 Fe_3O_4，因此在这种情况下，Fe_2O_3 的分解压开始明显地增大了。在有催化剂存在的情况下（如 Fe_2O_3 等）SO_2 可能进一步氧化成 SO_3。

研究硫化物氧化和硫酸盐分解的热力学可知，FeS_2、ZnS、PbS 中的硫是比较易于脱除的；而 $CuFeS_2$、Cu_2S 的氧化需要比较高的温度，因为这些化合物很稳定，烧结料含铜硫化物中的硫比较难以脱除。硫酸盐的分解需要较高的温度，$CaSO_4$ 在 Fe_2O_3（SiO_2 和 Al_2O_3 等）存在和 $BaSO_4$ 在 SiO_2 存在的情况下，可以改善这些硫酸盐分解的热力学条件：

$$CaSO_4 + Fe_2O_3 = CaO \cdot Fe_2O_3 + SO_2 + 1/2O_2 \tag{3-49}$$

$$BaSO_4 + SiO_2 = BaO \cdot SiO_2 + SO_2 + 1/2O_2 \tag{3-50}$$

3.4.1.3 影响烧结脱硫的因素

影响烧结脱硫的因素如下：

（1）矿石的粒度和品位。矿石粒度小则物料比表面积大，有利于脱硫反应，矿石中硫化物和硫酸盐的氧化和分解产物也易于从内部排出；但粒度过小时，烧结料层的透气性变差，抽入的空气量减少，不能供给充足的氧量，同时硫的氧化产物和分解产物不能迅速从烧结料层中带走，也对脱硫不利。如果粒度过大时，虽然外部扩散条件改善了，但内扩散条件就变得更困难了，也不利于脱硫。研究表明，脱硫较适宜的矿石粒度为 0~1mm 与 0~6mm 之间，但考虑生产过程中破碎筛分条件的经济合理性，采用 0~6mm 或 0~8mm 矿石粒度是较为合理的。

矿石含铁品位高、含脉石成分少时，一般软化温度较高，这时烧结料需在较高的温度下才能生成液相，所以有利于脱硫。

铁矿石中硫以硫化物的形式存在时，烧结脱硫比较容易，一般脱硫率可达 90% 以上，甚至可达 96%~98%。硫酸盐的脱除是靠它的热分解，需要很高的温度和较长的时间，在较好的情况下脱硫率也可达到 80%~85%。

（2）烧结矿碱度和添加物的性质。提高烧结矿的碱度，导致烧结矿的液相增加、烧结层的最高温度降低、烧结速度加快、高温保持时间缩短以及高温下石灰的吸硫作用强烈等，这些条件均对脱硫不利，所以随着碱度提高，烧结矿的脱硫率明显地下降，见表3-6。

表 3-6 烧结矿碱度对脱硫率的影响

指　标	烧结矿碱度			
	0.4	1.0	1.2	1.4
烧结料含硫质量分数/%	0.450	0.400	0.382	0.362
烧结矿含硫质量分数/%	0.040	0.042	0.043	0.050
脱硫率/%	91.2	89.4	88.7	86.2

添加物的性质对脱硫有不同的影响，消石灰和生石灰对废气中 SO_2 和 SO_3 吸收能力强，对脱硫不利。白云石和石灰石粉粒度较粗，比表面积较小，在预热带分解出 CO_2，阻碍对气体中硫的吸收，对脱硫较前两者有利。在烧结料中添加 MgO 有可能提高烧结料的软化温度，对脱硫是有利的。

（3）燃料用量和性质。燃料的用量直接影响到烧结料层中的最高温度水平和气氛，FeS 在 1170~1190℃ 时熔化，当有 FeO 存在时 940℃ 就可熔化。燃料用量增多时，料层温度高，还原气氛增强，烧结料中所形成的 FeO 增多，FeO-FeS 组成易熔的共晶混合物，液相增多会妨碍进一步脱硫。同时，空气中的氧主要为燃料所消耗，也不利于硫化物的氧化。相反，燃料用量不足时，料层温度低，脱硫条件也变差。因此，烧结时燃料用量要适宜、燃料的配比要求精确。燃料配比对脱硫的影响如图 3-29 所示。

燃料用量增加，所产生的高温和还原性气氛，对硫酸盐的分解是有利的。

一般来讲，燃料的用量对硫化物和硫酸盐中硫脱除是有矛盾的：前者需要氧化性气氛，而后者需要中性气氛或弱还原性气氛；前者不需要过高的温度，而后者需要有足够的

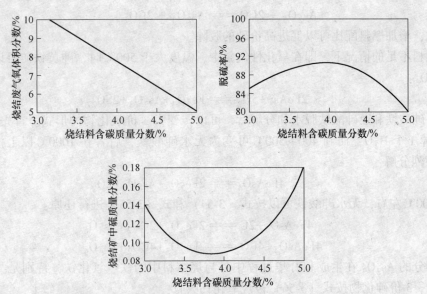

图 3-29　燃料配比对脱硫的影响（烧结矿碱度 1.25）

温度水平。如果同一烧结料中既有硫化物又有硫酸盐存在时，就应该考虑含硫矿物以哪种为主，合理调整燃料的用量。在考虑合适的燃料用量时，必须估计到硫化物中的硫氧化时所产生的热量。一般地，认为 $1kgFeS_2$ 氧化成 SO_2 时所产生的热量相当于 0.23kg 中等质量的焦炭燃烧所产生的热量。所以矿石中含硫量增多，烧结所用的燃料就要相应减少，配料时大致可按矿石中含硫质量分数 1% 代替 0.5% 的焦粉来计算。

燃料中的硫大多以有机硫的形态存在，这种硫的分解需要在较高的温度下进行，所以烧结所用燃料含硫应尽可能低。一般焦粉中的含硫量较无烟煤为低，且前者可能主要是无机硫，比较易于除去。这就是烧结生产一般愿采用焦粉作为燃料的主要原因之一。

（4）返矿的数量。返矿对脱硫有互相矛盾的影响，一方面改善烧结料的透气性，促使硫的顺利脱除；另一方面引起液相更多更快地生成，致使大量的硫转入烧结矿中，适宜的返矿用量要根据具体情况由试验确定。有研究指出：当返矿从 15% 增至 25% 时，烧结矿中含硫增加，脱硫率降低；当返矿进一步增加到 30% 时，烧结矿中含硫量降低，脱硫率相应增加。可能是当返矿由低增加到 25%，后种因素起了主导作用，对脱硫不利；当继续增加到 30% 时，矛盾发生转化，前者的作用居主导地位，而有利于脱硫。

3.4.2　砷

砷使钢制品的焊接性能变差。当钢中砷含量超过 0.15% 时，就会使它的整个物理、力学性能变差（钢中存在锰和钒时，可稍微改善它的性能，抑制砷的影响）。

铁矿石中的含砷矿物可能有雌黄（As_2S_3）、砷华（As_2O_3）、雄黄（AsS）、砷黄铁矿（FeAsS）、含水砷酸铁（$FeAsO_4 \cdot 2H_2O$）和含水亚砷酸铁（$FeHAsO_3 \cdot nH_2O$）（臭葱石）等。

在烧结条件下不可能出现元素砷，只有 As_2O_3 和三氢化砷（AsH_3）转移到气相中，所以烧结时需要将高价砷还原到 3 价形态，利用 As_2O_3 在温度 273~320℃ 升华的特点，脱砷才是可能的，高价砷氧化物的还原反应按式（3-51）进行：

$$As_2O_5 + 2CO = As_2O_3 + 2CO_2 \tag{3-51}$$

因此，增加燃料配比可以促进高价砷的脱除。

在燃料不足的情况下，即在氧化性气氛中，温度大于 500℃时，砷黄铁矿可以部分氧化成 As_2O_3：

$$2FeAsS+5O_2 = Fe_2O_3+As_2O_3+2SO_2 \tag{3-52}$$

含水砷酸铁和亚砷酸铁脱水和分解后，可以转变为 3 价氧化物的形式。首先在 200～300℃失掉 1 个 H_2O，而到 400～500℃ 可变为无水砷酸铁，后者在 1000℃ 以上按式（3-53）式激烈分解：

$$4FeAsO_4 = 2Fe_2O_3+As_4O_6+2O_2 \tag{3-53}$$

在 600℃ 左右，无水砷酸铁可以按式（3-54）和式（3-55）进行还原：

$$4FeAsO_4+2C = 2Fe_2O_3+2CO_2+As_4O_6 \tag{3-54}$$

$$4FeAsO_4+4CO = 2Fe_2O_3+4CO_2+As_4O_6 \tag{3-55}$$

大部分的 As_2O_3 在生成和升华过程中易与烧结料中的铁、氧化铁，特别是与石灰生成化合物，3 价砷化物按式（3-56）被烧氧化钙吸收：

$$CaO+As_2O_3+O_2 = CaO \cdot As_2O_5 \tag{3-56}$$

所以生产熔剂性烧结矿时，对砷的脱除很不利，有的矿石甚至在碱度 0.75 时，烧结料中的砷可能全部留在烧结矿中，如果烧结料 SiO_2 较高时，则可减弱 CaO 的影响：

$$CaO \cdot As_2O_5+SiO_2 = CaO \cdot SiO_2+As_2O_5 \tag{3-57}$$

在烧结非熔剂性烧结料时，砷以 As_2O_3 或 A_3H_3 的形式随气体排出。在燃烧带升华的 As_2O_3，在以后气体被冷却时，重新以固体状态沉积下来，随着燃烧带的下移，下部料层中沉积下来的砷也就越多，所以，靠近烧结机的炉算处物料的脱砷率总是较上部物料低。因此，在烧结过程中砷的脱除是比较困难的。

据某些试验研究，加入少量 $CaCl_2$（质量分数为 2%～5%）的烧结料，脱砷率可达近 60%，添加 2%的 HCl 可以脱除 52%的砷，加入 2%～5%的食盐时，可以脱除烧结料中 60%的砷。但这些添加物比较贵，同时对设备腐蚀较为严重。

在 1000℃下，用水蒸气处理成品烧结矿，砷脱除率可达 50%～70%。前西德和美国的研究表明，烧结含砷矿石，采用煤作燃料可以提高脱砷，褐煤和烟煤中的许多挥发物具有脱砷能力，推测是与氧或氢反应形成 3 价砷化合物而进入气体。

As_2O_3 为极毒物质，故含 As_2O_3 废气需经精细除尘，方可排放。烧结条件下的脱砷问题，至今尚未得到较好解决，有待继续研究。

3.4.3 氟

为改善高炉操作在烧结过程中希望去除含氟矿石的氟，烧结过程脱氟率一般可达 10%～15%，操作正常时可达 40%。烧结过程的脱氟反应机制研究得还不够，可能通过反应式（3-58）去除：

$$2CaF_2 + SiO_2 = 2CaO + SiF_4 \tag{3-58}$$

生成的 SiF_4 很易挥发，但在料层下部可能部分被烧结料吸收，由式（3-58）可见，加入 CaO 对脱氟不利，而增加 SiO_2 则有利于脱氟。实验室研究表明：石灰石加入量（质量分数）从 9.13%增加到 13.7%，可以使烧结矿中含氟量（质量分数）从 0.95%增加到

1.25%，同样条件下，将石英加入量（质量分数）从0.89%增加到4.59%时，可以使烧结矿中含氟量（质量分数）从1.35%降低到1.00%。

烧结过程加入一定量水蒸气，因为生成易挥发的HF，可使脱氟程度提高1~5倍：

$$CaF_2 + H_2O \xrightarrow{\hspace{1cm}} CaO + 2HF \tag{3-59}$$

含氟废气危害人体健康，腐蚀设备，应当回收处理。我国某厂球团车间废气含氟400~700mg/m^3，用碱法合成的方法，从废气中回收氟制成二级冰晶石。实践证明，在烧结抽风系统增设喷石灰水去除废气中氟的设备，效果也很好。

3.4.4　铅、锌、铜和钾、钠

我国铁矿资源的特点是多金属共生矿多、含多种有色和稀贵金属以及钾钠等元素。高炉冶炼时，锌和铅并不进入生铁中，锌的有害作用是破坏炉衬，促使炉瘤形成、炉衬损坏以及堵塞烟道，铅由于相对密度大，熔点低，破坏高炉炉底。

铁矿石中含这些元素的主要矿物有闪锌矿（ZnS）和方铅矿（PbS），要从中脱除锌和铅，需首先将它们氧化为ZnO和PbO，再将氧化物还原为金属锌和金属铅，才能挥发，它们的沸腾温度分别是906℃和1717℃。锌和铅从烧结料中脱除的效果在很大程度上取决于烧结烧结料层中燃料的配比。在一般情况下（含碳质量分数为3%~6%）烧结料中的锌几乎完全不脱除，当燃料消耗增加到10%~11%时，可从烧结料中脱除约20%的锌。升华的锌可能很快地被氧所氧化，ZnO然后在燃烧带的下部料层再沉积下来，所以脱锌率与烧结料下部区域的温度和气氛有很大关系。

铁矿石中的钠和钾通常以碳酸盐或硅酸盐形式存在。它们在高炉下部，产生还原。

$$(K_2SiO_3) + C \xrightarrow{\hspace{1cm}} 2K(g) + (SiO_2) + CO(g) \tag{3-60}$$

气化生成的气态钠、钾在高炉上部产生再氧化，并沉积到块状炉料、炉壁上。

$$2K(g) + Fe_xO + SiO_2 \xrightarrow{\hspace{1cm}} K_2SiO_3 + xFe \tag{3-61}$$

$$2K(g) + 2CO_2 \xrightarrow{\hspace{1cm}} K_2CO_3 + CO \tag{3-62}$$

钠、钾的循环积累致使高炉结瘤，炉墙破损，炉料空隙堵塞，料层阻力增大，严重恶化高炉操作过程。

在正常燃料配比条件下，烧结过程只能脱除一小部分钠和钾（小于20%）。提高燃料配比，可以提高钠、钾的脱除率。中南大学的研究表明，采用预还原焙烧法，将焦粉配比提高到15%时，可将钠和钾的脱除率分别提高到30%和50%以上。

烧结料中添加少量的固体氯化剂（如CaCl$_2$），使其在烧结过程中与铅、锌、铜和钾、钠等矿物发生氯化反应，可生成氯化物而挥发分离出来。如加入质量分数为2%~3%的CaCl$_2$，在不降低烧结机生产率的条件下，可以从烧结料中脱除90%的铅、70%以上的锌、80%左右的铜和50%以上的钾、钠。但氯化物的使用又带来腐蚀设备、污染环境等新问题，工业上很少应用。

习　题

3-1　分析水分对烧结过程的影响。

3-2　什么是"露点"，烧结废气的露点约为多少？

3-3 论述料层过湿对烧结过程的影响及消除过湿带的措施。

3-4 分析结晶水对烧结过程的影响，烧结含结晶水的原料时一般采取什么措施保证烧结矿质量？

3-5 分析在实际烧结过程中 Fe_2O_3、Fe_3O_4、FeO 的还原行为。

3-6 什么是烧结矿的氧化度，分别计算 Fe_2O_3、Fe_3O_4 和 FeO 的氧化度。

3-7 分析影响烧结过程中脱硫的因素。

烧结料层内气体运动规律

烧结过程必须向料层送风，固体燃料的燃烧反应才能进行，混合料层才能获得必要的高温，物料烧结才能顺利实现。气体在烧结料层内的流动状况及变化规律，关系到烧结过程的传质、传热和物理化学反应的过程，因而对烧结矿的产量、质量及其能耗都有很大的影响。

4.1 烧结料层结构的物性参数

在研究烧结料层气体阻力损失时均涉及料层结构的物性参数，它的改善对降低料层气体阻力、提高料层透气性具有很大的作用，而决定料层结构的主要参数有混合料的平均粒径 d，形状系数 φ 及料层的孔隙率 ε。

4.1.1 混合料的平均粒径

混合料是由一个个单个颗粒组成的。单个颗粒大小的表示方法：若为球形，直接用直径 d；若为非球形，则用当量直径表示。当量直径分为：

（1）圆当量直径，与颗粒投影面积 S 相同的圆的直径。

$$d_{当} = \sqrt{4S/\pi} = 1.13\sqrt{S} \tag{4-1}$$

（2）球当量直径，与颗粒体积 V 相同的球的直径。

$$d_{当} = \sqrt[3]{6V/\pi} = 1.24\sqrt[3]{V} \tag{4-2}$$

（3）沉降速率直径，与颗粒同密度的球体，在密度和黏度相同的流体中，与颗粒具有相同沉降速率球体的直径。

烧结常用原料粒度范围较宽，要用平均直径（d_p）来评价颗粒的大小。常用的颗粒群平均粒径的计算方法，见表 4-1。

表 4-1　常用平均粒径的计算方法

名　称	计算公式	物理意义	特点及常用范围
加权算术平均值	$d_{算} = \sum\limits_{i=1}^{n} r_i d_i$	各粒级按质量分数参加平均	尺寸比较
加权几何平均值	$d_{几何} = \prod\limits_{i=1}^{n} d_i^{r_i}$	各粒级按质量分数乘方，连乘后 $\sum r_i$ 开方	多用于筛分分析中两相邻粒级之平均
加权调和平均值	$d = 1 \bigg/ \sum\limits_{i=1}^{n} \dfrac{r_i}{d_i}$	按相当于等表面积的平均	冶金上常用，如散料层气体阻力计算
中位数		占混合料质量一半时所对应的颗粒尺寸	用作图求得

注：r_i 为某一粒级的质量分数；d_i 为某一粒级的平均粒径。

在比较两种物料的粒度时，人们习惯使用加权算术平均值，但在研究散料层气体阻力时大多数采用加权调和平均值（相当于等表面积的平均粒度），因为散料层气体力学方程中 d_p 的含义完全符合加权调和平均值的概念，也即方程式本身已经规定了的。图 4-1 为阻力系数与颗粒尺寸的关系，可见阻力系数与调和平均值的关系要比算术平均值更接近实际情况，因为调和平均值最靠近细粒度一端，而影响料层透气性的主要因素是细粒度部分的含量。因此，采用调和平均

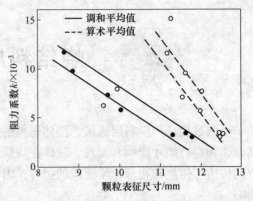

图 4-1　炉料表征尺寸与阻力系数的关系

值就能更好地反映客观规律性。由此可见，要减少料层阻力除了将各粒级普遍增大外，还需降低混合料中的细粒部分。

例如，根据下列烧结料，求其等表面积的平均粒径（加权调和平均粒径）。

粒级/mm	0.3~0.7	0.7~1.3	1.3~2.7	2.7~5.3
质量分数	0.4	0.3	0.2	0.1

首先求出个粒级的算术平均粒度：0.5mm，1.0mm，2.0mm，4.0mm，然后计算 $d_{调和}$。

$$d_{调和} = \cfrac{1}{\cfrac{0.4}{0.5} + \cfrac{0.3}{1.0} + \cfrac{0.2}{2.0} + \cfrac{0.1}{4.0}} = 0.82\text{mm}$$

4.1.2　料粒的形状系数

实际颗粒很少是规则球形体，描述实际颗粒与球形颗粒之间差异程度，料粒的形状系数 φ 是指与料粒同体积的球体的表面积和料粒本身实际表面积的比值，即

$$\varphi = A_球 / A_{料粒} \tag{4-3}$$

对圆球体 $\varphi = 1$，非球形散料 $\varphi < 1$。假定非球形散料的平均粒度为 d_p，则单位体积物料总表面积为：

$$A_料 = \frac{6(1 - \varepsilon)}{\varphi d_p} \tag{4-4}$$

比表面积为：

$$S_料 = \frac{6}{\varphi d_p} \tag{4-5}$$

几种常见物料的形状系数列于表 4-2。

表 4-2　几种常见原料的形状系数

物　料	形状系数	物　料	形状系数	物　料	形状系数
烧结料	0.5~0.58	碎焦	0.65	圆球形砂粒	0.87
烧结矿	0.5~0.8	煤粉	0.73	有棱角砂粒	0.83
球团矿	0.85~0.9	石灰石细粉	0.45	薄片状砂粒	0.39
焦炭	0.55~0.7	破碎筛分矿石	0.57	石英砂	0.55~0.63

但实验还指出，除了料粒的形状外，它的表面结构及粗糙度的影响也很大，所以实际应表达如下：

$$\varphi = \varphi_G \cdot \alpha \tag{4-6}$$

式中，α 为粗糙度系数；φ_G 为几何形状系数。

一些简单的几何形状的 φ_G 见表4-3。

表4-3　简单几何体的几何形状系数

名　称	直径 d 或边长 a	φ_G	名　称	直径 d 或边长 a	φ_G
圆球	$d = a$	1.0	正四面体	a	0.672
正八面体	a	0.846	平板	a，a，$0.5a$	0.762
立方体	d	0.806	平板	a，a，$0.2a$	0.414
长方体	a，a，$2a$	0.767	平板	a，a，$0.1a$	0.261
长方体	a，a，$3a$	0.718	平板	a，a，$0.05a$	0.164
长方体	a，a，$6a$	0.613			

4.1.3　料层的空隙率

料层的空隙率 ε 是指气孔所占体积与料层所占总体积之比，即单位散料体积中的空隙份额，可以用体积百分数表示，也可以用体积分数表示。空隙率是散料层的重要参数，也是最不易准确测量的参数。根据定义，空隙率常用式（4-7）计算：

$$\varepsilon = (1 - \rho_\text{堆} / \rho_\text{真}) \tag{4-7}$$

式中，ε 为料层的空隙率；$\rho_\text{堆}$ 为料层的堆密度，t/m^3；$\rho_\text{真}$ 为物料的真密度，t/m^3。

如果散料是由直径相等的圆球组成时，均匀料粒所形成的料层空隙率完全取决于其堆积方式，见表4-4。立体几何证明，随着排列方法的不同，ε 的数值各异，ε 最大值为0.476，最小值为0.260，而与粒度无关。

表4-4　等径料粒堆积方式和空隙率

堆积方式	特征[①]	配位数	θ	α	β	ε
（Ⅰ）简单正方体	6	6	90°	90°	90°	0.4764
（Ⅱ）菱面体（之一）	4	8	90°	60°	—	0.3954
（Ⅲ）菱面体（之二）	2	10	60°	60°	—	0.3109
（Ⅳ）面心立方体	2	12	90°	—	45°	0.2595
（Ⅴ）密集立方体	0	12	60°	—	54.7°	0.2595

①正方体表面个数。

常见的堆积方式（Ⅰ）、（Ⅳ）或两者混合，（Ⅱ）和（Ⅲ）由于堆积条件复杂，实际中不常见。采用球团矿获得的平均实测值为0.478，它与最疏松排列简单立方体的理论计算值0.4764很接近。但由于振实程度的不同则出现如表4-4所示在0.2595及0.4764之间的情况，其平均值在0.3680。这正好是一些实测数据的另一个稳定值0.37。烧结矿由于它的形状不那么规则，因而更倾向形成简单立方体排列，它们也有两种水平的稳定值，一般在 0.5~0.53；在振实的条件下可能降低到 0.43~0.46。

在两种粒度不同配比下的孔隙率则可见 C. F. 弗纳斯（Furnas）曲线及实测的烧结矿曲线，如图 4-2 所示。

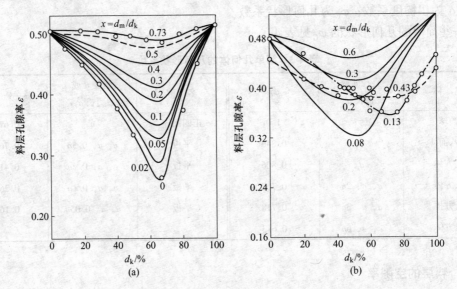

图 4-2　两种不同粒度不同比例配合的空隙率变化曲线

(a) 理想球体（C. F. 弗纳斯曲线）；(b) 烧结矿

d_m—细粒级直径；d_k—粗粒级直径；$x = d_m/d_k$（直径比）

从图 4-2 中可知：

(1) d_m/d_k 越小，即细粒与粗粒直径相差越远，孔隙率 ε 随粗粒级配入量的增加而变化越陡峭。

(2) d_m/d_k 比例固定时，当粗料 d_k 质量占总量的 60%~70% 时，ε 有最小值。

(3) ε 取决于粗粒的堆积方式，在不振动的堆积条件下，一般都以简单的立方体形式排列，如料层振动，则空隙率变小。

根据图 4-2 中不同 d_m/d_k 下的 ε 最小值，计算出 $(1-\varepsilon)/\varepsilon^3$，并以均匀的 d_k 粒子的 ε_0

计算出 $(1-\varepsilon)/\varepsilon^3$，求出 $y = \dfrac{1-\varepsilon}{\varepsilon^3} \bigg/ \dfrac{1-\varepsilon_0}{\varepsilon_0^3}$ 与 $d_m/$

d_k 的关系，也就是相对阻力损失与粒径比的关系，如图 4-3 所示。

$$y = \frac{1-\varepsilon}{\varepsilon^3} \bigg/ \frac{1-\varepsilon_0}{\varepsilon_0^3}, \quad x = d_m/d_k$$

随 d_m/d_k 变小，相对阻力损失增大，当 d_m/d_k 小于 0.2 时，阻力急剧上升。在烧结生产中，混合料 $d_m/d_k = 0.2$ 应是极限值。

在实际生产中，烧结原料的粒度是多级混合的。图 4-4 是三级粒度混合时测定的等空隙率曲线。

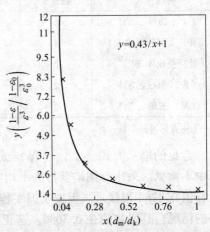

图 4-3　d_m/d_k 与相对阻力系数的关系

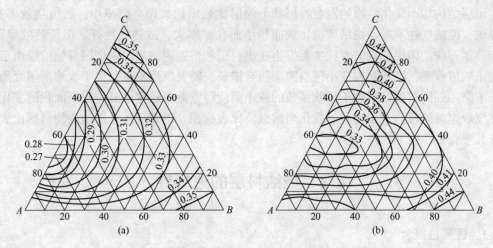

图 4-4 三种粒级混合时料层空隙率变化的等值曲线

（a）球体：A—28mm，$\varepsilon = 0.365$；B—14mm，$\varepsilon = 0.365$；C—7mm，$\varepsilon = 0.365$；

（b）磁铁矿粉：A—1～0.2mm，$\varepsilon = 0.46$；B—0.2～0.045mm，$\varepsilon = 0.46$；C—0.045～0mm，$\varepsilon = 0.46$

对多种粒级配合时孔隙率变化规律的研究结果表明，料层孔隙率呈现下列变化规律：

（1）料层空隙率的变化以最粗及最细两级之间的相互作用为主，并遵循两级颗粒配比时所呈现的规律。

（2）中间级颗粒的增加引起孔隙率的增大，而不改变两级颗粒配比时的基本规律。

（3）粗略地说，可以按 67：33 的比例将所有粒级分成粗细两级，仍然会呈现出上述两级配比时的倾向性。

4.1.4 烧结料层结构物性参数的变化

空隙率（ε）是决定床层结构的重要参数，它对气体通过料层的压力降，床层的有效导热系数及比表面积都有重大的影响。影响 ε 的主要因素是颗粒的形状、粒度分布、比表面积、粗糙度及充填方式等，这类因素可以近似地综合表示为颗粒的形状系数 ψ 对 ε 的影响。同时烧结过程中燃料的燃烧及料层收缩对 ε 的变化也是十分重要的。

在烧结过程中由于物料的熔融，然后结晶与凝固形成了新的床层结构，改变了原来的料粒直径、形状系数及料层的体积收缩率。这里起决定性作用的因素是固相物料的熔融温度（或熔体的凝固温度）以及烧结可能达到的最高温度。图 4-5 绘出沿烧结料层高度的料层结构的变化。

在混合料层、干燥层和烧结矿

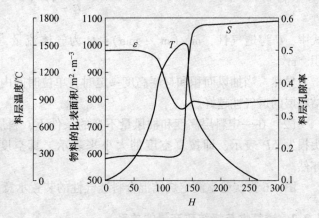

图 4-5 床层结构参数变化的模拟计算结果

ε—料层空隙率；T—料层温度；

S—物料的比表面积；H—距料层表面的距离

层，床层结构均不变化。原始混合料层和干燥层比表面积大而空隙率小，故传热效率高，升温快，但透气性不好。烧结矿层比表面积小而孔隙率大，故透气性好，但传热效率低，冷却速度不快。床层结构的变化主要发生在燃料层和熔融固结层。燃烧层开始阶段由于物料尚未软熔收缩，燃料颗粒变小使空隙率稍有增长，随着软熔发生，由于收缩率增大而导致 ε 下降。到固结层，则由于形状系数的减小而使得空隙率迅速上升。比表面积的变化主要在燃烧熔融阶段，由于物料的软化与熔融，比表面积 S 迅速变小。固结层物料的比表面积 S 几乎保持不变。

4.2　烧结料层的透气性

4.2.1　透气性概念

透气性是指固体散料层允许气体通过的难易度，也是衡量混合料空隙度的标志。在考虑烧结速度时，透气性是不可缺少的重要因素。烧结生产中，通常采用单位烧结面积风量来评价烧结料层透气性的好坏。

单位面积风量是在一定的压力降（真空度）和一定料层高度的条件下单位时间内单位面积料层通过的空气量[$Q/A, \mathrm{m}^3/(\mathrm{m}^2 \cdot \mathrm{min})$]，Q 为单位时间料层通过的空气量，$\mathrm{m}^3/\mathrm{min}$；$A$ 为抽风面积，m^2。

料层单位面积通过的风量越大，表明料层的透气性越好。需要说明的是单位面积风量一般是在特定的压力降（真空度）和特定的料层高度条件下获得的。由于料层单位面积通过的风量还与料层高度和压差有关，因此当用单位面积风量研究、分析和比较不同烧结厂、不同烧结机及不同原料条件下料层的透气性时，必须保持压差和料层高度的一致。

透气性通常有两种表示方法：

（1）在一定的压差（真空度）条件下，透气性按单位时间内通过单位面积和一定料层高度的气体量来表示，即：

$$G = \frac{Q}{tF} \tag{4-8}$$

式中，G 为透气性，$\mathrm{m}^3/(\mathrm{m}^2 \cdot \mathrm{min})$；$Q$ 为气体流量，m^3；t 为时间，min；F 为抽风面积，m^2。

显然，当抽风面积和料层高度一定时，单位时间内通过料层的空气量越大，则表明烧结料层的透气性越好。

（2）在一定料层高度和抽风量不变的条件下，料层透气性可以用气体通过料层时压头损失 ΔP 表示，即按真空度的大小来表示，真空度越高，则料层透气性越差，反之亦然。

图 4-6 为实验室测定烧结混合料透气性的装置示意图。

4.2.2　透气性与烧结矿产量的关系

通过烧结层风量的大小是决定烧结机生产能力的重要因素。根据烧结机生产率的计算式：

$$q = 60FV_{\perp}rK \tag{4-9}$$

式中，q 为烧结机台时产量，t/（台·h）；F 为烧结机抽风面积，m^2；$V_{\perp}$ 为垂直烧结速度，mm/min；r 为烧结矿堆密度，t/m^3；K 为烧结矿成品率,%。

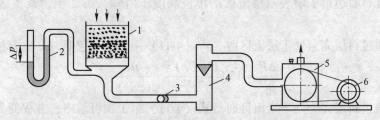

图 4-6 烧结料透气性测定装置示意图
1—料斗；2—测压计；3—开关；4—转子流量计；5—抽风泵；6—马达

在特定的烧结机上烧结某种烧结料时，上式 F、r 及 K 基本上是定值，烧结机的生产率只同垂直烧结速度 $V_{\perp}$ 成正比关系，而 $V_{\perp}$ 又与单位时间内通过料层的空气量成正比，即：

$$V_{\perp} = K'W_0^n \tag{4-10}$$

式中，W_0 为气流速度，m/s；K' 为决定原料性质的系数；n 为系数，一般为 0.8~1.0。

因此，提高通过料层的空气量，就能使烧结机的生产率增大。但是，在抽风机能力不变的情况下，要想增加通过料层的空气量，就必须设法减小物料对气流通过的阻力，也就是通常所说的改善烧结料的透气性。在 $182m^2$ 烧结机上的实验结果，风量与烧结矿产量的关系如图 4-7 所示。

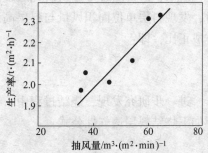

图 4-7 风量和烧结产量的关系
（在 $182m^2$ 烧结机上的实验结果）

4.3 气流在烧结料层中的阻力损失

4.3.1 气体通过散料层的阻力损失计算

4.3.1.1 厄贡方程

厄贡（S. Ergun）与 1952 年提出的公式适用于从层流到紊流的不同流态，被广泛用于分析散料层内气体运动的压力降，其表达式为：

$$\frac{\Delta P}{h} = 150\frac{(1-\varepsilon)^2}{\varepsilon^3} \cdot \frac{\mu\varepsilon}{(\varphi d_p)^2} + 1.75\frac{1-\varepsilon}{\varepsilon^3} \cdot \frac{\rho \cdot \omega^2}{\varphi d_p} \tag{4-11}$$

式中，ΔP 为料层压力降，kg/m^2；h 为料层高度，m；ε 为料层空隙率，%；ρ 为流过气体的密度，kg/m^3；μ 为气体动力黏度，$kg/(m \cdot s)$；ω 为气流速度，m/s；d_p 为颗粒的平均直径，m；φ 为颗粒的形状系数。

根据厄贡方程，气体在散料层中的单位高度压力降，与流过气体的密度、黏度、流速和料层空隙率、颗粒平均直径及颗粒的形状系数有关。

厄贡公式适用于下列范围：（1）等温体系；（2）不可压缩流体；（3）料层空隙均匀；（4）料粒间空隙比流体分子平均自由距大得多的情况；（5）料层两端压力降必须相等，使 ω 和 ρ 在整个料层中实际是不变的。

式（4-11）右边第 1 项表示层流区的单位高度压力降，第 2 项为紊流区单位高度压力降。

当气体通过料层完全处于层流区时，式（4-11）第 2 项可忽略，厄贡方程变为：

$$\frac{\Delta P}{h} = 150 \frac{(1-\varepsilon)^2}{\varepsilon^3} \cdot \frac{\mu \varepsilon}{(\varphi d_{\mathrm{p}})^2} \tag{4-12}$$

当气体通过料层完全处于紊流区时，式（4-11）第 1 项可忽略，方程变为：

$$\frac{\Delta P}{h} = 1.75 \frac{1-\varepsilon}{\varepsilon^3} \cdot \frac{\rho \cdot \omega^2}{\varphi d_{\mathrm{p}}} \tag{4-13}$$

4.3.1.2 沃伊斯公式

后来，E. W. Voice 等人研究通过料层单位面积风量与压力降和料层高度之间的关系时，发现料层单位面积风量与料层高度（H）的 m 次方成反比，与压力降（ΔP）的 n 次方成正比，即：

$$\frac{Q}{A} \propto \frac{\Delta P^n}{h^m} \tag{4-14}$$

进一步研究发现，烧结过程中 m 和 n 值近似相等。通过引入比例系数 P，沃伊斯提出了如下烧结料层透气性公式：

$$\frac{Q}{A} = P \left(\frac{\Delta P}{h} \right)^n \tag{4-15}$$

沃伊斯等将比例系数 P 定义为烧结料层的透气性，它代表在单位料层高度和单位压力降条件下料层单位面积通过的空气流量。当其他各参数采用英制单位时，P 的计量单位为 BPU；当其他各参数采用米制单位时，P 的计量单位为 JPU。

通过进一步变换，可得到如下方程：

$$P = \frac{Q}{F} \left(\frac{h}{\Delta P} \right)^n \tag{4-16}$$

式中，P 为料层的透气性指数；Q 为通过料层的风量，$\mathrm{m^3/min}$；F 为抽风面积，$\mathrm{m^2}$；h 为料层高度，m；ΔP 为料层的压力降，Pa。

沃伊斯公式揭示了料层单位面积风量与料层透气性、料层压力降和料层高度之间的关系，在烧结厂设计和烧结生产中被广泛应用。

沃伊斯公式是一个经验公式，公式本身还不能反映出料层透气性（P）的内涵、决定性因素和 n 值的大小。由于厄贡方程中的气体流速（ω）与沃伊斯公式中的单位面积风量（Q/A）在数值上相等，P 的内涵和 n 值的大小可以从厄贡方程推导而来。

式（4-16）中的 n，由于流动状态不同，n 值是变化的。根据烧结原料的种类和粒度组成不同，n 可以通过试验确定。

（1）料层高度 h、透气性指数 P 和抽风面积 F 固定，改变风量 Q 即可找出相应的 ΔP，取其对数值绘于图 4-8（a），可求得其斜率等于 n：

$$Q = K (\Delta P)^n$$

$$lgQ = lgK + nlg\Delta P$$

所以 $n = 0.6$

（2）固定压力降 ΔP、透气性指数 P 和抽风面积 F，改变层高度 h，可得 h 与 Q 的关系，取其对数值绘于图4-8（b），可求得其斜率等于 n：

$$Q = k/h^n$$

$$lgQ = lgK - nlgh$$

所以 $n = 0.62$。

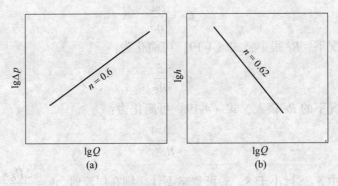

图4-8　系数 n 试验决定

通过以上两组试验测得：

$$P = \frac{Q}{F} \cdot \frac{h^{0.62}}{\Delta P^{0.6}} \tag{4-17}$$

为了计算便利，即近似得出以下通用式：

$$P = \frac{Q}{F}\left(\frac{h}{\Delta P}\right)^{0.6} \tag{4-18}$$

实际上 n 与烧结料粒度大小及烧结过程有密切关系。

（1）粒度对 n 的影响。

粒度 10~0mm　　　$n = 0.55$

　　　6~0mm　　　$n = 0.6$

　　　3~0mm　　　$n = 0.95$

n 值随粒度变化而变化，因为烧结细精矿和烧富矿粉是不同的。

（2）烧结过程对 n 的影响。

点火前　　　　　　$n = 0.6$

点火瞬间　　　　　$n = 0.65$

烧结时的平均数　　$n = 0.6$

烧结后　　　　　　$n = 0.55$

E. W. Voice 公式已广泛用于烧结机的设计及对烧结生产过程的分析，其优点是计算简便，基本上反映出烧结过程中的主要工艺参数的相互关系。

4.3.1.3　卡曼公式

D. W. Mitchell 从控制散料层气流的最基本因素考虑它们之间的关系，使用 Carman 阻力因素 ψ 及雷诺数 Re 的经验公式来推算：

Carman 式
$$\psi = \frac{5}{Re} + \frac{0.4}{Re^{0.1}} \tag{4-19}$$

$Re = 0.01 \sim 10000$ 之间都有效。

其中
$$\psi = \frac{\Delta P g \varepsilon^3}{\eta \rho \mu^2 (S + S_w)} \tag{4-20}$$

式中，g 为重力加速度；ε 为料层空隙度；ρ 为气流密度；S 为料粒比表面积；S_w 为器壁比表面积；η 为气体黏度系数；ΔP 为料层的压力降；μ 为气流速度。

$$Re = \frac{\rho \mu}{\eta S} \tag{4-21}$$

在层流的情况下，Re 很小，式 (4-19) 可简化为：

$$\psi = \frac{5}{Re} \tag{4-22}$$

在紊流的情况下的 Re 很大，式 (4-19) 可简化为：

$$\psi = \frac{0.4}{Re^{0.1}} \tag{4-23}$$

在烧结过程中 S_w 远远小于 S，S_w 可忽略不计，则在层流时，$\psi = \dfrac{\Delta P g \varepsilon^3}{h \rho \mu^2 S} = \dfrac{5\eta S}{\rho \mu}$ (4-24)

在紊流时，
$$\psi = \frac{\Delta P g \varepsilon^3}{h \rho \mu^2 S} = 0.4 \left(\frac{\eta S}{\rho \mu} \right)^{0.1} \tag{4-25}$$

将 $\mu = \dfrac{Q}{F}$ 代入，经运算整理得出：

在层流时，
$$\frac{g \varepsilon^3}{5 \eta S^2} = \frac{Q}{F} \left(\frac{h}{\Delta P} \right)^{1.0} \tag{4-26}$$

在紊流时，
$$\frac{g^{0.526} \varepsilon^{1.38}}{0.62 \eta^{0.053} S^{0.579} \rho^{0.474}} = \frac{Q}{F} \left(\frac{h}{\Delta P} \right)^{0.526} \tag{4-27}$$

现在可以对透气性指数 P 进行讨论。

层流：
$$P = \frac{g \varepsilon^3}{5 \eta S^2} \tag{4-28}$$

紊流：
$$P = \frac{g^{0.526} \varepsilon^{1.38}}{0.62 \eta^{0.053} S^{0.579} \rho^{0.474}} \tag{4-29}$$

从上式可知料层透气性指数 P 主要取决于料粒比表面积和空隙率，所以提高料层的透气性的途径有：

（1）提高烧结料层的孔隙度 ε。从式 (4-28)、式 (4-29) 可知 $P \propto \varepsilon^{1.58 \sim 3.0}$，故改善料层的空隙度至关重要，其措施为：

1）改善烧结工艺，增加铺底料（烧好返矿）。

2）改进原料粒度和粒度组成，条件允许下配入天然矿粉。

3）延长混合造球时间，强化制粒作业。

（2）降低料层中物料的比表面积。从式 (4-28)、式 (4-29) 可知：$P \propto 1/S^{0.579 \sim 2.0}$，提高透气性指数，应降低比表面积。例如精矿粒度细，比表面积很大，一般小于 74μm

（200 目）占 85%，比表面积达 1200cm²/g，通过混合制粒，配入粗粒粉矿和增加返矿量，可减少比表面积。

以上是从宏观上研究烧结过程散料的阻力损失与其他工艺参数的关系。

4.3.2 沃伊斯公式的实际应用

烧结过程传热分析表明：不论原料品种，配碳多少，其每吨混合料在烧结时所需的空气量是相近的。设 Q_s 为每吨烧结混合料所需空气量（m³），则：

烧结台时产量
$$q = \frac{60Qk}{Q_s} \tag{4-30}$$

烧结机利用系数
$$r = \frac{60Qk}{Q_s F} \tag{4-31}$$

式中，Q 为通过料层的空气量，m³/min；k 为烧结成品率，%；F 为烧结机面积，m²。

烧结风机的功率消耗可用式（4-32）求得：

$$N_效 = \frac{1000Q_i \Delta P_i}{102 \times 60} = 0.1635 Q_i \Delta P_i \tag{4-32}$$

式中，Q_i 为抽风机的进风量，m³/min；ΔP_i 为抽风机的进口风负压，mmH₂O；$N_效$ 为抽风机的有效功率，W。

设风机的轴功率为 N，$\Delta P_i / \Delta P = 1.2$，漏风率为 f'（大烟道至风机进口处的漏风率），烧结机漏风率为 f，则

$$N = \frac{N_效}{0.7} = 0.2336 Q_i \Delta P_i = 0.2803 Q \Delta P / (1 - f - f') \tag{4-33}$$

假定漏风率为 0，此时风机轴功率为理想风机轴功率 N_t，则

$$N_t = 0.2803 Q \Delta P \tag{4-34}$$

将沃伊斯公式代入式（4-30）、式（4-31）、式（4-34），得

$$q = \frac{60kPF}{Q_s} \cdot \frac{\Delta P^n}{h^n} \tag{4-35}$$

$$r = \frac{60kP}{Q_s} \cdot \frac{\Delta P^n}{h^n} \tag{4-36}$$

$$N_t = 0.2803 PF \cdot \frac{\Delta P^{n+1}}{h^n} \tag{4-37}$$

现在通过实验得知：使用某一精矿，其中 $n = 0.61$，$Q_s = 1000 \text{m}^3/\text{t}$，$P = 8.01 \text{JPU}$，$F = 130 \text{m}^2$，$k = 0.70$，可以讨论以下情况：

（1）料层厚度 $h = 350 \text{mm}$ 及其他条件不变时，抽风负压由 11000Pa 提高到 12100Pa，即抽风负压升高 10%。则

$$q_2 = q_1 \left(\frac{\Delta P_2}{\Delta P_1} \right)^n = q_1 \left(\frac{1210}{1100} \right)^{0.61} = 1.0599 q_1$$

$q_1 / q_2 = 1.0599$，即增产 5.99%。

$$N_{t_2} = N_{t_1} \left(\frac{\Delta P_2}{\Delta P_1} \right)^{n+1} = N_{t_1} \left(\frac{1210}{1100} \right)^{1.61} = 1.1659 N_{t_1}$$

$N_{t_2}/N_{t_1} = 1.1659$，即电耗增加 16.59%。

实际生产中升高抽风负压可提高产量，但电耗急剧增加，要根据综合经济效益来决定抽风负压升高多少较为合理。

（2）抽风负压为 12000Pa 及其他条件固定时，将料层厚度由 $h = 350$mm 增加到 $h = 450$mm，则 $q_2/q_1 = (h_1/h_2)^n = (350/450)^{0.61} = 0.8579$，即减产 14.21%。若产量不减少，成品率至少提高 14.21%。实际生产中，随料层厚度增加，烧结成品率提高，但只提高了 4.5%，所以料层厚度增加后，必须采取相应的强化措施，改善烧结料层透气性，才不至于减产。

4.4　烧结过程透气性变化规律

通常所说的烧结料层的透气性，实际上应包含料层原始透气性和点火后烧结料层的透气性两方面。

对于料层原始透气性，即指点火前料层的透气性，受原料粒度和粒度分布的影响。它取决于原料的物理化学性质、水分含量、混合制粒情况和布料方法。但当烧结原料性质及其准备条件不变时，料层的透气性数值变化不大。因此，烧结过程透气性变化规律实质上是指点火后烧结料层的透气性的变化规律，因为随着烧结过程的进行，料层的透气性会发生急剧的变化，图 4-9 所示是对高度为 300mm 的料层测得的烧结过程中料层透气性随时间的变化。

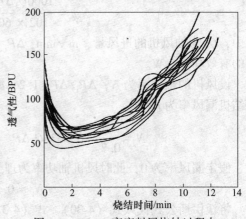

图 4-9　300mm 高度料层烧结过程中料层透气性的变化

烧结过程中料层透气性一般变化规律。从某种意义来说，垂直烧结速度主要取决于烧结过程的透气性，而不取决于烧结前料层的透气性。烧结过程中的透气性与料层各带的阻力有很大关系。

前苏联专家提出计算压力损失的公式（4-38）：

$$\frac{\Delta P}{h} = \rho\omega(k_1\nu + k_2\omega) \tag{4-38}$$

式中，ω 为气体进入料层的流速；ρ 为气体密度；ν 为气体动黏度系数；k_1 为层流时气体通过料层的阻力系数；k_2 为紊流时气体通过料层的阻力系数。

从式（4-38）可知：单位料层高度的阻力损失既受料层物料的阻力系数的影响，又受废气的密度、流速和黏度的影响，而废气的流速及黏度则受温度的影响。图 4-10 为实测烧结料层各带的阻力损失。

从图 4-10 的测定数据表明，料层中各带阻力相差大。在烧结开始阶段，由于下部料层发生过湿，导致球粒的破坏，彼此黏结或堵塞孔隙，故料层阻力明显增加。尤其是未经预热的细精矿烧结时，过湿现象及其影响特别显著。

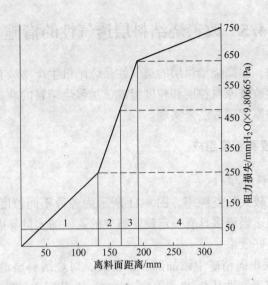

图 4-10　烧结料层各带阻力变化
1—烧结矿带；2—燃烧带；3—干燥预热带；4—过湿带

　　预热带和干燥带厚度虽然较小，但其单位厚度阻力大。这是因为湿料球粒干燥、预热时会发生破裂，料层空隙度变小；同时，预热带温度高，通过此层实际气流速度增大。从而增加了气流的阻力。

　　燃烧带与其他各带比较，透气性最小。这一带由于温度高，并有液相存在，对气流阻力很大，故该带单位厚度的阻力也最大。显然，燃烧带温度越高、液相越多和熔化带的厚度增大，都会促进料层阻力增加。

　　烧结矿带即冷却带，由于烧结矿气孔多、阻力小，所以透气性好，随着烧结过程自上而下进行，烧结矿层增厚，有利于改善整个料层的透气性。但在强烈熔化时，烧结矿结构致密、气孔少，透气性相应变差。

　　在烧结过程中，由于各带相应发生变化，故料层的总阻力并不是固定不变的。在开始阶段，由于烧结矿层尚未形成、料面点火后温度升高、抽风造成料层压紧以及过湿现象的形成等原因，所以料层阻力升高，与此同时，固体燃料燃烧带熔融物的形成以及预热、干燥带混合料中的球粒破裂，也会使料层阻力增大，故点火烧结 2~4min 内料层透气性激烈下降。随后，由于烧结矿层的形成和增厚以及过湿带消失，所以料层阻力逐渐下降，透气性增加。据此可以推论，垂直烧结速度并非固定不变，而是越向下速度越快。

　　除此之外，应该指出的是气流在料层各处分布的均匀性，对烧结生产也有很大的影响。不均匀的气流分布会造成不同的垂直烧结速度，而料层不同的垂直烧结速度反过来又会加重气流分布不均匀性，这就必须产生烧不透的生料，减少烧结矿成品率，降低了返矿质量，破坏了正常的烧结过程。为制造一个透气性均匀的烧结料层，均匀布料和防止粒度不合理偏析也是非常必要的。

　　从以上分析可知，改善烧结过程料层透气性除了改善原始烧结料的透气性外，控制燃烧带的宽度、消除过湿带以降低阻力也是十分重要的。

4.5 改善烧结料层透气性的措施

在实际生产过程中，提高烧结料层的透气性是烧结机生产率最有效的途径。改善烧结料层透气性，可能通过改进原料粒度和粒度组成、加强烧结料的准备、增加通过料层的有效风量和控制燃烧带的厚度等方法来实现。

4.5.1 改进混合料粒度和粒度组成

4.5.1.1 采用较粗的原料

因为粗粒物料具有较大的空隙率，图 4-11 所示为各种不同粒度的矿石层透气性的变化，配加部分富矿粉和适当增多具有一定粒度组成的返矿加入量等措施，可以获得改善透气性提高烧结产量的良好效果。

图 4-12 的曲线反映出向精矿中添加部分矿粉时，对烧结料层透气性的影响。当矿粉加入量为 10% 时，料层透气性从 $0.77\text{m}^3/(\text{m}^2 \cdot \text{min})$ 上升到 $0.90\text{m}^3/(\text{m}^2 \cdot \text{min})$，相应烧结生产率提高 4%~5%，矿粉加入量增加到 20%，料层透气性提高到 $1.25\text{m}^3/(\text{m}^2 \cdot \text{min})$，相应的烧结生产率提高了 17%~18%。可见，在组织烧结生产时，在可能的条件下提高原料粒度和粗细原料适当搭配使用是有好处的。但是应该说明，提高原料粒度的可能性是有限的，因为实际生产中 8~0mm 的矿粉并不多，而且也不是各厂都有。

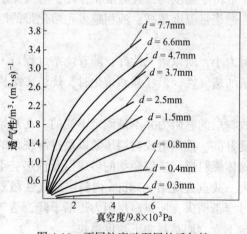

图 4-11 不同粒度矿石层的透气性

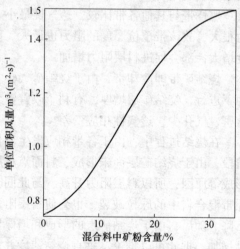

图 4-12 粉矿添加量对料层透气性的影响

4.5.1.2 调整返矿

返矿是筛下产物（粒度小于 5~6mm），它由小颗粒的烧结矿和一部分未烧透的生料所组成。由于返矿粒度较粗，且具有疏松多孔的结构，其颗粒成为湿混合料制粒时的核心，因此烧结料中添加一定数量的返矿可以改善料层的透气性，提高烧结生产率。同样由于返矿中含有已经烧结的低熔点物质，它有助于熔融物的形成，增加了烧结液相，提高了烧结矿强度。

返矿添加量对烧结指标的影响如图 4-13 所示，从图中看出，在一定范围内，随着返矿添加量增加，烧结矿的强度和生产率都得到提高。当返矿添加量超过一定限度时，大量的返矿会使湿混合料的混匀和制粒效果变差，水与碳的波动大、透气性好，又会反过来影响燃烧层温度达不到烧结的必要温度。其结果使烧结矿强度变差，生产率下降。同时，还必须看到，返矿是烧结生产的循环物，它的增加就意味着烧结生产下降。换句话说，烧结料中添加的返矿超过一定数量后，透气性及垂直烧结速度的任何增加都不能补偿烧结矿成品率的减少。

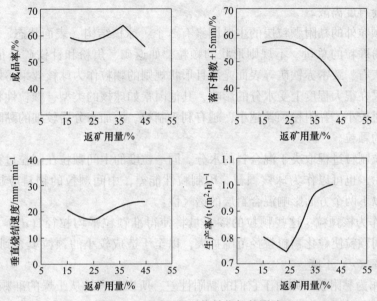

图 4-13　返矿用量对烧结指标的影响

　　合适的返矿添加量，由于原料性质不同而有所差别。一般说来，以细磨精矿为主要烧结原料时，返矿量需要多一些，变动范围为 30%~40%。以粗粒富矿粉为主要烧结原料时，返矿量可以少些，一般小于 30%。

　　返矿的加入对烧结生产的影响，还与返矿本身的粒度组成有关，适宜的返矿粒度在混合、制粒时形成中心，但返矿中的细粒级多，返矿中又夹杂有较多的未烧透的烧结料，这样的返矿达不到改善料层透气性和促进低熔点液相生成的目的。一般说来，返矿中 1~0mm 的级别应该在 20% 以下，返矿的粒度上限不应超过烧结料中矿粉的最大粒度 10mm。某厂实践证明，将返矿粒度由 20~0mm 降至 10~0mm 时，烧结机单位面积产量由 1.04t/(m²·h) 增加到 1.26t/(m²·h)，即产量增加 21%。

　　应该指出，充分注意到原料粒度对烧结过程的重要影响时，切不可单纯地为了改善烧结料层透气性而片面地提高熔剂和燃料的粒度上限。因为对烧结过程而言添加熔剂的主要目的是为了在燃料消耗较低的情况下，使烧结料能生成足够多低熔点、强度好、还原度高的液相，以便获得优质烧结矿。而要做到这一点，保证反应表面是绝对必要的。不然，反应速度将大大减慢。粗颗粒的熔剂由于反应不完全，将以 CaO 的形态存在于烧结矿中，使烧结矿在贮存或遇水时自行粉碎。目前我国烧结厂所使用的熔剂基本上都控制在 3~0mm 的范围内。

　　燃料粒度同样不能过粗，这主要是为了避免烧结料层中还原气氛局部出现，燃烧速度降低、燃烧带过宽和烧结温度分布不均等缺陷。燃料粒度一般要求 0~3mm。

4.5.2　加强烧结料的准备

4.5.2.1　颗粒物料的制粒行为

制粒是将较细物料（称为黏附粉）包覆到粗颗粒（称为核颗粒）的过程，这种粒化的颗粒称为"准颗粒"。一般小于 0.2mm 颗粒作为黏附粉，大于 0.7mm 颗粒作为核颗粒。中间颗粒（0.2~0.7mm）很难制粒。当水分增加时这些中间颗粒黏结成粗粒球核，但是干燥时，就会再度离散。

控制核颗粒外的黏附颗粒层的主要因素有 3 个：球核结构（表面状态、孔隙度），水分含量和细粉颗粒的总量。不规则形状的颗粒，如返矿、焦粉和针铁矿是很好的球核颗粒，而像石灰石、致密赤铁矿等表面光滑且形状规则的颗粒作为球核效果不好。

制粒效果在很大程度上受水分的影响，其他因素如球核的类型、颗粒性状、表面特性等的影响相对较小。黏附粉颗粒越小，越有利于制粒。添加水分后较细的黏附粉很快粒化后成为较大的颗粒。

中间颗粒制粒过程取决于混合料的水分。同一粒度的中间颗粒在制粒过程中，既可以作为黏结细粉，也可以作为球核颗粒。因制粒性能差，中间颗粒的物料应越少越好，因为，它将从以下两个方面影响混合料层的透气性：

（1）若作为核颗粒，这些颗粒的掺入量将使得准颗粒平均粒径（d_p）减小；此外，作为球核中间颗粒使粒化颗粒粒径范围扩大，以至于造成较小的颗粒填充到颗粒间隙中，使料层空隙率（ε）下降。

（2）若作为黏附粉，则由于它们的黏附性差，所以很容易从干燥的准颗粒表面脱落，也使平均粒径和料层空隙率下降。

颗粒的成球性或形状系数也有重要影响。球形颗粒越多，透气性越高。点火前的原始透气性与颗粒平均粒度有关。一般情况，烧结混合料的原始透气性越好，在烧结过程中的透气性也越好。因此，烧结原料的制粒成为现代烧结生产的重要工序。

4.5.2.2　强化制粒技术

A　控制混合制粒水分

水分对烧结料层透气性的影响主要取决于原料的成球性、水对气流通过的润滑作用和原料对水分的贮存能力。

细粒物料被水润滑后，由于水在颗粒之间形成薄膜及 U 形环，使其粒子聚集成团粒。团粒能改善料层透气性，从而提高了烧结的产量。

根据拉普拉斯方程式，当空气界面水的表面张力系数为 10^{-5} N/cm 时，对于半径为 r_1 及 r_2 的水 U 形环（见图 4-14）拉紧粒子毛细力 P 可按式（4-39）计算：

$$P = \sigma(1/r_2 - 1/r_1) \times 10^{-6} \text{N/cm} \qquad (4\text{-}39)$$

由方程式（4-39）可知，拉紧力随 r_1 增加及 r_2 的减少而增大。显然，当水不足时，U 形环数及其尺寸也不足。相反，超过水分适宜值时，因薄膜合并，使水与空气界面数减少，故团粒强度下降。在圆筒混合机中一方面通过向混合料喷洒水，使颗粒成团。同时，又借助于

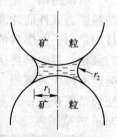

图 4-14　矿粒间水薄膜形成图

圆筒滚动时作用于团粒的机械力，使颗粒间进一步靠近，r_2 减少，拉紧力增大，团粒强度也增大。

烧结混合料的成球性取决于物料的亲水性和水在物料表面的迁移速度，以及物料粒度组成和机械力作用的大小等因素。

亲水性是表示物料被水润湿难易的程度，亲水性大的物料越易被水润湿，其水分的迁移速度越大，铁矿石的亲水性依下列顺序递增：磁铁矿→赤铁矿→菱铁矿→褐铁矿。图 4-15 绘出不同程度的精矿中水分迁移速度的关系曲线，从图中可以看出，物料遇水时，水的迁移速度减小，但在外加机械力作用下可以提高水分的迁移速度，有利于物料成球。因此，当物料亲水性越强，水的迁移度越大，物料粒度越适宜（即作为球核的粗颗粒和作为小球长大所需的细颗粒在数量上的比例），且在较大的机械力作用下，对小球形成和长大都是有利的。

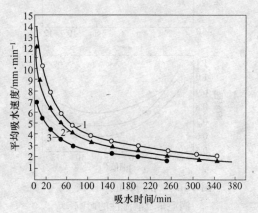

图 4-15 在不同粒度的精矿中水的迁移速度
1—粒度 $300\sim0\mu m$；2—粒度 $47\sim0\mu m$；
3—粒度 $44\sim0\mu m$

此外，加入混合料中水的性质也能改善混合料的润湿性，试验表明加入预先磁化处理的水造球，可以改变水的表面张力及黏度，有利于混合料成球，见表 4-5。可以看出，加入预先磁化水造球可使混合料的透气性提高 10%，相对缩短了造球机中必须停留的时间。某些研究者指出：当加入水的 pH=7 时，润湿最差，如图 4-16 所示。故要求水的 pH 值应尽可能向或大或小的方向改变。

表 4-5 磁化水对混合料成球效果的影响

润湿水性质	粒级含量/%		透气性/$m^3 \cdot (m^2 \cdot min)^{-1}$
	+5mm	-1.6mm	
未经处理工业水	31.0	26.0	70.0
	26.4	28.0	69.0
	35.5	28.6	70.0
磁化工业水	49.8	28.7	77.0
	38.1	28.6	77.0
	40.0	28.0	78.0

当水分超过最适宜值时，堆密度又逐渐上升，如图 4-17 所示。根据计算料层空隙度的公式（4-40）可知，堆密度越小，空隙度越大，其透气性就越好。

$$\varepsilon = (1 - r_{堆}/r_{假}) \times 100\% \qquad (4\text{-}40)$$

式中，ε 为空隙度，%；$r_{堆}$ 为堆密度，t/m^3；$r_{假}$ 为假密度，t/m^3。

水的另一种作用是经过加水润湿的混合料，由于颗粒表面为一层水分所覆盖，此是水起到了一种类似润滑剂作用，使得气流通过颗粒孔隙时所需克服的阻力减小，从而改善了料层透气性。例如将混合制粒后的烧结料烘干到含水体积分数为 2.3% 再进行烧结，其烧结生产率从原来的 $1.11t/(m^2 \cdot h)$ 下降到 $0.66t/(m^2 \cdot h)$。

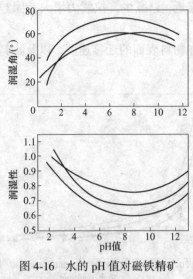

图 4-16   水的 pH 值对磁铁精矿
润湿角及润湿性的影响

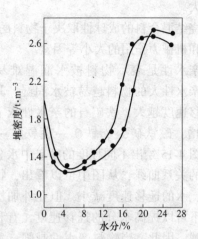

图 4-17   精矿水分与堆密度的关系

此外，烧结混合料中水分的存在，可以限制燃烧带在比较狭窄的区间内，这对改善烧结过程的透气性和保证燃烧带达到必要的高温也有促进作用。

水分对烧结指标的影响可从图 4-18 看出。必须注意到，由于烧结过程冷凝带的存在，故烧结混合料的水分应以稍低于最适宜的水分的 1%~2% 为宜。

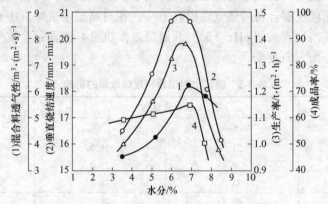

图 4-18   混合料水分对烧结指标的影响

B   加入添加物

向烧结混合料中添加石灰、生石灰、皂土、水玻璃、亚硫酸盐溶液、氯化钠、氯化钙及腐殖酸类物质等一类有黏结性物质，对改善烧结混合料的透气性有良好的效果。这些微粒添加物常常是一种表面活性物质，它能提高混合料的亲水性，在许多场合下也具有胶凝性能，因而混合料的成球性可借添加物作用而大大提高。

在生产自熔性烧结矿时，混合料中作为熔剂添加细粒石灰石、消石灰和生石灰均可对烧结过程产生强烈的作用。特别是生石灰打水消化后，呈粒度极细的消石灰 $Ca(OH)_2$ 胶体颗粒，分布在混合料内的 $Ca(OH)_2$ 胶体颗粒具有明显的胶体性质，其表面能选择性地吸附溶液中的 Ca^{2+} 离子而带正电，在其周围又相应地聚集了一群电性相反的 OH^- 离子，构成胶体颗粒的扩散层。而这层离子和水偶极分子之间的静电引力，使 $Ca(OH)_2$ 胶团持有大量的水，构成一定厚度的水化膜，即胶体颗粒具有双电层结构（见图 4-19）的特征。由于这些广泛分散于混合料内的亲水性 $Ca(OH)_2$ 颗粒持有水的能力远大于铁矿等物料，将夺取矿石颗粒和表面水分，使这些颗粒与消石灰颗粒靠近，产生必要的毛细力，把矿石等物料颗粒联系起来形成小球。

含有 $Ca(OH)_2$ 的水球，由于消石灰胶体颗粒具有较大的比表面积，可以吸附和持有大量的水分而不失去物料的疏散性和透气性，即可增大混合料的最大湿容量。例如，鞍山细磨铁精矿加入 6% 的消石灰，可使混合料的

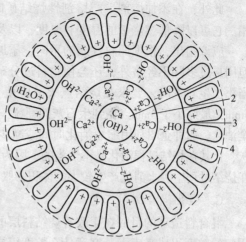

图 4-19 $Ca(OH)$ 胶体颗粒结构示意图
1—胶核；2—吸附层；3—扩散层；4—水化膜

最大分子湿容量绝对值增大 4.5% 左右，最大毛细湿容量增大 13%，因此，在烧结过程中料层内少量的冷凝水，将为这些胶体颗粒所吸附和持有，既不会引起料球破坏，也不会堵塞料球间的气孔，使烧结料层保持良好透气性。

含有消石灰胶体颗粒料球的强度。不像单纯铁精矿制成的料球完全靠毛细力维持，一旦失去水分就很容易碎散。消石灰颗粒在受热干燥过程中收缩，使其周围的固体颗粒进一步靠近，产生分子结合力，料球强度反而有所提高。

同时，由于胶体颗粒持有水分的能力强，受热时水分蒸发不如单纯的铁矿物料那样猛烈，热稳定性好，料球不易炸裂。这也是加消石灰后料层透气性提高的原因之一。

如果混合料中添加部分生石灰时，由于生石灰在混合料打水过程中被消化，放出大量的消化热，其反应如下：

$$CaO + H_2O = Ca(OH)_2 + 15.5 \times 4.187kJ \tag{4-41}$$

即每 1mol 分子 CaO 消化放热 $15.5 \times 4.187kJ$，如果生石灰含 $w(CaO) = 85\%$，当加入量为 5% 时，设混合料的平均热容量为 $0.25 \times 4.187kJ/(kg \cdot ℃)$，则放出的消化热全部被利用后，理论上可以提高料温 50℃ 左右。但由于实际上使用生石灰时，要多加水，以及热量的散失，故在正常的用量下，料温一般只能提高 10~15℃。据某钢厂第二烧结车间证明，在采用热返矿预热条件下，当添加 1% 的生石灰，约提高料温 17℃。由于料温提高，致使烧结过程中水汽冷凝大大减少，过湿层基本消失，从而提高了烧结料层透气性。

生石灰消化后，呈粒度极细的消石灰胶体颗粒，其平均比表面达 $300000cm^2/g$ 比消化前的比表面增大近 100 倍，它除了具有消石灰亲水胶体的作用外，还由于生石灰的消化是从表面向内部逐步进行的，在生石灰颗粒内部的 CaO 消化必须从新生成的胶体颗粒扩散层和水化膜"夺取"或"吸出"结合得最弱的水分，使胶体颗粒的扩散层压缩、颗粒间的水层厚度减小，固体颗粒进一步靠近，特别在颗粒的边、棱角等活性最大的接触点上，可能靠近得足以生产较大的分子黏结力，排挤掉其中的水层而引起胶体颗粒的凝聚。由于这些胶体颗粒是均匀分布在混合料中，它们的凝聚，必然会引起整个系统的紧密，使料球强度和密度进一步增大。生石灰的这一作用，不仅有利于物料成球，而且能使料球强度提高。

此外，在添加熔剂生产熔剂性烧结矿时，更易生成熔点低、流动性好、易凝结的液相。它可以降低燃烧带的温度和厚度，以及液相对气流的阻力，从而提高烧结速度。

应该指出，根据原料性质的不同，添加适量的生石灰或消石灰对烧结过程是有利的，但用量过多除不经济外，还会使物料过分疏松，混合料堆密度降低，料球强度反而变差。当添加生石灰时，要求在烧结点火前应使生石灰充分消化。为此，其粒度上限不应超过5mm，最好小于3mm。做到生石灰的颗粒一般在一次混合机内松散开来，绝大部分得到完全消化。那种企图利用缩短消化时间或减少打水量的方法，使混合料中残留的一部分生石灰，让其在烧结过程消化是不恰当的。因为残留的生石灰颗粒起不到造球黏结剂作用，而且在烧结过程中吸水消化产生较大的体积膨胀，很容易使料球破坏，反而使料层透气性变差。

C　强化混合制粒工艺

混合料造球的目的在于改善烧结料层的透气性，增加烧结机产量。混合料的成球效果用它的粒度组成来表示。究竟什么粒度组成最有利于提高烧结的产量和质量，影响成球效果的因素有哪些？这是烧结工作者十分关心的问题。

研究结果表明，烧结料合适的粒度组成应是：3~0mm 的质量分数小于15%，3~5mm 的质量分数在 40%~50% 左右，5~10mm 的质量分数小于 30%，大于 10mm 的质量分数不超过 10%。总之，较好的粒度组成应尽量减少 3~0mm 烧结料的质量分数，增加 3~10mm 烧结料的质量分数，尤其是增加 3~5mm 粒级含量，使烧结料在减少粉末的基础上粒度更加均匀，从而提高烧结矿的质量和产量。

目前，许多烧结厂由于成球效果差，烧结料中小于 3mm 的粉末质量分数高达 30%~40%，严重地影响烧结料层的透气性。因此，进一步改善烧结料的造球具有重要的现实意义。某烧结厂在加强混合料造球后，使小于 1mm 的粉末减少到 10%，结果垂直烧结速度增加 7%，产量提高 9.4%，转鼓指数降低 2%，脱硫率提高 11%。

在烧结生产中，混合料成球主要在二次混合机内进行。造球设备主要有两种，即圆筒造球机和圆盘造球机。两者成球效果相差不大，如图 4-20 所示。生产实践表明，圆筒造球机工作更为可靠。最好的成球条件，在烧结混合料的性质不变的情况下，主要取决于圆筒倾角，充填率及转速。图 4-21 是圆筒造球机的成球时间与料球粒级含量的关系。可以看

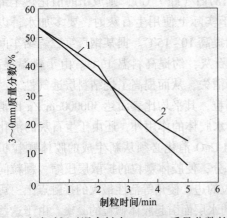
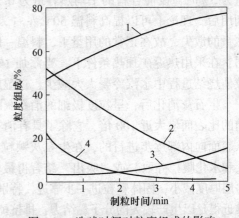

图 4-20　造球时间对混合料中 3~0mm 质量分数的影响　　　图 4-21　造球时间对粒度组成的影响

1—圆盘制粒机；2—圆筒混合机　　　　1—3~10mm；2—3~0mm；3—大于 10mm；4—1~10mm

出造球时间延长到 4min 时，混合料中 3~0mm 质量分数从 53%降低到 14%、3~10mm 质量分数从 49%增至 77%，而大于 10mm 者仅从 5%增加到 10%。此时烧结料透气性好，烧结速度快，产量也高，从而表明造球时间是影响成球效果的重要条件。

目前，混合料在二次混合机内的成球时间一般仅有 1~1.5min。显然对于精矿烧结是不能满足要求的。因此，有必要对原有二次混合机进行改进或使用长度更大的圆筒混合机。某钢厂二烧把二次混合机延长了 1.5m，使烧结料粒度组成得到改善，结果烧结生产率提高了 3%。二烧把二次圆筒混合机的倾角从 2.5°降低到 1.5°的目的也是为了增加混合料的造球时间。目前，最大混合机长度为 23~25m（直径为 4~5m，造球时间可达 4~5min）。

应该指出，并不是在一切场合下延长圆筒混合机长度都能改善成球效果。因为物料成球核心是产生在圆筒的头部，随后呈雾状水洒在这里细粒物料滚在球核上，使小球逐渐长大。过分延长混合机长度反而会使强度较弱的球粒破坏。

为了强化烧结混合料造球，除使用圆筒混合机外，也有采用圆盘造球机和圆锥造球机的，或者在辊式团压机中将混合料预先制团，然后将团块击碎为大于 1mm 的小块，再按普通的烧结工艺烧结。研究表明它能使烧结机的生产能力提高 1~2 倍。

但是，应该看到，无论采用什么造球设备或延长造球时间，都是影响造球的外因。而混合料加水、添加剂和矿粉本身的成球性则是影响造球的内因。切记内因是变化的依据，外因是变化的条件。

4.5.3 强化烧结操作

强化烧结操作主要在于增加烧结料层的有效风量。在烧结生产中，通常所谓的烧结风量是指抽风机进口处工作状态的风量，在工程上用抽风机额定风量与有效抽风面积的比值表示，单位为 $m^3/(m^2 \cdot min)$。

根据前面的理论分析，在其他条件一定时，烧结机产量与垂直烧结速度成正比，而通过料层的风量越大，则烧结速度越快。某烧结厂在研究风量对烧结指标的影响中指出，垂直烧结速度和产量与通过料层的风量近似成正比关系，见表 4-6。因此，增加通过料层的有效风量是强化烧结生产的重要措施。

表 4-6 风量与各项烧结生产指标关系

序号	真空度 /9.8Pa	风 量		垂直烧结速度		成品率
		$m^3 \cdot (m^2 \cdot min)^{-1}$	%	$mm \cdot min^{-1}$	%	
1	600	70	100	23.4	100	74.4
2	656	75	107	23.2	99	73.7
3	710	78	112	27.1	110	74.5
4	861	87	124	29.3	125	75.5
5	1015	95	136	29.2	125	71.0
6	1100	100	143	28.2	120	76.0
7	1200	105	150	32.5	136	76.5
8	1280	109	156	33.7	144	71.7

序号	单位生产率		转鼓指数	烧结矿成分（质量分数）/%			过剩空气系数
	$t \cdot (m^2 \cdot h)^{-1}$	%	/%	TFe	FeO	S	
1	1.34	100	18.9	37.73	10.5	0.09	3.0
2	1.38	103	18.4	37.80	9.90	—	—
3	1.51	112	18.1	37.27	10.71	0.10	3.2
4	1.68	125	18.5	37.37	10.01	0.10	3.2
5	1.62	121	18.8	37.03	9.43	0.10	3.0
6	1.72	123	18.6	37.50	9.41	—	—
7	1.86	139	18.0	37.90	10.78	—	—
8	1.84	137	20.1	—	9.87	0.12	3.1

从表 4-6 还可看出，在一定范围内，随着风量增加烧结矿质量也得到改善。但是，风量增加到一定程度后，就会出现烧结矿强度下降的趋势，这是由于风量增加，烧结矿冷却速度加快造成的。

为了增加通过料层的风量，目前生产中总的趋势是在改善烧结混合料透气性的同时，提高抽风机的能力，即增加单位面积的抽风量，以及减少有害漏风和采取其他技术措施。

烧结风量，因原料性质、操作及设备条件而异。其中漏风率、混合料含碳量和烧结时过剩空气系数等因素影响大。根据理论计算和生产实践，每吨烧结矿所需风量波动在 2200~4000m³/t 烧结矿，其平均值可取 3200m³/t 烧结矿，以烧结机单位面积的风量计算为 70~90m³/(m²·min)。但目前国内外新设计的烧结厂普遍采用 90~100m³/(m²·min)，最大的已接近 120m³/(m²·min)。如我国新建的 130m² 烧结机，选用 12000m³/min 的风机，其单位有效面积的风量达 92.3m³/(m²·min)，目前国外烧结用的最大风机是 30000m³/min，抽风负压为 1400~16000Pa。

增大抽风负压（ΔP），就能提高通过料层的风量，增加烧结的产量，这无论在工业上或在实验室都证明在技术上是完全可行的。

目前大多数烧结厂抽风负压为 10000~12000Pa。但是，风机负压提高的幅度，远远超过产量增加的幅度。同时电耗的增加同压增加基本成一次方关系，而产量的增加与负压提高成 0.4~0.5 次方的关系。因此，提高抽风负压后，生产单位烧结矿的耗电量急剧增大，见表 4-7。

表 4-7　抽风负压与烧结生产指标的关系

序号	抽风机负压		单位生产率		单位烧结矿电耗		转鼓指数
	Pa	%	$t \cdot (m^2 \cdot h)^{-1}$	%	$kW \cdot h \cdot t^{-1}$	%	/%
1	6000	100	1.21	100	3.4	100	15.6
2	10000	167	1.57	130	15.5	185	15.6
3	15000	250	1.97	163	23.2	276	17.5

还应看到，过多地提高抽风负压，会导致烧结机有害漏风的增加，例如，某厂真空度从 10000~11000Pa 提高到 12000~13000Pa，烧结机的有害漏风率从 60%~70% 增加到 80%~85%。

还有人研究加压烧结工艺，即在抽风负压不变时，用空气压缩机提高料层上面的压力，相应地增大 ΔP，也能增加通过料层的风量。试验研究表明，当料层上面的空气压力提高 $0.6\times101325Pa$，烧结机的生产率增加 2 倍。但是，由于加压烧结工艺使烧结设备的操作复杂化，因此在烧结机上应用仍然有困难，需要进一步研究改进。

生产实践表明，许多烧结厂，尽管增大了抽风机能力，但由于烧结机抽风系统存在严重的漏风，一般漏风率 50%~60%。故实际抽过的有效风量仍然很少。这不仅严重地浪费电力，而且也影响到烧结矿的产量和质量。因此，积极减少有害漏风、提高料层的实际风量是一项极为重要的技术措施。

烧结机抽风系统漏风主要是由设备和生产操作缺陷所造成，其中主要有：台车车体使用长久后，发生变形和磨损；首尾风箱隔板与台车之间密封不严，间隙较大；弹性滑道结构不够合理以及润滑不良造成磨损；烧结布料不均，台车上出现空洞；集尘管放灰制度不合理等。据测定烧结抽风系统各处的漏风率，其中风箱漏风率占 90%，风箱至抽风机前仅占 10% 左右。

在我国各烧结厂为减少烧结机有害漏风，采取了一些措施，取得了一定效果。如某钢厂烧结厂将密封胶管改为金属弹簧滑道，机尾安装了楔形隔板，并将台车加焊，使漏风率由 64.1% 减少到 46.8%。某钢厂一烧用水封拉链机排灰，使大烟道的漏风率从 7.28% 下降到 0.69%。

为了增加通过料层的风量，提高烧结机生产能力。在国外采用料面耙沟的烧结工艺，取得良好效果。沟槽是在点火前用轮或耙齿周期地插进混合料所形成的。如果耙沟的数量、深度和宽度选配适当，就能改善整个料层的透气性。此外，烧结时，燃烧带的总面积大大超过通常烧结时的燃烧带面积。它不仅增加耙沟表面的垂直烧结速度，而且沿水平方向发展（见图 4-22），这一切都能加速碳的燃烧速度，因而提高了烧结机的生产率。另一方面料层有沟槽的烧结工艺，能大大地提高料层高度，为降低固体燃料用量提供了可能性，如前西德在

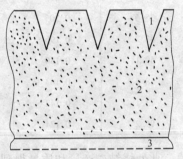

图 4-22　有耙沟烧结示意图
1—耙沟孔；2—烧结料；3—铺底料

$210m^2$ 烧结机上用犁在台车料面上开出深 15mm 的纵沟，使烧结混合料层高度从 320mm 提高到 450mm，烧结机生产率增加 20%，而且不会使烧结矿质量变差。这一烧结新工艺目前仍在不断试验和改进中。

日本在 20 世纪 70 年代成功地将松料器用于烧结矿的生产，改善料层透气性。比较普遍的方法是在反射板的下边，料层的中部沿水平方向装一排直径约 40mm 的钢管，相邻两钢管间距约 200mm。布料时，混合料将钢管埋上，随烧结机运行，钢管渐渐退出，于是在料层中形成一排松散的条带或孔洞而提高料层透气性。水平松料器的安装简图如图 4-23 所示。

在我国最初将松料器成功地应用于生产是乌鲁木齐钢铁厂，后来又在首钢、西林钢铁厂、上海梅山冶金公司、宝钢、攀钢、马钢等企业得到推广，使烧结矿产量得到大幅度增加。

此外，增加通过料层的风量也可以采用富氧空气来实现。在这种情况下，当通过料层

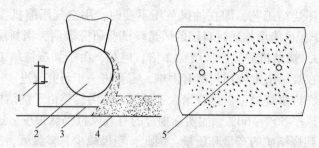

图 4-23　松料器安装简图
1—固定架；2—布料辊；3—松料杆；4—料层；5—松料孔

的气体体积不变时，由于空气中含氧量增加，也能达到提高烧结机生产率的目的。

表 4-8 所列数据是在混合料碱度为 1.25、焦粉用量为 5.8%时，通过烧结料层的空气中含氧量从 21%增加到 95%的试验结果。

表 4-8　富氧空气烧结试验

通过烧结料层的空气中 O_2 含量（体积分数）/%	废气中 CO/CO_2（体积比）	废气中 O_2 的含量（体积分数）/%	O_2 的利用率/%	垂直烧结速度/mm·min^{-1}	合格烧结矿的产率/%
21.0	0.215	3.00	83.30	28.71	100.00
35.6	0.205	9.51	69.15	31.72	113.00
43.2	0.196	11.94	67.50	34.75	120.45
50.1	0.180	14.40	66.20	37.58	129.56
58.4	0.163	16.31	65.60	40.55	141.10
73.1	0.142	21.15	64.40	44.34	153.12
95.2	0.124	26.60	64.24	47.24	169.27

此处烧结矿产量和质量得到改善的原因，一方面是由于富氧空气抽入烧结料层，加速碳的燃烧，提高了燃烧带的温度；另一方面，按 1t 烧结矿计算其气体体积降低了，从而降低了熔融物和烧结矿的冷却速度，成品烧结矿中玻璃质量减少，烧结矿强度提高。因此，在垂直烧结速度增加的同时，保证了设备生产能力有较大的增长。试验确定，富氧空气中氧含量（体积分数）达到 30%~40%，平均每增加 1%的氧，烧结机生产率提高 1.9%~2.8%，转鼓指数从普通的 24.4%降低到 20.7%。

但是，随着富氧空气中含氧量增加，氧的利用率变差，特别是当含氧体积分数大于 40%时；并且，目前氧气来源比较困难，价格也高。因此，在生产上应用还有一定困难。

此外，预热烧结混合料和控制燃烧带的厚度均能改善烧结料层的透气性，降低料层对气流的阻力。

习　　题

4-1　什么是烧结料层的透气性，它的表示方法有哪几种？
4-2　烧结混合料的粒度大小有哪几种表示方法，各有何优缺点？

4-3 气体通过散料层的阻力计算有哪几种方法，并对这些方法用于指导实际生产时的优缺点加以比较。

4-4 某厂现有 130m² 烧结机 2 台，生产中料层厚度为 320mm，抽风负压为 12000Pa，烧结成品率为 70%，经测定每吨烧结料烧结时所需的空气量为 95m³/t。试用 Voice 公式分析和预测将抽风负压提高到 14000Pa 或将料层厚度提高到 400mm 时，对烧结矿产量和烧结生产成本有何影响？

4-5 根据料层阻力变化解释烧结过程中料层透气性的变化规律，阐述改善烧结料层透气性的途径。

5 烧结过程的成矿机理

5.1 烧结过程的固相反应

烧结过程的固相反应是烧结生产过程的一个重要的物理化学变化，它促进烧结料层易熔物质的形成，并加快液相生成的速度。

5.1.1 固相反应理论

19世纪末和20世纪初，一般认为："物质不是液态则不发生反应。"后来证明：无液态存在也发生化学反应，在一定条件下，固相之间有发生反应。固相反应广泛地用于矿石烧结、粉末冶金、陶瓷、水泥和耐火材料等工业。

5.1.1.1 固相反应概念

固相反应是指物料在没有熔化之前，两种固体在它们的接触界面上发生的化学反应，反应产物也是固体。在化学领域中已发现千万个化学反应，其反应物或反应物之一都处于液态或气态。例如固体碳燃烧，是固体与气体反应的一个例子。盐酸作用于石灰石产生 CO_2 气体，这是固体与液体反应的一个例子。在一定条件下固体物质中的质点是可以进行运动的，而且固相之间也可以直接进行反应。

5.1.1.2 固相反应进程

通常固体晶格中的质点间结合力较大，处于以结点为中心的平衡振动，所以运动范围小，在一般条件下，固态物质间的反应是难以进行的。

但是，固体的实际晶体常具有结构上的缺陷，即在晶格中存在着空位，或者结构中的质点从晶格中的正常位置移至晶格间隙而出现空位。晶体中的缺隙或空位是可位移的。当温度升高，质点活化能增大，温度越高质点越易于取得进行位移所必需的活化能，因此，位移的质点数也越多。

晶格的质点一旦取得位移所必需的活化能后，就可以克服周围质点的作用，在晶体内部进行位置的交换（即内扩散），也可以扩散到晶体表面，并扩散到与之相接触的邻近的其他晶体内进行化学反应（即外扩散）。这种固体间质点扩散过程，就导致了固相间反应的发生。图5-1是固相反应 A+B→AB 进程的示意图。

图5-1（a）表示反应物混合时即已互相接触，随着温度升高，接触得更趋紧密。

图5-1（b）表示随着温度的升高、质点的移动性增大，在这一阶中可能有吸附型反应物的产生。但是反应产物具有严重的缺陷，呈现出极大的活性。

图5-1（c）和（d）表示质点的接触界面上形成一层反应产物层，一种组元的质点已经扩散到另一种组元的晶格内部，形成一些化学计量的化合物 AB。晶格内部的反应进行常伴随着颗粒表面疏松和活化，反应产物的分散性在此阶段中还非常高。可以认为晶核已

经形成并开始成长。

图 5-1（e）表示晶体已经成长为晶体颗粒，可从 X 光衍射图看出反应物的特征线条，随着温度的升高，线条的强度越来越大。

图 5-1（f）表示由于形成的晶体还有结构上的缺陷，因而具有使缺陷校正而达到热力学上稳定状态的趋势。随着温度的继续升高将导致缺陷的消除，使反应产物具有正常的晶格结构。

上述反应进程可归纳为三个过程：（1）反应物之间的混合接触并产生表面效应；（2）化学反应和新相形成；（3）晶体长大和结构缺陷的校正。

最近有人研究固相反应中有非固相反应贯穿其中，其反应机理为：

$$A_{固} \longrightarrow A_{气}$$

$$A_{气} + B_{固} \longrightarrow AB_{固}$$

$$A_{固} + X_{固} \longrightarrow [AX]_{液}$$

$$[AX]_{液} + B_{固} \longrightarrow AB_{固} + X_{固}$$

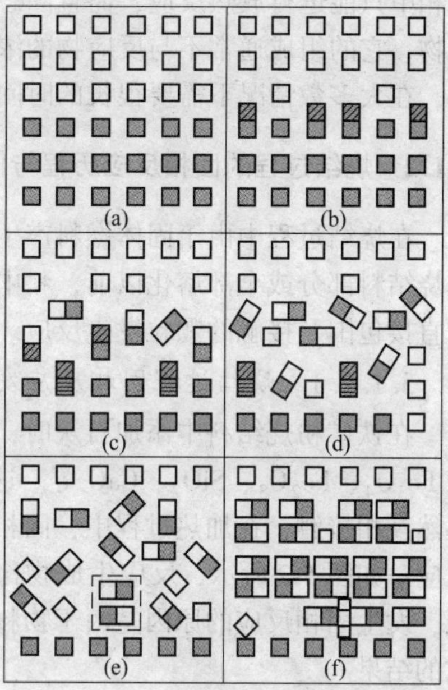

图 5-1 固相反应的示意图

5.1.1.3 固相反应类型和特点

固相反应有以下几种类型，这些反应在远低于反应物的熔点或它们的低共熔点的温度下即开始进行。其一般形式如下：

$$MeO + C \longrightarrow Me + CO\uparrow \qquad 还原反应$$

$$RO + R' \longrightarrow R'O + R \qquad 置换反应$$

$$RO + R'_2O_3 \longrightarrow RO \cdot R'_2O_3 \qquad 化合物或共熔体$$

$$mR_2O + nSiO_2 \longrightarrow mR_2O \cdot nSiO_2 \qquad 化合物或共熔体$$

$$R_mO_n + (m + n)C \longrightarrow mRC + nCO \qquad 还原反应$$

固相反应的特点如下：

（1）固相反应速度取决于温度：据实验测定，固体的质点开始位移的温度为：

金属 $\qquad T_{移} = (0.3 \sim 0.4)T_{熔化}$

盐类 $\qquad T_{移} = 0.57T_{熔化}$

硅酸盐 $\qquad T_{移} = 0.9T_{熔化}$

固相反应速度随着温度的提高而加速。

（2）固相反应速度与反应物颗粒的大小成反比。对于固相反应过程，反应物质颗粒的大小具有重大意义，反应速度常数与颗粒的半径平方成反比：

$$K = C \frac{1}{r^2} \qquad\qquad (5-1)$$

式中，K 为反应速度常数；C 为比例系数；r 为颗粒半径。

（3）固相反应速度较慢。只局限于颗粒间的接触面上发生位移，其传递过程的速度小于溶液内化学反应速度。

（4）固相反应是放热反应，反应的最初产物与反应物的数量比例无关。已被证实，固相中只能进行放热反应，而且固态物质间反应的最初产物，无论如何只能形成同一种化合物，它的组成通常不与反应物的浓度一致。要想得到其组成与反应物质量相当的最终产物，在大多数情况下需要很长的时间。

5.1.2　烧结过程的固相反应历程与作用

在烧结过程中由于固体燃料产生的废气加热了烧结料，为固相反应创造了有利条件。在烧结料部分或全部熔化以前，料中每一颗粒相互位置是不变的。因此，每个颗粒仅仅与它直接包围及接触的颗粒发生反应。

5.1.2.1　烧结过程固相反应发生原理

在铁矿粉烧结料中添加石灰时，主要矿物成分为 Fe_3O_4、Fe_2O_3、SiO_2、CaO 等。这些矿物颗粒间必然互相接触，在加热过程中，固相就会产生化学反应。如图 5-2 所示，反应生成物比单体矿物熔点低，发生固相反应的原因是由于物料晶体中离子扩散的结果。

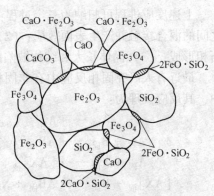

图 5-2　烧结混合料中各组分
相互作用示意图

5.1.2.2　烧结过程固相反应历程

有人曾在空气中 1000℃ 的温度条件下，在含有 SiO_2 过剩的 CaO 和 SiO_2 的混合料中，详尽地研究了 CaO 和 SiO_2 之间固相反应的进程，如图 5-3 所示。$2CaO \cdot SiO_2$ 与 CaO 接触处形成了 $3CaO \cdot SiO_2$，仅仅在过程的最后阶段才出现硅灰石（$CaO \cdot SiO_2$）。又如在原始物料组成中，当 CaO 与 SiO_2 的质量比为 1∶1，第一个 4h 出现的固相反应产物也只是正硅酸钙（$2CaO \cdot SiO_2$）。甚至保温 16h 后，也还没有达到全部与反应物浓度相适应的 $CaO \cdot SiO_2$。在 $CaO∶SiO_2=3∶1$ 的混合料中固相反应也出现类似的关系。

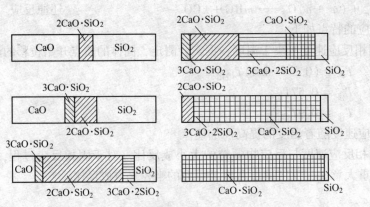

图 5-3　CaO 与 SiO_2 接触带固相反应结构示意图

固相反应中反应产物出现的顺序现在还没有满意的解释。看来在接触界面最初形成的化合物，其晶体结构是最简单的。CaO 与 SiO_2 反应中最先的反应产物仅是正硅酸钙，它的结构（独立 SiO_4^{4-} 四面体）比偏硅酸钙结构（链式接合四面体）简单得多。很明显地在接触界面形成化合物的自由能大小起了一定作用。

表 5-1 给出不同固相之间发生反应首先出现的反应产物的实验数据。

表 5-1 固相反应的最初产物

固 体 组 分	混合物中分子的比例	反应最初产物
$CaO-SiO_2$	3∶1、2∶1、3∶2、1∶1	$2CaO \cdot SiO_2$
$MgO-SiO_2$	2∶1、1∶1	$2MgO \cdot SiO_2$
$CaO-Fe_2O_3$	2∶1、1∶1	$CaO \cdot Fe_2O_3$
$CaO-Al_2O_3$	3∶1、5∶3、1∶1、1∶2、1∶6	$CaO \cdot Al_2O_3$
$MgO-Al_2O_3$	1∶1、1∶6	$MgO \cdot Al_2O_3$

从表 5-1 可以看出到最初反应产物不取决于反应物质的比例数。例如 CaO 与 SiO_2 的固相反应中最初反应产物几乎都是 $2CaO \cdot SiO_2$，而 CaO 与 Fe_2O_3 及 $CaCO_3$ 与 Fe_2O_3 的固相反应仅有 $CaO \cdot Fe_2O_3$。

固相反应机理说明温度对于反应产物的出现要比反应物相互作用的时间长短有较大的影响，因此，了解固相反应的开始温度是很重要的。表 5-2 列出固相中出现反应产物开始温度的实验数据。这些数据大部分对反应带物质的显微镜及 X 光衍射而获得的。

表 5-2 固相反应产物开始出现的温度

反 应 物	固相反应产物	反应产物开始出现的温度/℃
$SiO_2 + Fe_2O_3$	Fe_2O_3 在 SiO_2 中的固熔体	575
$SiO_2 + Fe_3O_4$	$2FeO \cdot SiO_2$	990
$CaO + Fe_2O_3$	$CaO \cdot Fe_2O_3$	500、600、610、650
$MgO + Fe_2O_3$	$MgO \cdot Fe_2O_3$	600
$CaCO_3 + Fe_2O_3$	$CaO \cdot Fe_2O_3$	590
$2CaO + SiO_2$	$2CaO \cdot SiO_2$	500、610、600
$2MgO + SiO_2$	$2MgO \cdot SiO_2$	680
$MgO + FeO$	镁浮氏体	700
$MgO + Al_2O_3$	$MgO \cdot Al_2O_3$	920、1000

注：根据不同研究者的数据。

从表 5-2 看到 Fe_2O_3 不能与 SiO_2 组成化合物，从 575℃ 开始，这个系统仅仅形成有限的 Fe_2O_3 溶于 SiO_2 中的固熔体。最初石英的表面微弱染色，而在 900℃ 这个反应生成所谓"玫瑰石英"。因此，在配碳量较低、烧结赤铁矿非溶剂性烧结料时，Fe_2O_3 与 SiO_2 不发生相互作用。要产生铁橄榄石（$2Fe_2O_3 \cdot SiO_2$），必须预先还原 Fe_2O_3 或使 Fe_2O_3 分解为 Fe_3O_4，这时配碳量较高。

在石英与石灰石接触处，在 500~600℃ 时开始形成硅酸钙，但在非溶剂性烧结料中这种接触的机会是不大的。而在赤铁矿熔剂性烧结料中，SiO_2 与 CaO 颗粒间的接触数目比 Fe_2O_3 与 CaO 接触数目要少得多，虽然 SiO_2 对 CaO 的化学亲和力比 Fe_2O_3 对 CaO 的亲和力要大得多，同时两组物质接触处开始固相反应的温度几乎相近，但铁酸钙形成的速度较快，因相中铁酸钙的数量就较多。

在还原气氛中铁橄榄石的生成按下式进行：

$$2Fe_3O_4 + 3SiO_2 + 2CO === 3Fe_2SiO_4 + 2CO_2 \qquad (5-2)$$

在烧结过程中碳用量大时，部分铁橄榄石也可能在 SiO_2 与浮氏体直接相互作用时形成。但是，在普通用量条件下，由于烧结混合料中游离的氧化亚铁不多，这种反应几乎没有发生。

CaO 与 Fe_2O_3 反应形成 $CaO \cdot Fe_2O_3$（铁酸钙），在固相中 $500 \sim 700 ℃$ 就开始发生。在烧结条件下，Fe_2O_3 与烧结料中添加的石灰石、石灰之间的大量接触，促进了该反应的进行。Fe_3O_4 不与 CaO 发生固相反应，只有当它氧化成 Fe_2O_3 时才有可能。由此可见，在正常燃料用量时，烧结赤铁矿熔剂性烧结料以及在较低燃料用量时，在氧化气氛中烧结磁铁矿熔剂性烧结料，在固相中都可能形成铁酸钙。

当 Fe_3O_4 氧化到 Fe_2O_3 的条件不具备时，Fe_3O_4 不能与 CaO 反应。在中性气氛条件下加石灰于磁铁矿中不降低混合物的软化温度（添加质量分数为 4% 的 CaO 入赤铁矿，软化温度下降 250℃），研究者一再表明在中性气氛中加 CaO 于磁铁矿烧结料中仅仅导致硅酸钙的形成，不是铁酸钙。相反，在氧化气氛中即 Fe_3O_4 氧化到 Fe_2O_3，在同样的混合料中形成铁酸钙的反应进行得很迅速。因此，只有在正常配碳烧结赤铁矿熔剂性烧结料以及在低配碳烧结磁铁矿熔剂性烧结料时，铁酸钙在固相中才能形成，在后一种情况下磁铁矿剧烈氧化到赤铁矿，这些次生赤铁矿与石灰反应的结果形成了铁酸钙。

总结现有各种不同的关于固相反应的实验材料，对于烧结机理的了解获得如下重要结论：

(1) 当烧结非熔剂性烧结矿时，在固相反应中铁橄榄石只有在 Fe_2O_3 还原或分解为 Fe_3O_4 时才能形成。同样在烧结熔剂性烧结料时，铁橄榄石在石英与磁铁矿颗粒的接触处形成。在固相中铁橄榄石的形成过程比铁酸钙形成过程缓慢，而后者在相当低的温度就开始了。反应的总效果取决于燃料的消耗。在同样的条件下，提高燃料消耗促进铁橄榄石在固相中形成而阻止铁酸钙的生成。

(2) 赤铁矿与石英及磁铁矿与石灰在中性气氛中不发生固相反应。

(3) 在烧结熔剂性烧结料时，石灰与石英颗粒之间的接触机会比 $CaO-Fe_2O_3$ 接触的机会少。在温度大致相同的情况下，接触处形成铁酸钙较快。氧化条件（低配碳，低温烧结）促进铁酸钙在固相中形成。

(4) 加热烧结料并不给固相物质间按化学亲和力的大小发生反应创造任何有利条件，每个颗粒与它周围接触的颗粒都是以同样的某种反应速度进行反应。有人认为用 CaO 与 Fe_2O_3 的亲和力大的理由来解释在熔剂性烧结料固相反应中优先形成铁酸钙是不正确的，特别是在固相中所发生的过程与已烧结好的烧结矿结构形式之间有直接联系的概念也是错误的。在正常的配碳量或配碳量提高的烧结情况下，固相反应不给烧结矿的矿物组成及结构以任何程度的影响。

5.1.2.3　固相反应在烧结过程中的作用和影响因素

由于烧结时间短，高温带通常约 3min，固相反应产物虽不能决定烧结矿最终矿物成分，但能形成原始烧结料所没有的易熔化的新物质。在温度继续升高时，就成为液相形成的先导，使液相生成的温度大为降低。因此，固相反应的类型与最初形成的固相反应产物对烧结过程具有重要作用。

影响固相反应速度的主要因素为：

（1）固相反应速度随着原始物料分散度提高而加快，因为它活化了反应物的晶格，增加颗粒间的接触界面。

（2）升高温度和延长过程的时间均有助于固相反应速度的提高。温度升高促使固相物质内能增大，晶格质点振动增强，体系趋于不稳定，加速了固相反应过程。

（3）添加活性物质，促进固相反应和液相生成，解决难烧矿粉的烧结。表5-3列举了加入活性物质对烧结指标及烧结矿质量的影响。

表 5-3 添加亚铁酸相加混合物对烧结指标的影响

烧结指标	普通混合料	添加15% $CaO \cdot FeO \cdot SiO_2$（质量分数）	添加（CaO）·（Fe_2O_3）·SiO_2	添加 $CaO \cdot Fe_2O_3$	添加赤铁矿与石灰共同细磨（其组成固相应为 $CaO \cdot Fe_2O_3$）
垂直烧结速度/mm·min^{-1}	29.2	24.7	24.7	29.2	29.2
成品率/%	76.3	81.5	78.0	79.2	80.5
利用系数/t·(m^2·h)$^{-1}$	1.79	1.70	1.62	1.91	1.90
转鼓指数/%	26.0	17.0	17.5	18.0	18.0

表5-3数据表明，烧结料中加入质量分数为15%亚铁酸盐混合物，垂直烧结速度提高了10%～12%，产量增加了15%～20%。制备亚铁酸盐混合物不需要过高的费用，某厂是在锤式破碎机制取60%返矿及40%石灰石组成的混合料。在这种情况下，改善返矿质量具有特别重大的意义。

（4）改善颗粒接触界面，能加速固相反应的进程。过分松散的烧结料采用压料方法，能有效地促进固相反应，提高烧结矿强度。

应当指出，固相反应产物并不决定烧结矿矿物组成和结构。因为，固相中形成的大部分复杂物质，后来在烧结料熔化时分解成简单的组成或化合物。烧结矿是熔融物结晶作用的产物。在燃料用量一定的条件下，成品烧结矿的最终矿物组成仅仅取决于烧结料的碱度。碱度是熔融物结晶时的决定因素。只有当烧结过程燃料用量较低，仅一小部分烧结料发生熔融时，固相反应产物才转到成品烧结矿中。此时，尽管烧结料的碱度不高，因为低燃料用量促进了固相中铁酸钙的形成，故还能得到含铁酸钙的烧结矿。因此，低燃料用量和高碱度，不仅在固相中形成的铁酸钙转到成品烧结矿中，而且熔融物再结晶作为另外的相形成铁酸钙。

5.1.3 烧结过程主要固相反应类型

铁矿粉烧结时经常遇到的矿物，主要有赤铁矿（Fe_2O_3）和磁铁矿（Fe_3O_4），这些矿物中的脉石成分主要是石英（SiO_2）。当生产熔剂性烧结矿时，需要加入石灰石、石灰和消石灰等含氧化钙（CaO）的熔剂。这些矿物在燃料用量适宜或较高的情况下，烧结料中所进行的固相反相流程分述如下。

5.1.3.1 赤铁矿非熔剂性烧结料

烧结非熔剂性赤铁矿混合料时（见图5-4），赤铁矿被分解或还原为 Fe_3O_4、FeO 和 $Fe_{金}$，而前两者与 SiO_2 在固相反应中生成铁橄榄石（$2FeO \cdot SiO_2$）。铁橄榄石熔化，并且在形成的熔融物中溶解混合料中的大部分的 Fe_3O_4 和 FeO；同时，烧结料中还没有进入铁橄榄石组成中的剩余石英，也转入熔融物中。

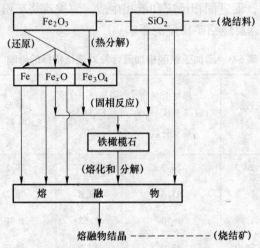

图5-4 赤铁矿非熔剂性烧结料中固相反应流程图

5.1.3.2 赤铁矿熔剂性烧结料

当赤铁矿混合料中添加熔剂时，反应过程就会变得复杂一些（见图5-5），除存在图5-4同样的过程外，CaO 与 SiO_2 进行固相反应形成的正硅酸钙（$2CaO \cdot SiO_2$）、与 Fe_2O_3 反应形成铁酸钙（$CaO \cdot Fe_2O_3$），部分未参与反应的剩余 SiO_2 同样转到熔融物中，熔融物为多种物质的分解产物所构成，相应的结晶方式也就复杂化。

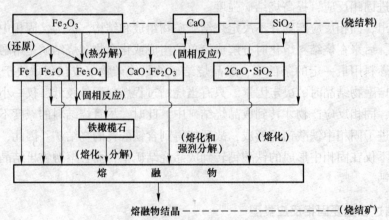

图5-5 赤铁矿熔剂性烧结料中固相反应流程图

5.1.3.3 磁铁矿非熔剂性烧结料

烧结非熔剂性磁铁矿混合料时（见图5-6），与图5-4不同在于有部分磁铁矿氧化成 Fe_2O_3，且随后再次分解或还原。

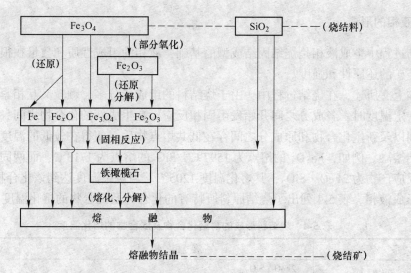

图 5-6　磁铁矿非熔剂性烧结料固相反应流程图

5.1.3.4　磁铁矿熔剂性烧结料

烧结磁铁矿熔剂性混合料的固相反应流程是最复杂的，如图 5-7 所示。

在实际烧结过程中，固相反应中矿物形成的机构更为复杂。因为除这 4 种矿物外，还有更多矿物，如 Al_2O_3、MgO 和其他许多矿物参加。

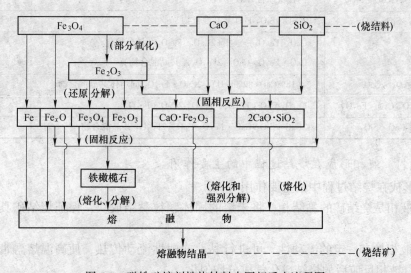

图 5-7　磁铁矿熔剂性烧结料中固相反应流程图

5.2　烧结过程液相的结晶和冷却

由于烧结时间短，料层固相反应缓慢，同时反应产物结晶不完善，结构疏松，烧结矿强度差。因此，液相形成及冷凝是烧结矿固结的基础，决定了烧结矿的矿物成分和显微结构，对烧结矿的产量和质量有很大的影响。

5.2.1 液相的形成

烧结过程中生成液相是烧结固结成型的基础，液相的组成性质和数量在很大程度上决定了烧结矿的还原性和强度。

正如上文所述，在烧结过程中，由于烧结料的组成成分多，颗粒又互相紧密接触，当加热到一定温度时，各成分之间开始发生固相反应，在生成新的化合物之间，原烧结料各成分之间以及新生化合物和原成分之间存在低共熔点物质，使得在较低的温度下就生成液相，开始熔融。例如，Fe_3O_4 的熔点为 1597℃，SiO_2 的熔点为 1713℃，而两固相接触界面的固相反应产物为 $2FeO \cdot SiO_2$，其熔化温度 1205℃。当烧结温度达到该化合物的熔点时，即开始形成液相。表 5-4 列出了烧结原料所特有的化合物及混合物的熔化温度。

表 5-4 烧结料形成的易熔化合物及混合物的熔化温度

系 统	液 相 特 性	熔化温度/℃
SiO_2-FeO	$2FeO \cdot SiO_2$	1205
	$2FeO \cdot SiO_2$-SiO_2 共晶混合物	1178
	$2FeO \cdot SiO_2$-FeO 共晶混合物	1177
Fe_3O_4-$2FeO \cdot SiO_2$	$2FeO \cdot SiO_2$-Fe_3O_4 共晶混合物	1142
MnO-SiO_2	$2MnO \cdot SiO_2$ 异分熔化点	1323
MnO-Mn_2O_3-SiO_2	MnO-Mn_3O_4、$2MnO \cdot SiO_2$ 共晶混合物	1303
$2FeO \cdot SiO_2$-$2CaO \cdot SiO_2$	钙铁橄榄石 $CaO_x \cdot FeO_{2-x} \cdot SiO_2$，$x = 0.19$	1150
$2CaO \cdot SiO_2$-FeO	$2CaO \cdot SiO_2$-FeO 共晶混合物	1280
$CaO \cdot Fe_2O_3$	$CaO \cdot Fe_2O_3 \rightarrow$ 液相+$2CaO \cdot Fe_2O_3$（异分熔化点）	1216
	$CaO \cdot Fe_2O_3$-$CaO \cdot 2Fe_2O_3$（共晶混合物）	1200
Fe-$Fe_2O_3 \cdot CaO$	（18%CaO+82%FeO）-$2CaO \cdot Fe_2O_3$ 固熔体共晶混合物	1140
Fe_3O_4-Fe_2O_3-$CaO \cdot Fe_2O_3$	Fe_3O_4-$CaO \cdot Fe_2O_3$；Fe_3O_4-$2CaO \cdot Fe_2O_3$	1180
Fe_2O_3-$CaO \cdot SiO_2$	$2CaO \cdot SiO_2$-$CaO \cdot Fe_2O_3$-$CaO \cdot 2Fe_2O_3$ 共晶混合物	1192

5.2.1.1 液相形成在烧结过程中的主要作用

液相形成在烧结过程中的主要作用有：

（1）液相是烧结矿的黏结相，将未熔的固体颗粒黏结成块，保证烧结矿具有一定的强度。

（2）液相具有一定的流动性，可进行黏性或塑性流动传热，使高温熔融带的温度和成分均匀，液相反应后的烧结矿化学成分均匀化。

（3）液相保证固体燃料充分燃烧，大部分固体燃料是在液相形成后燃烧完毕的，液相的数量和黏度应能保证燃料不断地显露到氧位较高的气流孔道附近，在较短的时期内燃烧完毕。

（4）液相能润湿未熔的矿粒表面，产生一定的表面张力将矿粒拉紧，使其冷凝后具有强度。

（5）从液相中形成并析出烧结料中所没有的新生矿物，这种新生矿物有利于改善烧结矿的强度和还原性。

液相生成量多少为佳的定量结论，有待进一步研究，一般应有50%~70%的固体颗粒不熔，以保证高温带的透气性，而且要求液相黏度低和具有良好的润湿性。从质和量方面恰当地调整液相乃是烧结工作者的基本任务。

5.2.1.2 影响液相形成量的主要因素

影响液相形成量的主要因素如下：

（1）烧结温度。包括最高温度、高温带温度、温度分布等，由配碳量、点火温度、时间、料层高度与抽风负压等来决定。图5-8说明在不同SiO_2含量的条件下，烧结料液相量随着温度的提高而增加。

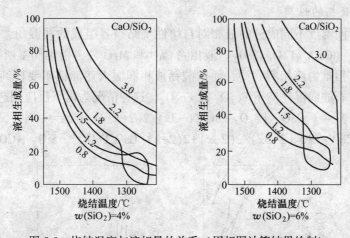

图5-8 烧结温度与液相量的关系（用相图计算结果绘制）

（2）配料碱度（CaO/ SiO_2）。在一定的SiO_2含量时，碱度表示CaO含量的多少。从图5-8中同样可以看出，烧结料的液相量随着碱度提高而增加。甚至可以说，碱度是影响液相量和液相类型的主要因素。

（3）烧结气氛。烧结过程中的气氛成分，直接控制烧结过程铁氧化物的氧化还原方向，影响固相反应和生成液相的类型。

（4）烧结混合料的化学成分。随着焦粉用量增加，烧结过程的气氛向还原气氛发展，铁的高价氧化物还原成低价氧化物，FeO增多。一般来说，其熔点下降，易生成液相。

SiO_2含量（质量分数）一般希望不低于5%，SiO_2是很容易形成硅酸盐低熔点液相，SiO_2含量过高则液相量太多，过低则液相量不足。

Al_2O_3含量主要由矿石中的高岭土和固体燃料灰分带入，有使熔点降低的趋势。

MgO含量由白云石和蛇纹石等熔剂带入，有使熔点升高的趋势，但MgO能改善烧结矿低温还原粉化现象。

5.2.1.3 液相的形成

由于烧结原料粒度较粗，微观结构不均匀，而且反应时间短，从500℃加热到1500℃通常不大于3min。因此，反应体系为不均匀体系，液相平衡也不是平衡状态，液相形成过程如下：

（1）初生液相。在固相反应所生成的原先不存在的新生的低熔点化合物处，随着温度升高而首先出现初期液相。

（2）低熔点化合物加速形成。这是由于温度升高和初期液相的促进作用。在熔化时一部分分解成简单化合物，一部分熔化成液相。

（3）液相扩展。使烧结料中高熔点矿物熔点降低，大颗粒粉周边被熔融，形成低共熔混合物液相。

（4）液相反应。液相中成分在高温下进行置换、氧化还原反应、液相产生气泡，推动碳粒到气流中燃烧。

（5）液相同化。通过液相的黏性和塑性流动传热，使烧结过程温度和成分均匀化，趋近于相图上稳定的成分位置。

5.2.1.4　液相的性质

曾测定在不同温度不同成分的液相对自熔性烧结料各组成的润湿角，如图 5-9 所示，发现钙铁橄榄石（$CaO_{0.5}FeO_{1.5}SiO_2$）液相除 CaO 和 MgO 外，很难润湿所有烧结料成分，赤铁矿与磁铁矿很难为液相所润湿，而铁酸钙液相润湿天然赤铁矿要比纯铁矿（Fe_2O_3）好些，而石英矿石的润湿性高于 Fe_2O_3 及 Fe_3O_4，这种情况为以下反应创造了有利条件。

$$CaO \cdot Fe_2O_3 + SiO_2(6-3x)/2(2-x) + CO ===$$
$$2CaO \cdot SiO_2(2-3x)/2(2-x) + 2(2-x)[CaO_xFeO_{2-x} \cdot SiO_2] + CO_2$$

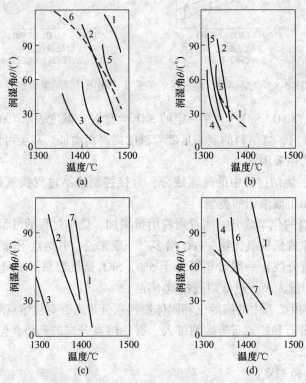

图 5-9　液相对烧结料的润湿角与温度的关系

（a）$(CaO)_{0.5} \cdot (FeO)_{1.5} \cdot SiO_2$ 液相；（b）$CaO \cdot FeO \cdot SiO_2$ 液相；

（c）$CaO \cdot Fe_2O_3$ 液相；（d）$2CaO \cdot Fe_2O_3$ 液相

被润湿物料：1—磁铁精矿；2—赤铁矿；3—CaO；4—MgO；5—Al_2O_3；6—SiO_2；7—Fe_2O_3

以上反应是前苏联专家在液相—精矿接触区的研究基础上提出来的。总的来说高碱度液相比钙橄榄石容易润湿烧结料各成分，而钙橄榄石具有生产低碱度烧结矿的特点。物料表面润湿是保证烧结矿强度和致密的前提，但是随着温度的升高，θ 角减少，在 $1350 \sim 1400℃$ 以上，几乎所有液相的 θ 角都很小，所以它们在润湿性方面的差别减少了。

烧结矿的结构强度取决于含铁矿物和黏结相的自身强度以及两者之间的接触度（或相间强度）。前者同物质的内聚功（$W_内$）有关，后者同相间的附着功（$W_附$）有关。

物质的内聚功
$$W_内 = 2\sigma \times 10^{-7} J/cm^2$$

式中，σ 为物质的表面张力。

$$W_附 = \sigma_{1、2}(1 + \cos\theta)$$

式中，$\sigma_{1,2}$ 为 1、2 相间张力，若 1、2 为液相、固相，则为液固相间张力；θ 为液固相之间的润湿角。

有人根据测定不同液相的表面张力和润湿角的数值计算了相应液相对 Fe_3O_4 的附着功，见表 5-5。由表可见，Fe_3O_4-$CaO \cdot Fe_2O_3$ 的黏结相强度和相间接触强度均很好，是应当发展的一种液相。而 Fe_3O_4-$CaO \cdot SiO$ 系的相间接触强度好，但其黏结相强度不好，易于破裂。其他都不是理想的液相。

表 5-5 表面张力和润湿角对附着功的影响

液 相	$\sigma_{液,气}/10^{-7}J \cdot cm^{-2}$	θ	$W_附/10^{-7}J \cdot cm^{-2}$
$CaO \cdot Fe_2O_3$	615	62	934.8
$CaO \cdot SiO_2$	490	0	980.0
$2FeO \cdot SiO_2$	480	61	712.0
$CaO_{0.25} \cdot FeO_{1.75} \cdot SiO_2$	415	80	485.0
$CaO_{0.5} \cdot FeO_{1.5} \cdot SiO_2$	390	58	597.0
$CaO_{0.75} \cdot FeO_{1.25} \cdot SiO_2$	375	37	675.0

烧结料中最早产生液相的区域，一是燃料周围的高温区，一是存在低熔点组分的区域。当初生液相形成后，就可以通过对周围物料的熔解和离子扩散而使相液不断增加和改变成分。N. Ponghis 等将具有一定形状的铁氧化物或矿石的试样，分别在 $1350℃$ 和 $1400℃$ 下浸入成分与烧结初生液相相同的熔渣中，经一定时间作用后，取出急冷进行观测。结果表明，液相在铁氧化物晶粒间迅速浸透，浸透过程中液相中 Ca^{2+} 向 Fe_3O_4 晶格扩散，而 Fe^{2+} 含量升高。Mg、Al 离子也可在 Fe_3O_4 中扩散，而在 Fe_2O_3 中仅少量 Al 离子扩散。表 5-6 列出片状侵蚀样和烧结矿样的探针分析结果。在 Ca^{2+} 扩散到 Fe_3O_4 中（含钙磁铁矿）使其熔点降低，加速了它的熔解。成田贵一等用电子探针测定了碱度为 $1.5 \sim 1.7$ 的烧结矿中各种氧化物在不同矿物中的分布，见表 5-7。虽然对液相性质进行了一些研究，但至今仍不充分。

表 5-6 侵蚀样和烧结矿电子探针分析结果　　　　　　　　　　（质量分数/%）

组 分		原始赤铁矿	析出赤铁矿	析出的磁铁矿	铁酸钙
侵蚀样	CaO	0.01	0.22	1.62	18.3
	MgO	0.02	0.03	3.63	0.9
	SiO_2	0.12	0.12	0.15	8.7
	Al_2O_3	0.08	0.38	1.27	4.8

组　分		原始赤铁矿	析出赤铁矿	析出的磁铁矿	铁酸钙
烧结矿	CaO	<0.1	0.15	0.7	15.5
	MgO	<0.1	0.03	0.14	0.04
	SiO_2	0.15	0.13	0.15	7.2
	Al_2O_3	0.30	1.4	1.85	8.9

表 5-7　烧结矿中各种氧化物在不同矿物中的分布　　　　（质量分数/%）

组　分	Fe_2O_3	Fe_3O_4	FeO	CaO
磁铁矿	97.2~97.5	—	—	0.6~0.8
赤铁矿	—	87.8~95.1	—	1.3~4.1
铁酸钙	62.9~69.5	—	—	18.8~21.8
玻　璃	—	—	11.1~13.8	45.2~49.7

组　分	MgO	SiO_2	Al_2O_3	
磁铁矿	0	0	1.1~2.3	
赤铁矿	0~7.5	0	0.9~3.2	
铁酸钙	0~2.0	6.6~9.8	3.0~7.6	
玻　璃	0~2.0	33.4~37.9	3.0~5.3	

5.2.2　液相的冷凝

烧结料中的液相，在抽风过程中冷凝，从液相中先后析出晶质和非晶质，最后使物料固结，而形成烧结矿。

5.2.2.1　结晶过程

高熔点的铁氧化物（Fe_3O_4、Fe_2O_3）在冷却时首先析出；其次，它们周围是低熔点化合物和共晶混合物析出，质点从液态的无序排列过渡到固态的有序排列，体系自由能降低到趋于稳定状态。由于冷却速度快，结晶能力差的矿物就以非晶质（又称玻璃相）存在。

A　结晶形式

结晶形式有：

（1）结晶。液相冷却降温至某一矿物的熔点时，其成分达到过饱和，质点相互靠近吸引形成线晶，线晶靠近成为面晶，面晶重叠成为晶芽，以晶芽为基地，该矿的质点呈有序排列，晶体逐渐长大形成。这是液相结晶析出过程。

（2）再结晶。在原有矿物晶体的基础上，细小晶粒聚合成粗大晶粒，这是固相晶粒的聚合长大过程。

（3）重结晶。温度和液相浓度变化使已结晶的固相物质部分熔入液相中以后，再重新结晶出新的固相物质。这是旧固相通过固—液转变后形成新固相的过程。

B　影响结晶过程的因素

结晶原则是根据矿物的熔点由高到低依次析出，影响结晶因素为：

（1）温度。同种物质的晶体在不同温度下生长，因为结晶速度不同，所具形态是有差别的。

（2）析出的晶体和杂质。由于结晶开始温度和结晶能力，生长速度的不同，后析出的晶体形状受先析出晶体和杂质的干扰，晶体外形可分为：

1）自形晶。结晶时自范性得到满足，以自身固有的晶形和晶格常数析出长大。

2）半自形晶。结晶能力尚可，自范性部分得到满足，部分晶面完好。

3）他形晶。温度低而结晶能力差的晶体析出时，自范性得不到满足，受先析晶体和杂质的阻碍而表现形状不规整，无良好晶面。

（3）结晶速度。结晶速度大，则结晶晶芽增多，初生的晶体较细小，很快生长成针状、棒状、树枝状的自形晶。反之，晶体多数成为粗大的粒状半自形晶或他形晶。当结晶速度极小时，因冷却速度大而来不及结晶易凝结成玻璃相。

（4）液相黏度。黏度很大时，质点扩散的速度很慢，晶面生长所需的质点供应不足，因而晶体生长很慢，甚至停止生长。但是晶体的棱和角，则可以接受多方面的扩散物质而生长较快，造成晶体棱角突出中心凹陷的所谓"骸状晶"。

（5）液相中成分的浓度。

总之，结晶过程既遵循布拉维法，又受外部环境的影响，所以晶体的形态是由其内部构造和生成环境两方面来决定。

5.2.2.2 冷凝过程

在结晶过程的同时，液相逐渐消失，形成疏松多孔的略有塑性的烧结矿层，由于抽风使烧结矿以不同的冷却速度（或冷却强度）降温，一般上层为 $120 \sim 130 ℃/min$，下层为 $40 \sim 50 ℃/min$，差别甚大，不仅有物理化学反应，而且有内应力的产生。

冷凝速度对烧结矿质量的主要影响为：

（1）冷却影响矿物成分。冷却降温过程中，烧结矿的裂纹和气孔表面氧化较高，先析出的低价铁氧化物（$Fe_3O_4 \cdot Fe_xO$）很容易氧化为高价铁氧化物（Fe_2O_3、Fe_3O_4），以 Fe_2O_3 为例，在不同温度下和不同氧位条件下氧化，所得的 Fe_2O_3 具有多种晶体外形和晶粒尺寸，它们在气体还原过程中表现出强度差别很大，如图 5-10 所示。

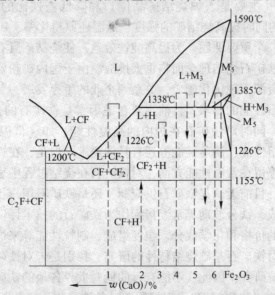

图 5-10 Fe_2O_3 在不同温度条件下的不同晶形

1—液相中直接析出枝条状、包晶状赤铁矿；2—固相物料升温时氧化得到片状或粒状赤铁矿；3—液相中重结晶析出斑状赤铁矿；4—液相中析出磁铁矿迅速再氧化成骸晶状赤铁矿；5—磁铁矿固相冷却时再氧化成片状、包晶状赤铁矿或假象赤铁矿；6—钙质磁铁矿转为钙质赤铁矿时呈细胞状

（2）冷却影响晶体结构。高温冷却速度快，液相析出的矿物来不及结晶，易生成脆性大的玻璃质，已析出的晶体在冷却过程中发生晶形变化，最明显的例子是正硅酸钙（$2CaO \cdot SiO_2$）的同质异象变体，造成相变应力，见表5-8。

表 5-8　$2CaO \cdot SiO_2(C_2S)$ 的同质异象变体

同质异象变体	α-C_2S 高温型	α′-C_2S 中温型	γ-C_2S 低温型	β-C_2S 单变型
晶　系	六方	斜方	斜方	单斜
密度/g·cm^{-2}	3.07	3.31	2.97	3.23
稳定存在温度/℃	>1436	1436~350	350~273	<675

同质异象变体是同一化学成分的物质，在不同的条件下形成多种结构形态不同的晶体，对它的研究是认识矿物结构和改善烧结矿冶金性能的重要课题。

从表5-8中可以看出，β-C_2S 转为 γ-C_2S 时体积增大约10%。体积的突然膨胀产生内应力，可导致烧结矿冷却时自行粉碎。

（3）冷却影响热内应力。不仅宏观烧结矿产生热内应力，而且由于各种矿物结晶先后和晶粒长大速度的不同，加上它们在烧结矿体中分布不均匀，各种矿物的热膨胀系数的不同，这一热应力可能残留在烧结矿中而降低结矿的强度。

5.3　铁矿石烧结基础特性

5.3.1　铁矿石烧结特性的研究现状

随着炼铁技术的进步，精料已经成为炼铁取得优异经济、技术指标的主流方向，如何在提高综合入炉品位（主要是入炉烧结矿品位）和降低渣铁比的基础上，保证烧结矿 SiO_2 含量大幅度降低的同时提高烧结矿的强度、低温还原粉化率、还原性能等指标，是摆在烧结工作者面前的一个重要课题。为提高吨铁效益，使烧结矿具有成本最低、冶金性能较好的特点，传统的铁矿石烧结理念面临重大挑战。由于国内矿粉资源日益紧缺，如何合理利用国外进口矿粉资源实现优化配矿，关系到企业的生存发展。

高炉炼铁对铁矿石性能的要求，目前主要考虑因素是铁矿石的化学成分、粒度组成、转鼓强度等常温性能，同时对铁矿石在炉内的高温性能，如（低温、中温、高温）还原粉化率、还原性、软熔性能、滴落性能等还有具体要求。但是，在铁矿石的基础特性的认识和研究上，目前还停留在常温性能方面，对铁矿石在烧结过程中表现出的高温性能的研究仍然处于起步阶段。目前无论是铁矿石供应商，还是铁矿石用户，签订合同均以铁矿石的化学成分、粒度组成、铁分波动等常温指标作为铁矿石的技术评价依据。而目前的烧结配矿也是根据铁矿石的价格和化学成分、粒度组成、制粒性能等来进行的。

由于目前未完善对铁矿石基础烧结特性的研究，特别是未对铁矿石在烧结过程中表现出来的高温特性做系统研究，因此，不能有目的地对世界各地的铁矿石进行合理的选择和使用，无法实现有效的"优化配矿"。根据原燃料条件变化，烧结工艺操作调整局限于通过烧结生产操作制度，如配碳量、混合料水分、料层厚度、机速、负压等的调整来适应原燃料条件的变化，这种调整方式往往是"滞后"的，这种调整也是落后和被动的。例如，铁矿石的烧结液相生成能力过于弱小时，烧结液相数量形成"先天性缺陷"，而现有的烧结工艺操作制度调整往往采用提高烧结温度如增加配碳量、提高料层厚度、降低负压等措施来解决，虽然烧结矿转鼓强度提高，但在损失产量的同时，对低温烧结工艺受到严重制约，降低烧结矿的还原性能。

因此，如何充分掌握铁矿石的基础烧结特性，深入认识铁矿石在烧结过程中的高温性能和作用，是烧结工作者急需解决的问题。通过烧结生产实践和铁矿石的基础特性研究的结果表明：烧结效果与铁矿石种类之间的关系非常密切，而且对烧结过程影响最大的铁矿石自身基础特性而言，除了铁矿石的常温特性外，还存在其他与铁矿石的高温状态下的烧结过程密切相关的重要特性。不同种类的铁矿石，在烧结过程中呈现出的高温物理化学性质是各不相同的，如在铁矿石与 CaO 的反应能力、铁矿石生成的烧结液相流动能力、固结相强度等方面，因铁矿石种类不同存在着显著差异，不同种类的铁矿石由于自身特性不同，对烧结过程中所作的贡献和作用存在着较大差别，而这些与烧结效果有着重大关系的铁矿石的基础特性至今才开始被认识，有必要在基于烧结用铁矿石的高温行为和作用规律的基础上，充分掌握铁矿石的基础烧结特性。

5.3.2 铁矿石的烧结基础特性概念

铁矿石的烧结基础特性主要是指矿粉的烧结基础特性，即铁矿石在烧结过程中呈现出的高温物理化学性质，反映铁矿石的烧结行为和作用，它也是评价铁矿石对烧结过程及烧结矿质量所作贡献的基本指标。铁矿石的基础特性主要包括同化性能、液相流动性、黏结相强度性能、铁酸钙生成性能、连晶性能的高温结合性能等。而一般来说，主要研究同化性能、液相流动性能、黏结相强度、铁酸钙生成性能等 4 个指标。

5.3.2.1 同化性能

同化性能指铁矿石在烧结生产过程中与 CaO 的反应能力。它表征铁矿石在烧结过程中生成液相的难易程度。一般而言，同化性能越高，在烧结过程中越易生成液相，但是对于非均质烧结矿而言，基于对烧结矿的固结和透气性的考虑，并不希望作为核矿石的颗粒过分熔化，以避免固结骨架作用的核矿石减少以及烧结料层透气性恶化而影响烧结矿的产量和质量。因此，要求铁矿石的同化性能适宜。烧结配矿时，应选择同化能力强和同化性较弱的铁矿粉搭配，以便在保证烧结矿质量的同时，尽最大可能提高烧结矿产量。

5.3.2.2 液相流动性能

液相流动性能指铁矿石在烧结生产过程中与 CaO 反应生成的液相的流动能力。它表征铁矿石在烧结过程中黏结相的"有效黏结范围"。虽然铁矿石的同化性能揭示了低熔点液相生成能力，但同化性和熔化温度的高低并不能完全反映有效液相量的多少。一般来说，液相流动性较高时，其黏结周围的物料的范围较大，因此可以提高烧结矿的强度；反之，液相流动性过低时，黏结周围物料的能力下降，导致烧结矿的气孔增加，使烧结矿的强度下降。但是，黏结相的流动能力不能过大，否则对周围物料的黏结层厚度会变薄，烧结矿易形成薄壁大孔结构，使烧结矿整体变脆，强度降低，也使烧结矿的还原性变差。由此可见，适宜的液相流动性是保证烧结矿有效固结的基础。铁矿石的液相流动性一般无法用通常的炉渣黏度测量方法来确定，因此定义了"液相流动性指数"来确定铁矿石的液相流动性能。流动性指数是通过测定铁矿石的小饼烧结矿烧结后流动的面积与小饼原始面积的比值计算得出，流动性指数大则表明铁矿石的流动性强。

5.3.2.3 黏结相强度

黏结相强度指铁矿石在烧结生产过程中形成的液相对其周围的核矿石进行固结的能力，它对烧结矿的强度有至关重要的影响。因为对于非均质烧结矿而言，烧结过程中的核矿石的固结主要由黏结相来完成。核矿石由于其自身强度较高，其不会构成烧结矿固结强度的限制因素，因此在烧结工艺条件一定的条件下，黏结相自身强度在很大程度上决定了烧结矿的强度，足够的黏结相虽然是烧结矿的固结基础，但黏结相的自身强度也是非常重要的因素。

5.3.2.4 铁酸钙生成性能

铁酸钙生成性能是指铁矿石在烧结生产过程中复合铁酸钙的生成能力。在烧结黏结相中，复合铁酸钙（SFCA）黏结相是最优的，增加烧结矿中复合铁酸钙的含量既有利于提高烧结矿的强度，又有利于改善烧结矿的还原性。如果烧结矿中的复合铁酸钙（SFCA）含量高且多以溶蚀交织状态存在，则烧结矿的还原性和强度均会明显改善。

5.3.3 矿石烧结基础特性研究的应用前景

研究铁矿石的烧结基础特性，揭示铁矿石种类与烧结效果之间的联系，对完善烧结精料的理论基础，有效、合理利用矿产资源，优化配矿、优化烧结工艺过程均有重要意义。

5.3.3.1 掌握铁矿石在烧结过程中的行为和作用

深化烧结精料理论的研究，铁矿石的烧结基础特性是铁矿石的常温和高温特性的综合。它更真实地反映了铁矿石在烧结过程中的行为和作用，有助于深化对烧结矿固结机理的认识和铁矿石自身性质的整体评价，为烧结过程的优化提供理论基础。

5.3.3.2 实施烧结自主的优化配矿

传统的烧结配矿方法属于试探性配矿，一方面，由于不了解铁矿石的烧结基础特性，故盲目性较大，耗费的人力、物力、财力较多；另一方面，由于不清楚铁矿石的互补特性，很难实现真正意义上的优化配矿。研究铁矿石的基础特性，使真正意义上的烧结自主优化配矿成为可能，通过掌握铁矿石的基础特性，可以建立满足烧结成本优化和烧结矿性能优化的新型配矿系统，不仅能准确预测烧结矿的质量，而且能根据对烧结矿质量的要求制订后续的烧结配矿方案。

5.3.3.3 优化烧结工艺过程

现有的烧结工艺很大程度上通过操作制度的调整来满足烧结原料条件，导致理想的烧结工艺原则和先进的烧结技术无法得到有效的遵循。研究铁矿石的基础特性，有利于改变传统的以"工艺制度"去迎合"原料条件"的被动状态。通过应用铁矿石的烧结基础特性和新型的优化配矿系统，用"原料条件"去满足"工艺制度"，变被动为主动，有利于实现烧结过程的整体优化。

对烧结用铁矿石的评价仅仅依据化学成分、粒度组成、矿物特征等常温性能具有局限性，铁矿石烧结基础特性，真实反映了铁矿石在烧结过程中的高温行为和作用，它既综合了铁矿石的常温性能，又弥补了它的不足，是影响烧结过程的主要因素。

不同种类的铁矿石的烧结基础特性不同，掌握和应用铁矿石的烧结基础特性，可以使铁矿石种类和烧结效果的联系明晰化，从而完善烧结精料的基础理论，对实施烧结的自主优化配矿、优化烧结工艺操作制度等具有十分重要意义。

5.4　烧结矿的成矿过程及其相图分析

铁矿粉烧结配料中主要成分为铁氧化物（Fe_2O_3、Fe_3O_4、FeO）、CaO 和 SiO_2，一般 MgO 和 Al_2O_3 含量较少，变动也不大，所以铁矿粉烧结可取 SiO_2-CaO-FeO-Fe_2O_3 系四面体分析，如图 5-11 所示。在高氧位条件下烧结反应过程近于 Fe_2O_3-CaO-SiO_2 在空气中的平衡图，如图 5-12 所示，低氧位条件下烧结反应过程近于 FeO-CaO-SiO_2 三元系相图，如图 5-13 所示。

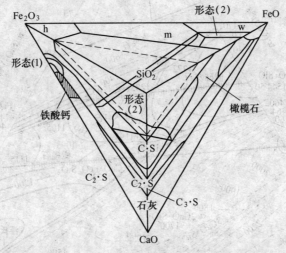

图 5-11　CaO-Fe_2O_3-SiO_2-FeO 四元系的相关系

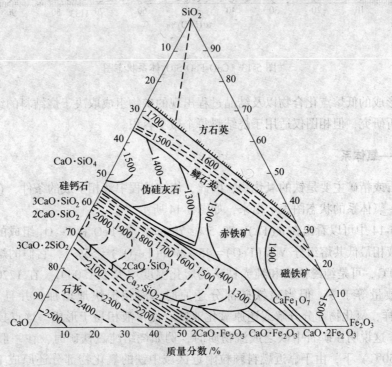

图 5-12　Fe_2O_3-CaO-SiO_2 体系状态图（空气中）

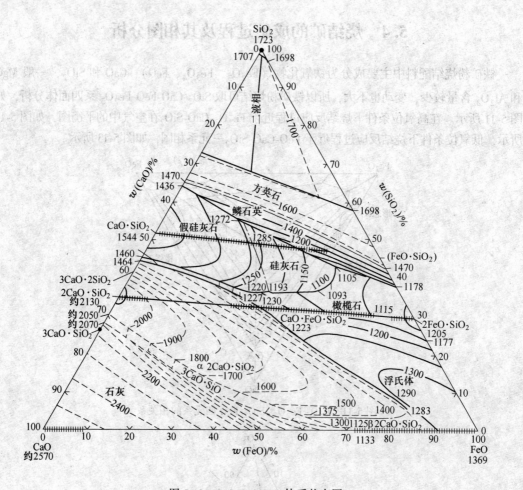

图 5-13　CaO-FeO-SiO$_2$ 体系状态图

液相形成的低熔点化合物以及结晶过程出现的矿物组成取决于烧结料的组成，可借用相图来分析研究，但相图仅适用于烧结料每个微小容积。

5.4.1　铁—氧体系

铁矿石或精矿主要是铁的氧化物，因此，烧结过程中液相生成的条件，在某种程度上可以由铁—氧体系的状态图表示出来，如图 5-14 所示。

从图 5-14 中可以看出在 $w(Fe) = 72.5\% \sim 78\%$ 时，即 FeO 和 Fe$_3$O$_4$ 组成的浮氏体区间内，形成液相最低共熔组分 $N[w(FeO) = 45\%$ 和 $w(Fe_3O_4) = 55\%]$，它们的熔点很低，为 1150~1220℃，可是纯磁铁矿和纯赤铁矿的熔化温度均大于 1500℃。在 1220℃ 时纯磁铁矿的液相数量等于零，但当磁铁矿部分还原时，液相很快地增加，并且在点 N 达到 100%。这样，氧化物部分分解或还原氧化亚铁就使得液相易于形成。这点具有很重要的实际意义，这说明在矿石中缺乏成渣物质时，例如烧结纯磁铁矿时，在一般的烧结温度（1300~1350℃）下，由于靠近燃料颗粒附近区域中铁的氧化物部分还原成 FeO，在这种条件下，液相的形成是可能的，足够的液相提高了烧结矿的强度。

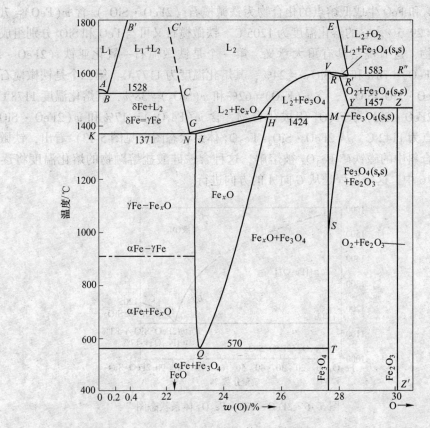

图 5-14　铁-氧体系状态图

5.4.2 硅酸铁体系（FeO-SiO₂）

在铁矿石中，一般总是含有少量的 SiO_2 的。从图 5-15 所示的 FeO-SiO_2 体系状态图可

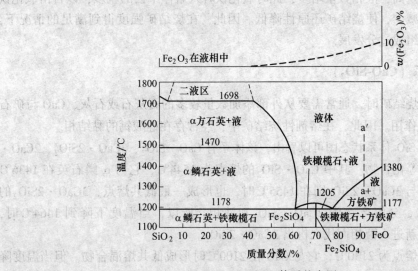

图 5-15　FeO-SiO_2 体系状态图

以看到，SiO_2 和 FeO 生成低熔点的化合物为铁橄榄石（$2FeO \cdot SiO_2$）含 $w(FeO) = 70.5\%$ 和 $w(SiO_2) = 29.5\%$。它的熔化温度为 1205℃。铁橄榄石又可与 FeO 和 SiO_2 分别组成两个低熔点化合物，这对烧结具有重大意义。第一个是铁橄榄石—氧化亚铁（$2FeO \cdot SiO_2$-FeO）含 $w(FeO) = 76\%$ 和 $w(SiO_2) = 24\%$，其熔化温度为 1177℃，第二个是铁橄榄石—二氧化硅（$2FeO \cdot SiO_2$-SiO_2），含 $w(FeO) = 62\%$ 和 $w(SiO_2) = 38\%$，其熔化温度 1178℃。

此外，$2FeO \cdot SiO_2$ 与 Fe_3O_4 组成化合物，含 $w(Fe_3O_4) = 17\%$ 和 $w(2FeO \cdot SiO_2) = 83\%$，其熔点为 1142℃。从 $2FeO \cdot SiO_2$- Fe_3O_4 体系状态图（见图 5-13）看出，铁橄榄石熔化后，混合料中的磁铁矿 Fe_3O_4 被熔解，这种含铁硅酸盐熔融物的熔化温度将逐渐升高，在图 5-16 中，这一过程是从 C 向 A 的方向进行。

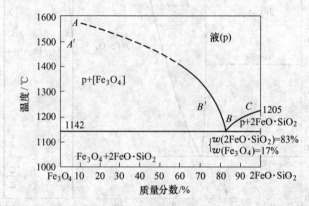

图 5-16　$2FeO \cdot SiO_2$- Fe_3O_4 体系状态图

硅酸铁系化合物在烧结过程是经常可以看到的一种液相组成，当生产非熔剂性烧结矿时，它们是烧结矿固结的主要黏结相。铁橄榄石在烧结过程中形成多少与烧结料中的 SiO_2 含量和加入或还原成的 FeO 量有关。增加燃料用量，料层中的温度升高，还原气氛加强，有利于多还原一些 FeO，形成的铁橄榄石黏结相就越多，可提高烧结矿强度。但是，应该注意，燃料用量高，液相数量增多，此时氧化铁转入熔体中去的就多，以自由氧化铁状态存在的量相对减少，使烧结矿还原性降低。因此，在烧结矿强度得到满足的情况下，并不希望这类液相组成过分发展。

5.4.3　硅酸钙体系（CaO-SiO₂）

在生产熔剂性烧结矿时，通常需要从外部添加数量较多的石灰石或石灰、CaO 与矿石中所含的 SiO_2 发生作用。因此，在熔剂性烧结矿中，经常存在硅酸钙的黏结相。

从图 5-17 CaO-SiO₂ 体系状态图可以看出，该体系有 $CaO \cdot SiO_2$、$3CaO \cdot 2SiO_2$、$2CaO \cdot SiO_2$、$3CaO \cdot SiO_2$ 等化合物。其中 $CaO \cdot SiO_2$ 的熔点为 1544℃，它与 α 鳞石英在 1436℃ 形成最低共熔点，与 $3CaO \cdot 2SiO_2$ 则在 1455℃ 时，也形成一最低共熔点，$3CaO \cdot 2SiO_2$ 的分解温度为 1464℃，分解产物为 $2CaO \cdot SiO_2$ 和液相。所以，当温度下降到 1464℃ 时，$2CaO \cdot SiO_2$ 就会重新进入液相而代之析出 $3CaO \cdot 2SiO_2$。

$2CaO \cdot SiO_2$ 的熔点为 2130℃，它与 CaO 在 2100℃ 时形成低共熔混合物。但当温度降到 1900℃ 时，两固体相互反应分离出两种新的固态混合物，一种是 $3CaO \cdot SiO_2$ 和 $2CaO \cdot$

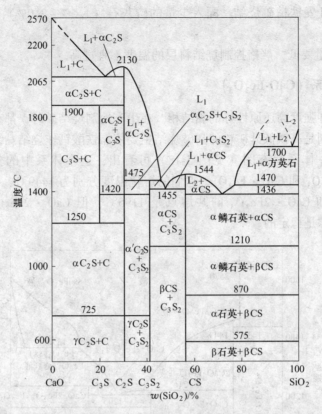

图 5-17　CaO-SiO₂ 体系状态图

SiO_2，另一种是 $3CaO \cdot SiO_2$ 和 CaO。$3CaO \cdot SiO_2$ 的稳定范围是在 $1200 \sim 1900℃$，超出此范围即不能稳定存在。

这个体系中的化合物的熔点是比较高的，它们之间的混合物的最低共熔点也是比较高的。所以在烧结的温度下，这个体系所产生的液相不会多。但其中的 $2CaO \cdot SiO_2$，虽然它的熔化温度为 $2130℃$，但它在固相反应中却是最初形成的产物。就是说，在烧结矿中有可能存在，而 $2CaO \cdot SiO_2$ 的存在对烧结矿强度的影响又是很不利的，因为它在冷却过程中发生晶形的变化。

当晶形发生转变时，它的密度相应发生变化，α 型的密度为 3.27，β 型为 3.28，γ 型为 2.97。具体的影响的是 β 型转变为 γ 型，使得它的体积增大 10%，由于 $2CaO \cdot SiO_2$ 在晶形变化过程中产生体积膨胀，致使烧结矿在冷却过程中自行粉碎。

为了防止或减少 $2CaO \cdot SiO_2$ 的破坏作用，在生产中可考虑采取如下措施：

（1）采用较小粒度的石灰石、焦粉和矿石，并加强混合过程，以免 CaO 和燃料在局部地区过分集中。

（2）降低或提高烧结料的碱度，实践证明当烧结矿碱度提高到 $2.0 \sim 5.0$ 时，剩余的 CaO 有助于生成 $3CaO \cdot SiO_2$ 及铁酸钙，当铁酸钙中的 $2CaO \cdot SiO_2$ 质量分数不超过 20% 时，铁酸钙可以稳定 $\beta 2CaO \cdot SiO_2$ 晶型。添加部分 MgO，可提高 $2CaO \cdot SiO_2$ 稳定存在的限量。此外，加入 Al_2O_3 和 Mn_2O_3 对 $\beta-2CaO \cdot SiO_2$ 也有稳定作用。

（3）在 $\beta 2CaO \cdot SiO_2$ 中有磷、硼、铬等元素以取代或以填隙方式形成固熔体，可以使其稳定化。如迁安铁精矿烧结，配入少量的磷灰石（1.5%~2.0%），能有效地抑制烧结矿粉化。

（4）燃料用量要低，严格控制烧结料层的温度不宜过高。

5.4.4 铁酸钙体系（CaO-Fe₂O₃）

铁酸钙是一种强度高还原性好的黏结相。在生产熔剂烧结矿时，都有可能产生这个体系的化合物，特别是高铁低硅矿粉的高碱烧结主要依靠铁酸钙作烧结黏结相。

从 $CaO-Fe_2O_3$ 体系状态图（见图 5-18）可看出，这个体系中的化合物有 $2CaO \cdot Fe_2O_3$、$CaO \cdot Fe_2O_3$ 和 $CaO \cdot Fe_2O_3$。它们的熔化温度分别为 1449℃、1216℃ 和 1226℃。而 $CaO \cdot Fe_2O_3$ 和 $CaO \cdot 2Fe_2O_3$ 的共熔点是 1195℃，但 $CaO \cdot 2Fe_2O_3$ 只有在 1155~1226℃ 的范围内才是稳定的。

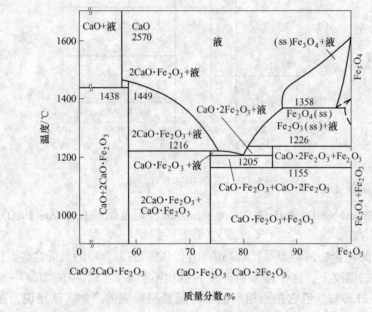

图 5-18　$CaO-Fe_2O_3$ 体系状态图

这个体系中化合物的熔点是比较低的。而且，正如前面所指出的它也是固相反应的最初产物，从 500~700℃ 开始，Fe_2O_3 与 CaO 形成铁酸钙，温度升高，反应速度大大加快。因而有人认为烧结过程形成 $CaO-Fe_2O_3$ 体系的液相不需要高温和多用燃料，就能获得足够的液相，改善烧结矿强度和还原性，这就是所谓"铁酸钙理论"。

在生产实践中，当燃料用量适宜时，碱度小于1.0的烧结矿中几乎不存在铁酸钙。这是因为，虽然 CaO 在较低温度下可以较高的速度与 Fe_2O_3 发生固相反应生成铁酸钙，但是一旦烧结料中出现了熔融液相，烧结矿的最终成分就取决于熔融的结晶规律。熔融物中 CaO 与 SiO_2 和 FeO 的结合能力（亲和力）比与 Fe_2O_3 的结合能力大得多，此时，最初以 $CaO \cdot Fe_2O_3$ 形式进入熔体中的 Fe_2O_3 将析出，甚至被还原成 FeO。只有 CaO 含量多，与 SiO_2、FeO 等结合后还有多余的 CaO 时，才会出现较多的铁酸钙晶体，在生产高碱度烧结矿时，铁酸钙液相才能起主要作用。

5.4.5　CaO-Fe₂O₃-SiO₂体系

当烧结料配碳较低，铁矿粉中有较多自由 Fe_2O_3，距大颗粒燃料较远的部位氧位较高。在快速加热时，CaO 并不是与 SiO_2 反应产生硅酸盐液相，而是在与 Fe_2O_3 接触处首先发生固相反应生成铁酸钙低共熔点液相。这一点已为大量实验研究所证实。

（1）烧结料碱度较高时的情况。在受热升温过程中，最初出现的 CF_2、CF 和 C_2F 等铁酸钙低熔点液相（图 5-12 右下角下端）。随着温度升高，SiO_2 逐渐熔入液相，生成 C_2S（它在固相反应中很少生成）和 CS，同时析出 Fe_2O_3 晶体，此时不仅液相量增多，而且液相黏度也逐渐升高，成分趋于均匀化。另一方面又发现液相氧化铁晶粒很快渗透，Ca^{2+} 扩散进入 Fe_2O_3 和 Fe_3O_4 的晶格中去形成钙质磁铁矿固熔体（熔点 1338℃）和钙质赤铁矿固熔体（熔点 1226℃），使 Fe_2O_3 和 Fe_3O_4 的熔点很快下降，最后形成低共熔液相（成分为 CF、C_2S 和 Fe_2O_3，图 5-12 右下角部分）。在冷却到 1150～1200℃即发生铁酸钙盐的再结晶，单一铁酸盐的不定形团状集合体变成固熔了其他成分的树枝状或棒状晶体，使烧结矿强度大为改善。

（2）烧结矿碱度较低时的情况。含 CaO 碱度高于 0.5 以上的烧结料总是先经固相反应生成铁酸钙液相的，随着温度升高，SiO_2 将铁酸钙包围并熔入。因碱度不高，大量进行 $CF+SiO_2 \rightarrow CS+Fe_2O_3$ 反应，少量进行 $2CF+C_2S+C_2S+2Fe_2O_3$ 反应，最后使铁酸钙消失。与此同时，在高温下 C_2S 很快与 SiO_2 反应（$C_2S+SiO_2 \rightarrow 2CS$）。这时液相熔点和黏度比开始时高，但最后形成 CS、C_2S 和 Fe_2O_3 为主的低共熔液相（熔点为 1204～1230℃）。在冷却时因为硅钙石（C_3S_2）的结晶能力差，因而形成了玻璃相组织（图 5-12 中部区域）。

综上所述，在高氧位条件下液相产生和同化时的碱度成分变化过程可用图 5-19 表示。图中带箭头的粗线指出了含 CaO 的烧结料首先生成铁酸钙液相后不断同化反应时化学成分变化的方向线。然后此线经过马鞍形的高温点（1315℃），即图 5-19 中 C_2S-Fe_2O_3 线与 C_2S 和 Fe_2O_3 相界面的交点。通过该点的等碱度线为 1.87 左右，此碱度可认为是形成成分差别较大的两类液相的理论分界值。当碱度大于 1.87 时的液相成分以铁酸盐为主，而碱度小于 1.87 时的液相成分则以硅酸盐为主，这两类差别较大的液相在冷却时来不及很好地同化，致使烧结矿组织和结构复杂，必然影响烧结矿质量。

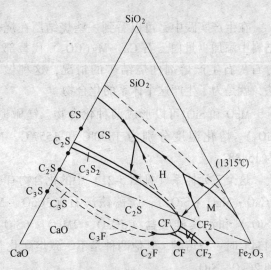

图 5-19　Fe_2O_3-CaO-SiO_2 系液相生成过程示意图

5.4.6　钙铁橄榄石体系（CaO-FeO-SiO₂）

生产熔剂性烧结矿时，假如温度足够高或还原气氛较强，就可生成这一体系的化合物。

这个体系中的主要化合物有铁黄长石（$2CaO \cdot FeO \cdot SiO_2$）、钙铁橄榄石（$CaO \cdot FeO \cdot SiO_2$）和钙铁辉石（$CaO \cdot FeO \cdot 2SiO_2$）。这些化合物的特点是能够形成一系列的固熔体，并在固熔体中产生复杂的化学变化和分解作用。

从图 5-13 可以看出，FeO 含量增加，熔化温度趋向降低，当 CaO 质量分数为 10%、$FeO/SiO_2 = 1$ 时，体系中的最低共熔点为 1030℃。但当 CaO 质量分数大于 10% 时，熔化温度趋于升高。围绕这一点的宽广区域（混合料中 CaO 质量分数在 17% 以下）等温线限制在 1150℃。

这个体系状态图中 $2CaO \cdot SiO_2$ 和 $2FeO \cdot SiO_2$ 的温度浓度切面如图 5-20 所示。从图可以看出，$2FeO \cdot SiO_2$ 和 $CaO \cdot FeO \cdot SiO_2$ 两个化合物的熔化温度比较接近，在铁橄榄石中，在一定范围内增加石灰的含量，伴随着所形成的钙铁橄榄石的熔化温度下降，它的最低熔点为 1170℃。

在我国一些以磁铁矿为原料的主要烧结厂生产碱度 1~1.3 的烧结矿时，经研究指出，烧结矿的液相组成中钙铁橄榄石体系化合物占 14%~16.6%。可见，此体系对熔剂烧结矿的固结有很大影响。

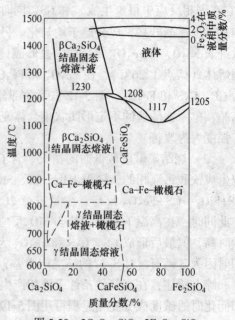

图 5-20　$2CaO \cdot SiO_2$-$2FeO \cdot SiO_2$
体系状态图

5.4.7　钙镁橄榄石体系（CaO-MgO-SiO₂）

在生产实践中，可以看到一些烧结厂在烧结料中添加少量白云石 $Ca \cdot Mg(CO_3)_2$ 代替部分石灰石生产熔剂性烧结矿的情况，这种做法，就是为了生产这个体系的化合物。

MgO 和 SiO_2 可以形成两种化合物：镁橄榄石（$2MgO \cdot SiO_2$）和偏硅酸镁（$MgO \cdot SiO_2$）。熔化温度分别为 1890℃ 和 1557℃，$MgO \cdot SiO_2$ 与 SiO_2 的混合物最低共熔点为 1543℃。

这个三元体系（见图 5-21）中的化合物有透辉石（$CaO \cdot MgO \cdot 2SiO_2$）、钙镁橄榄石（$CaO \cdot MgO \cdot SiO_2$）、镁蔷薇辉石（$3CaO \cdot MgO \cdot SiO_2$）、镁黄长石（$2CaO \cdot MgO \cdot 2SiO_2$）和钙镁硅酸盐（$5CaO \cdot 2MgO \cdot 6SiO_2$）。其中透辉石在 1391℃、镁黄长石在 1454℃ 时一致熔融。其他两种是不一致熔融化合物，镁蔷薇辉石在 1575℃ 时分解为 MgO 和 $2CaO \cdot SiO_2$。

当烧结矿碱度为 1.0 左右时，在烧结料中添加一定数量的 MgO（质量分数为 10%~15%），可使硅酸盐的熔化温度降低、液相流动性变好，而 MgO 的存在可以阻碍 $2CaO \cdot SiO_2$ 的生成，这不仅对提高烧结矿强度有良好的作用，而且对高炉造渣有良好的影响。另一方面，加入 MgO 能使烧结矿的还原性能提高，这可能是由于生成钙镁橄榄石，而阻碍了难还原的铁橄榄石和钙铁橄榄石的形成。

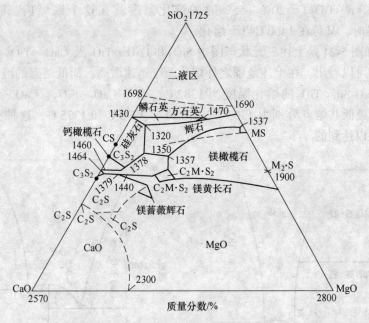

图 5-21 CaO-MgO-SiO₂体系状态图

5.4.8 CaO-SiO₂-TiO₂体系

烧结含钛铁矿的熔剂性烧结矿时，有可能生成这个体系的化合物。

TiO₂-SiO₂体系中没有化合物和固溶体，共熔混合物的组成为 $w(TiO_2) = 10.5\%$、$w(SiO_2) = 89.5\%$时的最低共熔点为（1540±10）℃。图 5-22 为 CaO-SiO₂-TiO₂三元体系状态图，从图中可以看出，在画有剖面线部分的阴影区的组分，其熔化温度都在 1400℃以下，

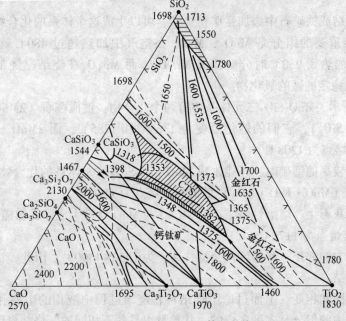

图 5-22 CaO-SiO₂-TiO₂体系状态图

当碱度为 1.0、$w(TiO_2)$ = 20%～55% 时的熔化温度就在这个区域内。碱度较低，含 $w(TiO_2)>10\%$ 时，又可在 1400℃ 以下熔化。

图 5-23 和图 5-24 是上述三元状态图中 SiO_2 和 $CaO \cdot TiO_2$ 及 $CaO \cdot TiO_2$ 和 TiO_2 连线的切面。从图中可以看出，在上述范围之外熔化温度迅速增高，而低熔点的液相范围是很狭窄的。图中 CaO-SiO_2-TiO_2 的熔化温度为 1382℃，它与 $CaO \cdot SiO_2$、$CaO \cdot TiO_2$、SiO_2 和 TiO_2 的混合物最低共熔点分别为 1363℃、1375℃、1373℃ 和 1375℃，这种温度水平在烧结过程中是可以达到的。

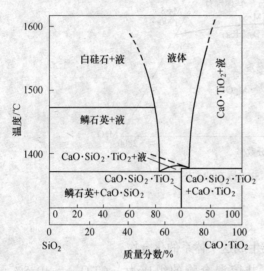

图 5-23　SiO_2-$CaO \cdot TiO_2$ 体系状态图

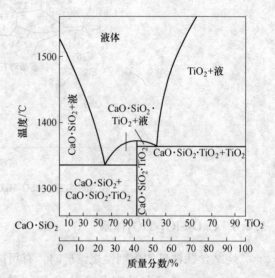

图 5-24　$CaO \cdot SiO_2$-TiO_2 体系状态图

5.4.9　MnO-SiO_2 和 MnO-FeO-SiO_2 体系

在锰矿石烧结或铁矿石中添加锰矿粉烧结，可以生成这个体系的化合物。

锰矿石中最重要的组分是 MnO_2，MnO_2 在空气中加热超过 480℃ 就开始分解变成 Mn_2O_3，Mn_2O_3 加热到 930℃ 时分解变成 Mn_3O_4，而 Mn_3O_4 在烧结燃烧带被 CO 还原成 MnO，MnO 是最稳定的锰的氧化物。

如图 5-25 所示，MnO-SiO_2 二元体系中有两个化合物：锰橄榄石（$2MnO \cdot SiO_2$）和蔷薇辉石（$MnO \cdot SiO_2$），它们的熔化温度为 1365℃ 和 1285℃，而 $2MnO \cdot SiO_2$ 和 $MnO \cdot SiO_2$ 形成最低共熔点为 1208℃。

在烧结含铁较高的锰矿时，还能生成 MnO-FeO-SiO_2 三元体系的化合物，如图 5-26 所示。铁锰橄榄石（$MnO \cdot FeO \cdot SiO_2$）最低的共熔点为 1170℃。

如果添加石灰石生产熔剂性烧结矿时，CaO 与 MnO 反应生成锰钙橄榄石 $2CaO \cdot SiO_2$-$2MnO \cdot SiO_2$，其熔点为 1170℃。

由此可见，它们都是一些易熔化合物，熔点为 1050～1300℃。因此，锰矿石可在较低的温度条件下烧结。

根据体系相图和相变，上面讨论了烧结料在烧结过程中液相的生成和冷凝。应该指出，由于烧结料中的组分是多种多样的，其数量也是各不相同的，烧结料层的温度和气氛也在变化。因此，所形成的化合物也是极为复杂的。除了二元系、三元系外，还有四元系化合物，它仅为分析研究液相形成的冷凝问题提出一个方向。

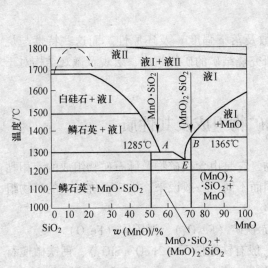

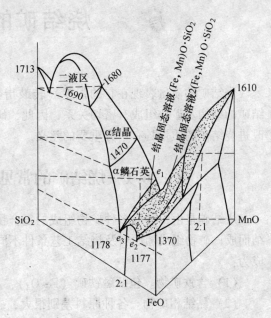

图 5-25　MnO-SiO$_2$体系状态图　　　　图 5-26　MnO-FeO-SiO$_2$体系状态图

　　显然，为了获得强度较好的烧结矿，就必须具有足够数量的液相，作为烧结过程中再结晶矿物的黏结相。一般来说，熔剂性烧结料中的熔融物生成的温度低，故在同一燃料用量的情况下，它比非熔剂性烧结料生成更多的液相。燃料用量越大，烧结料层温度越高，产生液相也越多。但液相数量过多时，烧结矿呈粗孔蜂窝状结构，反而会导致烧结矿强度下降。

　　此外，液相对烧结混合料各组分的润湿性和液相黏度，也直接影响烧结过程的黏结作用。

习　题

5-1　什么是固相反应，一般分为哪几种类型，其特点如何？

5-2　固相反应对烧结过程有何影响，如何加快烧结过程中固体颗粒间的固相反应速度？

5-3　论述烧结过程中液相形成过程及作用，并分析主要因素对形成液相量多少的影响。

5-4　什么是结晶，矿物结晶原则是什么，一般有哪些结晶形式？

5-5　冷凝速度对烧结矿质量有何影响？

5-6　硅酸铁系黏结相形成条件是什么，有何特点，它对烧结矿质量有何影响？

5-7　硅酸钙系黏结相有何特点，其中正硅酸钙的存在影响烧结矿质量的内在机理是什么？如何减少或消除正硅酸钙的存在对烧结矿质量可能带来的不利影响？

5-8　铁酸钙系黏结相有可特点，其数量多少对烧结矿质量有何影响，工业生产中在什么工艺条件下尽可能多地生成铁酸钙系黏结相？

6 烧结矿的矿物组成与结构

烧结矿的质量表现在它的强度（转鼓指数及落下强度）及还原性。而这些特性与烧结矿的结构及矿物组成有密切关系，因此，研究烧结矿的矿物组成、宏观及微观结构对于改进烧结矿的质量具有十分重要的意义。

6.1 烧结矿的常见矿物组成及其性质

烧结矿是由一种或多种矿物组成的复合物，它是由含铁矿物及脉石矿物组成的液相黏结而成，矿物组成随原料及烧结工艺条件不同而不同。一般说来，铁矿石烧结矿的矿物组成为：

（1）含铁矿物。包括磁铁矿（Fe_3O_4）、赤铁矿（Fe_2O_3）、浮氏体（Fe_xO）。

（2）黏结相矿物。各种原料差别很大，一般有铁橄榄石（$2FeO \cdot SiO_2$）、钙铁橄榄石 $[CaO_x \cdot FeO_{2-x} \cdot SiO_2(x = 0.25 \sim 1.5)]$、铁酸钙（$CaO \cdot Fe_2O_3$、$2CaO \cdot Fe_2O_3$、$CaO \cdot 2Fe_2O_3$）。这些矿物随碱度不同而异，低碱度生成 $CaO \cdot Fe_2O_3$，高碱度生成 $2CaO \cdot Fe_2O_3$，钙铁辉石（$CaO \cdot FeO \cdot 2SiO_2$）在碱度小于 1.0 时出现。

（3）其他硅酸盐。包括正硅酸钙（$2CaO \cdot SiO_2$，碱度大于 1.0）、硅灰石（$CaO \cdot SiO_2$，碱度 1.0~1.2）、硅酸三钙（$3CaO \cdot SiO_2$，高碱度生成）。

当原料中含有其他组分时，烧结矿黏结相还可以有以下组成：

（1）含有 Al_2O_3 脉石时，烧结矿黏结相矿物有铝黄长石（$2CaO \cdot Al_2O_3 \cdot SiO_2$）、铁铝酸四钙（$4CaO \cdot Al_2O_3 \cdot Fe_2O_3$）、铁黄长石（$2CaO \cdot Al_2O_3 \cdot Fe_2O_3$）。通常 Al_2O_3 高时，能制止正硅酸钙晶形转变，有利于防止烧结矿粉化，有利于提高强度。但 Al_2O_3 含量太高，提高渣相熔点，不利于造渣，烧结时有生料出现，适当含量（质量分数）为 1.5%~2.0%。

（2）含有 MgO 脉石时，有钙镁橄榄石（$CaO \cdot MgO \cdot SiO_2$）、镁黄长石（$2CaO \cdot MgO \cdot SiO_2$）、镁蔷薇辉石（$3CaO \cdot MgO \cdot 2SiO_2$）。通常 MgO 对烧结矿有好的作用，MgO 可固溶于 $2CaO \cdot SiO_2$ 中，有稳定其相变的作用。对烧结矿强度有利。当 MgO 含量适当时，使液相张力增加，因为 MgO 可使渣相流动性好、减少玻璃相，但 MgO 质量分数高于 4%~5% 不易熔化，易使烧结矿中含有生料，降低强度。

（3）含有 TiO_2 脉石时，有钙钛矿（$CaO \cdot TiO_2$）存在。强度高、无相变、抗压强度高，有一定的贮存能力，但脆性大，烧结矿平均粒度小。

（4）含 CaF_2 脉石时，有枪晶石（$3CaO \cdot SiO_2 \cdot CaF_2$），因为其形态尖形如枪，故取此名，熔点 1400℃，当 C_3S_2F-CaF_2 组成共熔混合物时，熔点为 1100℃，其抗压强度差，仅为 CFS 的 1/3，所以强度低。

主要的单个矿物的抗压强度及还原性能见表 6-1，表中还原率为 1g 试样在 700℃，用

1.8L/min 发生炉煤气还原 15min；荷重软化性是开始软化温度由高至低的对比顺序。

表 6-1　烧结矿主要矿物性质

矿物名称	抗压强度/kg·mm^{-1}	还原率/%	还原粉化性	荷重软化性
Fe_3O_4	36.9	26.7	无	1
Fe_2O_3	26.7	49.9	一般烧结含 $w(Fe_2O_3)=$ 10%~28%则发生异常粉化	
$C_xF_{2-x}S$			无	
$x=0$	20	1.0		3
$x=0.25$	26.5	21		
$x=0.5$	56.6	27		
$x=1.0$	23.3	6.6		
$x=1.0$（玻璃相）	4.6	3.1	无	4
$x=1.5$	10.2	4.2		
C_yF				
$y=1$	37.6	40.1	无	2
$y=2$	14.2	28.5		

从表 6-1 可知，单体矿物的还原性次序为：$Fe_2O_3 \rightarrow CF \rightarrow C_2F \rightarrow Fe_3O_4 \rightarrow CFS$（$x=$ 0.25、0.5）$\rightarrow$ 玻璃质 $\rightarrow F_2S$，其还原率的大小与自身晶粒大小和存在的状态有关。

抗压强度次序为：CFS（$x=0.5$）$\rightarrow Fe_3O_4 \rightarrow CF \rightarrow Fe_2O_3 \rightarrow CFS$（$x=0.25$、1.0）$\rightarrow F_2S$ $\rightarrow C_2F \rightarrow$ 玻璃质，烧结矿的强度是综合表现（气孔率、结构等）。

一些易分解还原的矿物（包括黏结相），虽然在冷态有较高的强度，但由于高温的还原分解，使其裂化，甚至消失，这样势必保证不了热态的强度。而硅酸盐矿物虽然在冷态强度较差，高温还原性能较差，但保持了原有状态，其热态强度表现要好。所以评价一种烧结矿的质量不能仅用冷态的物化性能作为依据，而且必须注意热态的物化性能。

6.2　烧结矿的常见矿物结构及其性质

烧结矿的结构有宏观结构和显微结构之分。宏观结构是指肉眼可观察到的烧结矿外貌情况，而显微结构则是指借助于显微镜或其他仪器才能得到的烧结矿矿物组成和分布情况。其具体内容包括如下几方面：

（1）结晶组分。所有结晶相的大小、形态、分布以及相之间的关系。

（2）玻璃相的数量与分布情况。

（3）气孔的总体积、气孔的种类（开口、封闭、半封闭）、气孔的尺寸及分布、基体气孔和晶内气孔等。

（4）单个相的界面种类和大小。

（5）单个晶体和玻璃相的化学组成以及浓度梯度。

第（1）、（2）、（3）项可以从显微镜的观察和测定中得出结果，第（4）项需用扫描电镜和结构分析仪确定，第（5）项由电子探针或扫描电镜测得。

6.2.1 宏观结构

宏观结构主要与烧结过程生成液及其性质有关，烧结矿是一个具有一定裂纹度和多孔材料。在含碳量较低或正常的条件下，烧结矿可视为许多物质凝块在空间上相互接触的集合体。这些凝块的结构，无论其大小，都是相同的。这种凝块叫做单元烧结体（以下简称烧结体）。这种烧结体之间相互接触点不多，相互间被大而不规则的气孔所分开，而烧结体内则为圆形或椭圆形的小气孔。

每个烧结体具有同心层结构。图6-1为一个具有代表性的烧结矿结构。图6-2为单元烧结体形成示意图。

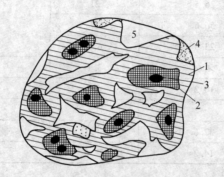

图 6-1　碱度为 1.1 的现厂烧结矿的结构（8 个单元烧结体）

1—边缘区，由 90%~95%磁铁矿和 5%~10%钙铁橄榄石和玻璃组成；2—中间区，由 50%~90%磁铁矿和 10%~15%
钙铁橄榄石和玻璃组成；3—中心区，由 30%~50%磁铁矿和 50%~70%钙铁橄榄石和玻璃组成
的硅酸盐；4—原生赤铁矿；5—大气孔

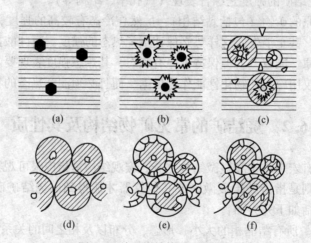

图 6-2　单元烧结体形成示意图

（a）在烧结料中的燃料颗粒；（b）燃烧开始；（c），（d）燃烧周围生成液滴和产生收缩；
（e）烧结体边缘开始结晶；（f）中心区结晶后的烧结体

用肉眼来判断烧结矿孔隙的大小、孔隙分布及孔壁的厚薄，可分为：

（1）粗孔蜂窝状结构。有熔融的光滑表面，由于燃料用量大，液相生成量多；燃料用量更高时，则成为气孔度很小的石头状体。

（2）微孔海绵状结构。燃料用量适中，液相量为 30%左右，液相黏度较大，这种结构强度高，还原性好。而黏度小时则易形成强度低的粗孔结构。

（3）松散状结构。燃料用量低、液相数量少、烧结料颗粒仅点接触黏结，故烧结矿强度低。

6.2.2　微观结构

6.2.2.1　粒状结构

图6-3　粒状结构

当熔融体冷却时磁铁矿首先析出形状完好的自形晶粒状结构。有时由于熔融体冷却速度较快，则析出的磁铁矿为半自形晶和他形晶粒状结构，分布均匀，强度较好，如图6-3所示。这种磁铁矿也可以是烧结配料中的磁铁矿再结晶的产物。有时出现磁铁矿晶体的中心部分是被熔融体熔蚀时的原始精矿——粉颗粒，而外部是从熔融体中结晶出来的，结果就形成了原始精矿粉被薄薄一层磁铁矿所包围的结构。烧结矿中含铁矿物晶粒与黏结相物晶粒互相结合成粒状结构，分布均匀，强度较好。

6.2.2.2　共晶结构

共晶结构包括：

（1）磁铁矿呈圆点状存在于橄榄石的晶体之中，磁铁矿圆点状晶体是 $Fe_3O_4\text{-}Ca_xFe_{2-x}SiO_4$ 系统共晶部分形成的，如图6-4所示。

（2）磁铁矿呈圆点状存在于硅酸二钙晶体之中，这些矿物共生是在 $Fe_3O_4\text{-}Fe_{2-x}SiO_4$ 系统共晶区形成的，如图6-5所示。

（3）赤铁矿呈细点状晶体发布在硅酸盐晶体中，是 $Fe_3O_4\text{-}Ca_xFe_{2-x}SiO_4$ 系统共晶体被氧化而形成的。

图6-4　$Fe_3O_4\text{-}CaO \cdot FeO \cdot SiO_2$共晶结构

图6-5　$Fe_3O_4\text{-}2CaO \cdot SiO_2$共晶结构

6.2.2.3　斑晶结构

烧结矿中含铁矿物与细粒的黏结相矿物组成斑晶结构，强度较好，如图6-6所示。

6.2.2.4　骸晶结构

早期结晶的含铁矿晶粒发育不完善，只形成骨架，其内部常为硅酸盐黏结相充填于其中，可以看到含铁矿物结晶外形和边缘呈骸晶结构，如图6-7所示。

6.2.2.5　交织结构

含铁矿物与黏结相矿物彼此发展或者交织构成，其烧结矿强度好，如图6-8所示。

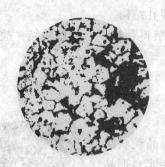
图 6-6   斑晶结构

图 6-7   骸晶结构

6.2.2.6   熔融结构

含铁矿物被黏结相所熔融，成他形晶。比如高碱度烧结矿中的 Fe_2O_3 被 CF 熔融，含铁矿物与黏结相接触密切，强度最好，如图 6-9 所示。

图 6-8   树枝状交织结构

图 6-9   熔融结构

6.3   影响烧结矿矿物组成和结构的因素

在烧结时，烧结料中矿石原料的组成是决定烧结矿中不同矿物组成的内在因素；而配加熔剂和燃料的品种及用量，其他少量添加物的种类和数量以及烧结过程的工艺条件，则属于决定烧结矿中矿物组成的外在因素。应该通过对外因的研究以发展有利于提高烧结矿产量和质量的矿物组成。

6.3.1   烧结料配碳量的影响

烧结料中配碳量决定烧结温度、烧结速度及气氛条件，对烧结矿的性质及矿物组成有很大的影响。

烧结矿的矿物组成随着烧结料中固定碳含量的变化而变化。烧结非熔剂性赤铁矿粉，当固定碳过少时，就不能促使赤铁矿足够还原和分解，燃烧带所产生的熔化物数量也少，但在烧结矿的最终结构中仍有可能得到不经过液相的橄榄石晶粒，它位于磁铁矿和石英颗粒的直接接触处。这样它就不能起黏结作用，这就是非熔剂性烧结矿在燃料不足的情况下强度差的原因之一。在正常固定碳用量时，烧结矿的主要矿物为磁铁矿和铁橄榄石以及少量的浮氏体、残存的原赤铁矿和二氧化硅。当提高固定碳用量（质量分数大于7%）时，浮氏体和铁橄榄石大大增多，而磁铁矿的含量相应减少，并可能出现金属铁。

我国鞍山精矿烧结研究表明：当烧结矿碱度固定在1.5、烧结料含碳量变化时，烧结矿矿物组成的变化如图6-10所示。当烧结料含碳量（质量分数）由3.0%升高到4.5%时，烧结矿中铁氧化物含量变化不太明显，而对黏结相的形态及矿物的结晶程度影响很大。当烧结料中含碳低时，磁铁矿的结晶程度差，主要黏结相是玻璃质，多孔洞，还原性比较好，而强度差，随着烧结料中含碳量的增加，磁铁矿的结晶程度提高，生成大粒结晶。这时液相黏结物以钙铁橄榄石代替了玻璃质，孔洞少，因此烧结矿强度变好。当固定碳过多时容易生成熔化过度、大孔薄壁或气孔度低的烧结矿，此时烧结产量低，还原性差，强度也不好。

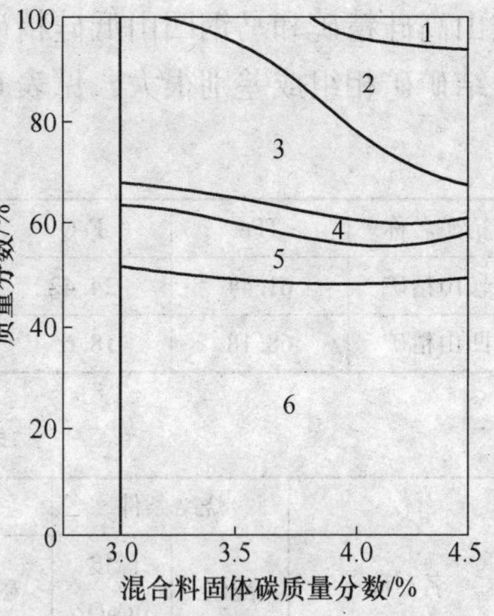

图6-10 烧结料中含碳量不同与矿物组成的关系
1—正硅酸钙；2—钙铁橄榄石；3—玻璃质；4—铁酸钙；5—赤铁矿；6—磁铁矿

6.3.2 烧结矿碱度的影响

当碱度为1.2时，其黏结相主要为CS(CaO·SiO₂)，且大多为玻璃质，当碱度提高到2.5时，渣池中析出粗针状CS。在上述碱度范围内，随碱度的提高，CS质量分数由13.14%减少到4.82%。

在碱度为1.2~2.5的范围内，随着碱度的提高，CF(铁酸钙)质量分数逐渐增加，即由8.54%增加到42.68%。其中有较多的CF-Fe_3O_4，互溶结构，CF的晶形由微针状变成柱状或长条状的交织结构。当碱度高于2.0，烧结饼中有游离CaO残存。随碱度提高FeO含量下降，烧结矿转鼓强度增加。

上述结果表明，碱度为1.2时黏结相以CS为主，碱度1.4时CS与CF共同起作用，碱度高于1.4时则以CF占优势，如图6-11所示。

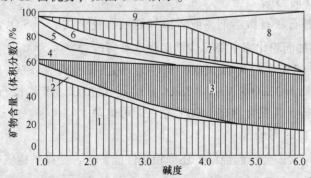

图6-11 碱度与矿物组成、强度、利用系数、黏结相、$w(FeO)$及空隙的关系
1—磁铁矿；2—赤铁矿；3—铁酸钙；4—铁橄榄石；5—硅酸盐玻璃质；6—硅灰石；7—硅酸二钙；8—硅酸三钙；9—游离石灰、石英及其他硅酸盐矿物

6.3.3 烧结料化学成分的影响

6.3.3.1 铁矿石中SiO₂的含量

烧结料中SiO₂和含铁量对矿相组成的影响最为明显，某矿山设计院采用比较典型的

鞍山高硅精矿和马钢凹山低硅精矿进行研究,两种精矿的化学成分见表6-2。碱度相同时烧结矿矿相组成差别很大,见表6-3。

表6-2　精矿化学成分　　　　　　　　　　（质量分数/%）

精矿名称	TFe	FeO	SiO_2	Al_2O_3	CaO	MgO	TiO_2
鞍山精矿	61.44	24.42	12.90	0.46	0.67	0.22	—
凹山精矿	68.18	18.65	1.70	0.68	0.62	0.24	1.25

表6-3　不同烧结矿矿物组成

| 名　称 | 烧结条件 | | 烧结矿矿物组成（质量分数/%） | | | | | | | |
	配碳/%	碱度（CaO/SiO_2）	磁铁矿	赤铁矿	铁酸钙	玻璃质	钙铁橄榄石	硅酸钙	游离CaO	高温石英
鞍山烧结矿	3.5	1.20	48.5	16.4	1.3	12.5	11.6	4.5	3.5	1.8
鞍山烧结矿	4.0	1.55	47.5	7.5	3.3	15.6	23.5	2.6	—	—
凹山烧结矿	4.0	1.17	86.0	7.0	—	7.6	—	—	—	—
凹山烧结矿	4.8	1.52	88.8	5.0	—	7.2	—	—	—	—

鞍山烧结矿碱度为 1.1~1.5 时的矿相结构,主要是以玻璃相和钙铁橄榄石做黏结相,将均匀分散的磁铁矿晶粒黏结起来。在孔洞边缘液相较多处,有一些次生的赤铁矿,这种烧结矿强度好。而在同样条件下马钢凹山烧结矿只有磁铁矿、赤铁矿和玻璃质。其中磁铁矿占86%以上,其他两种矿物很少,这种烧结矿由大面积磁铁矿集合体组成,孔洞边缘有一部分次生赤铁矿存在。由于少量玻璃质填充于磁铁矿晶粒之间起不到黏结作用,故强度不好。由此可见,烧结过程生成一定数量的液相是保证烧结矿有较高强度的重要条件。

6.3.3.2　MgO 的影响

添加白云石代替石灰石做熔剂,或者添加蛇纹石补充铁矿石 SiO_2 含量,发现烧结矿中随着 MgO 含量增加而粉化率下降,烧结矿强度有所改善。因为 MgO 存在时,将出现新的产物:镁橄榄石（$2MgO \cdot SiO_2$）熔点 1890℃,钙镁橄榄石（$CaO \cdot MgO \cdot SiO_2$）熔点 1454℃,镁蔷薇辉石（$3CaO \cdot MgO \cdot 2SiO_2$）熔点 1570℃,镁黄长石（$2CaO \cdot MgO \cdot SiO_2$）熔点 1454℃ 等,其混合物在 1400℃ 左右即可熔融。

6.3.3.3　Al_2O_3 的影响

烧结矿中 Al_2O_3 大多会引起烧结矿还原粉化性能恶化,使高炉透气性变差,炉渣黏度增加,放渣困难,故一般控制高炉炉渣 Al_2O_3 质量分数为 12%~15%,以保证炉渣的流动性,故烧结矿中的 Al_2O_3 质量分数应小于 2.1%。但原料中少量的 Al_2O_3 对烧结矿的性质起良好作用,Al_2O_3 增加时能降低烧结料熔化温度,生成铝酸钙和铁酸钙的固溶体（$CaO \cdot Al_2O_3$-$CaO \cdot Fe_2O_3$）。当其中 Al_2O_3 质量分数为 11% 时具有较低的熔点（1200℃）,同时 Al_2O_3 增加表面张力,降低烧结液相黏度,促进氧离子扩散,有利于烧结矿的氧化。配料中有一定的 Al_2O_3 可以生成较多的铁酸钙。某钢厂烧结铁矿粉的脉石成分大部分是长石转化而成的硅酸盐类,其中硅酸铝、钙盐类有较大的黏结性,造球性能好,这些组分中含较

多的 Al_2O_3，根据试验测定，碱度为 1.3、$w(SiO_2)=9.92\%$ 的武钢烧结矿中铁酸钙质量分数达到 14.4%，而碱度为 1.27、含 $w(SiO_2)=12.9\%$ 的鞍钢烧结矿中铁酸钙质量分数仅为 3.42%。但武钢烧结矿由于原料粒度较大，加之矿粉、燃料、水分大、物料黏结、不易混匀等原因，烧结矿结构及矿物分布不均匀，铁酸钙不规则地分布于晶体中或集中于局部，故含铁酸钙虽然较高，但对烧结矿的固结作用不大。因此，改善烧结矿的质量应从原料的准备工艺入手，提高烧结矿物构造的均匀性，以获得机械强度高的烧结矿。

6.3.3.4 配加少量的含磷矿物。

在烧结料中增加少量磷灰石或含磷铁矿粉能够防止烧结矿的粉化。如我国迁安精矿配加 6% 含磷矿粉 [$w(P)=1.06\%$] 或 3% 转炉钢渣 [$w(P)=0.7\%\sim1.0\%$]，烧结矿的粉化现象可完全抑制。

添加少量的含硼矿物，含铬矿物或者含钒铁矿粉也可以抑制烧结矿的粉化现象。根据硅酸盐物理化学理论研究表明，外加某种离子，凡能使 $A_2[XO_4]$ 中的阳离子和阴离子团 XO_4 大小的比值增大，就可以达到晶体稳定的目的。磷的离子半径小于硅（$P^{5+}=0.34\times10^{-16}$m，$Si^{4+}=0.39\times10^{-16}$m），用磷离子取代硅离子的方式进入 $2CaO\cdot SiO_2$ 晶格中，可以起到稳定 $2CaO\cdot SiO_2$ 的作用。根据这一理论，进行了配加工艺容易得到的其他元素来稳定 $2CaO\cdot SiO_2$，不使发生相变的试验。结果指出，磷、硼等离子半径小于硅，钡、锶等离子半径大于钙，故对 $2CaO\cdot SiO_2$ 都有良好的稳定效果。铬、钒、锰、镁、钛等离子接近于硅或钙，它们能部分固溶于 $2CaO\cdot SiO_2$ 中，但只有在提高它们的添加量以促进其固溶量增大的情况下，才能取得明显稳定的效果。

6.3.3.5 不同的 Fe_2O_3 种类的影响

由于生成路线不同，因而 Fe_2O_3 性质也不大相同。Fe_2O_3 生成路线有多种：升温过程中氧化生成片状、粒状赤铁矿；升温到 Fe_2O_3 与液相凝固而形成的斑状赤铁矿；磁铁矿再氧化形成的骸晶状菱形赤铁矿；赤铁矿—磁铁矿固熔体析出的细胞赤铁矿等。

在还原过程中由于 $\alpha\text{-}Fe_2O_3\text{-}Fe_3O_4$ 相转变，体积膨胀 2.5%。如图 6-12 所示，其中骸晶状菱形赤铁矿产生异常还原粉化。因此，要抑制此种赤铁矿生成，必须控制烧结矿降温过程中由磁铁矿向赤铁矿的相变。

6.3.4 操作工艺制度的影响

烧结过程的温度、气氛对烧结有很大影响，这除与燃料的用量有关外，它还与在烧结时点火温度、冷却速度和料层高度都有关系。烧结料的最高温度和高温保持时间、料层气氛和冷却速度是决定烧结矿最终矿物组成的重要因素。根据烧结原理，料层的上、中、下 3 部分

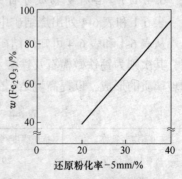

图 6-12　低温还原粉化值与 Fe_2O_3 含量的关系

热工条件和气氛相差甚远，因而上、中、下 3 层的烧结矿矿物组成有很大差别。

上层受点火温度和保温时间的直接影响，在温度过高、保温时间过长时，表层烧结矿过熔，出现 Fe_3O_4-玻璃质的斑晶结构，有少数 Fe_3O_4 与浮氏体的共生体，并有少量燃料残存。通过点火器后，表层烧结矿又被快速冷却，因而 Fe_3O_4 呈细长卵形颗粒或呈树枝状

结构，在孔洞边缘出现新生的赤铁矿，有时有未熔化的矿石颗粒和残余赤铁矿。在生产高碱度烧结矿时，表层可出现铁酸钙的毛发状或微晶聚集结构，因而烧结矿强度差。

中间层的气氛和温度适中，保温时间长，冷却速度慢，因而其主要特征是赤铁矿发育完整，磁铁矿颗粒与铁酸钙共生，铁酸钙呈长柱状。有时出现铁酸钙-Fe_3O_4互熔交织结构，因而烧结矿强度好。

由于下层温度比中层高，因而烧结矿中出现柱状铁酸钙与磁铁矿更加紧密地组成共晶，并从均匀黏结相中析出磁铁矿自形晶。由于冷凝速度慢，可以从铁酸盐中析出Fe_2O_3。

综上所述，为了改善烧结过程的温度制度，提高烧结矿的产量和质量，采用热风烧结、烧结矿热处理、富氧烧结以及双层烧结等措施，目的在于改进烧结矿的矿物组成与结构。

6.4　烧结矿矿物组成和结构对烧结矿质量的影响

烧结矿的质量应包括3个方面：

（1）物理性能。如粒度和粒度组成（粉末含量）、气孔度、机械强度。

（2）化学成分。如含铁品位、FeO、碱度、S、P等。

（3）冶金性能。如还原性、低温还原粉化、荷重软化性、熔融滴下性等。

这里所说的烧结矿的质量主要是指机械强度和还原性。

6.4.1　烧结矿中不同矿物组成、结构对其强度的影响

烧结矿的机械强度是指抵抗机械负荷的能力，一般抗压、落下和转鼓指数表示耐压、抗冲击和耐磨的能力，影响机械强度的因素如下。

6.4.1.1　各种矿物成分自身的强度

表6-1和表6-4列出烧结矿中主要矿物的抗压强度等特性。

从表6-1和表6-4可知烧结矿中的铁酸一钙、磁铁矿、赤铁矿和铁橄榄石有较高的强度，其次则为钙铁橄榄石及铁酸二钙，最后是玻璃相。因此，在烧结矿的矿物中应尽量减少玻璃质的形成，以提高烧结矿的强度。

表6-4　烧结矿中常见硅酸盐矿物抗压强度

矿 物 名 称	抗压强度/9.8067×10^2Pa	矿 物 名 称	抗压强度/9.8067×10^2Pa
亚铁黄长石	29.877	铝黄长石	12.963
镁黄长石	23.827	钙长石	12.346
镁蔷薇辉石	19.815	钙铁辉石	11.882
钙铁橄榄石	19.444	硅灰石	11.358
钙镁橄榄石	16.204	枪晶石	6.728

6.4.1.2　烧结矿冷凝结晶时的内应力

烧结矿在冷却过程中，产生不同的内应力：

（1）烧结矿块表面与中心存在温差而产生的热应力。

（2）各种矿物具有不同热膨胀系数而引起相间的应力。

（3）硅酸二钙在冷却过程中的多晶转变所引起的相变应力。

内应力越大，能承受机械作用力就越小。

6.4.1.3　烧结矿中气孔的大小和分布

一般烧结矿的气孔，若烧结温度低时，则大气孔多，而焦粉加入量增多时，由于气孔本身结合，气孔数变少，同时可见变成大气孔的倾向，并且气孔的形状由不规则形成球形，气孔率与强度的关系如图 6-13 所示。

6.4.1.4　烧结矿中组分和组织的均匀度

烧结矿强度与碱度的关系存在一个槽形曲线，如图 6-14 所示。

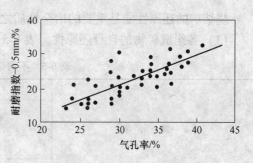

图 6-13　气孔率与强度的关系

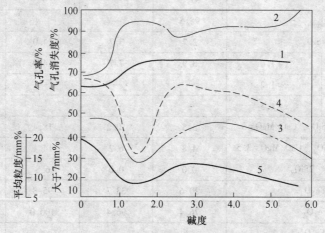

图 6-14　烧结矿的碱度与其物理特性的关系

1—烧结矿的气孔率；2—气孔消失度；3—破碎后大于 15mm 块中气孔率；

4—大于 7mm；5—大于 7mm 平均粒度

（1）非熔剂性烧结矿。此类烧结矿在矿物组成方面是低组分的，主要为斑状或共晶结构，其中的磁铁矿斑晶被铁橄榄石和少量玻璃质所固结，因而强度良好。

（2）熔剂性烧结矿。此类烧结矿在矿物组成上是属多组分的烧结。其结构为斑状或共晶结构，其中的磁铁矿斑晶或晶粒被钙铁橄榄石、玻璃质以及少量的硅酸钙等固结，强度差。

（3）高碱度烧结矿。此类烧结矿在矿物组成上也属低组分的构成，其结构为熔融共晶结构，其中的磁铁矿与黏结相矿物—铁酸钙等一起固结，具有良好的强度。

应该指出，在低碱度烧结矿中，可见到仅在高碱度烧结矿中生成的铁酸钙。相反，在高碱度的烧结矿中也有局部的低碱度硅酸铁生成，这是由于原料的偏析和反应没有充分进行有效的同化作用所致，烧结矿成分越是不均匀，其质量（此处指低温还原粉化性）越差。

影响烧结矿强度的因素是多方面的，如烧结料中熔剂过程时，在烧结过程中不可能全部熔融，烧结矿中就会有残余的 CaO 存在，CaO 遇水生成 $Ca(OH)_2$，也是造成烧结矿贮存时破裂的重要原因。

6.4.2 烧结矿的矿物组成、结构对其还原性的影响

烧结矿的还原性能是重要的冶金性质之一，影响还原性能的因素为：

（1）各组成矿物的自身还原性。表 6-5 列出不同试验条件单矿物的相对还原性。

表 6-5 不同矿物的相对还原性

矿 物 名 称		还原度/%			
		粒度 0.1~1mm，在 H_2 气中还原 20min			粒度 2~3mm，在 CO 气体中还原 40min
		700℃	800℃	900℃	850℃
Fe_2O_3		91.5	—	—	49.4
Fe_3O_4		95.5	—	—	25.5
$2FeO \cdot SiO_2$		2.7	3.7	14.0	5.6
$CaO_x \cdot FeO_{2-x} \cdot SiO_2$	$x=1.0$	3.9	7.7	14.9	12.3
	$x=1.2$	—	—	—	12.1
	$x=1.3$	—	—	—	9.4
$(Ca \cdot Mg)O \cdot FeO \cdot SiO_2$，$CaO/MgO=5$		5.5	10.2	18.4	—
$(Ca \cdot Mg)O \cdot FeO \cdot SiO_2$，$CaO/MgO=3.5$		4.8	6.2	14.1	—
$CaO \cdot FeO \cdot 2SiO_2$		0.0	0.0	6.8	
$2CaO \cdot Fe_2O_3$		20.6	33.7	95.8	25.5
$CaO \cdot Fe_2O_3$		76.4	96.4	100.0	49.2
$CaO \cdot 2Fe_2O_3$		—	—	—	58.4
$CaO \cdot FeO \cdot Fe_2O_3$		—	—	—	51.4
$3CaO \cdot FeO \cdot 7Fe_2O_3$		—	—	—	59.6
$CaO \cdot Al_2O_3 \cdot 2Fe_2O_3$		—	—	—	57.3
$4CaO \cdot Al_2O_3 \cdot Fe_2O_3$		—	—	—	23.4

从表 6-5 可知铁矿石的还原性，依次为赤铁矿、二铁酸钙、铁酸一钙及磁铁矿容易还原，铁酸二钙、铁铝酸钙还原性稍低，而玻璃质、钙铁橄榄石、钙铁辉石，特别是铁橄榄石是难还原矿物。

（2）气孔率、气孔大小与性质。一般来说，烧结反应进行越充分，气孔越小，固结加强，气孔壁增厚，强度也越好，相反，烧结矿的还原性变差（如图 6-15 为气孔率与还原性的关系）。因此，从强度和还原性两方面来说，气孔率过大、过小均不好，有一最佳值。

（3）矿物晶粒的大小和晶格能的高低。例如磁铁矿晶粒细小，在晶粒间黏结相很少，这种烧结矿在 800℃时易还原，而大颗粒的磁铁矿或者被硅酸盐包裹时，则难还原或者只

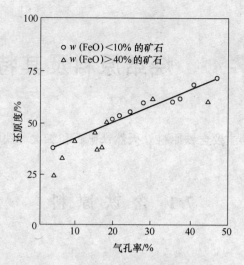

图 6-15　还原性与气孔率的关系

是表面还原。此外，晶格能低的易还原，晶格能高的还原性差。某些矿物的晶格能列于表
6-6。

表 6-6　单矿物晶体的晶格能

矿　物　名　称	晶格能/kJ
赤铁矿	9538
铁酸钙	10856
磁铁矿	13473
钙铁橄榄石	18782
铁橄榄石	19046

习　题

6-1　烧结矿中的主要矿物有哪些，它们的性质有什么不同？

6-2　烧结矿的宏观结构和微观结构各有哪几种，其特点如何？

6-3　分析几种主要因素对烧结矿矿物组成和结构影响的规律。

6-4　分析烧结矿的矿物组成和结构对烧结矿质量的影响。

7 烧结原料及其特性

烧结生产使用的原料主要含铁原料（天然铁矿石和二次含铁原料）、锰矿石、熔剂和添加剂及燃料。

7.1 含 铁 原 料

7.1.1 天然铁矿石

铁是组成地壳的重要元素之一，在地壳中，它约占各种元素总质量的51%，因此，大部分地壳的岩石中都含有铁。然而，在自然界中，金属状态的铁是很少见的，一般都和其他元素结合成化合物。现在已知的含铁矿物有300多种，但在目前技术水平的条件下能用于炼铁而且经济上又合算的只有几种，因此不能把所有的含铁岩石都称为铁矿石。

铁矿石主要是由一种或几种含铁矿物和脉石所组成。烧结使用的含铁原料，主要是各类含铁矿物的精矿和富矿粉。精矿是铁矿石经过选矿处理后的产物，富矿粉是富矿在开采或加工过程中产生的，其粒度小于5mm或8mm的细粒部分。

目前，烧结和炼铁生产常用的铁矿石根据含铁矿物性质不同可以分成4种类型，即磁铁矿、赤铁矿、褐铁矿和菱铁矿，见表7-1。

4类铁矿含的有害杂质为S（硫）和P（磷）两种，其中S可在烧结高温氧化造块中脱除大部分，但P无法脱除。总的来说，要求造块产品中S和P杂质含量越低越好，因为S在钢铁内以FeS形态存在于晶粒间界上，熔点低（1193℃），导致"热脆"，而P则易结合成Fe_3P，形成Fe_3P-Fe二元共晶体，在钢铁内导致"冷脆"，最终使钢材质量降低。铁矿石内有益杂质为Mn和其他金属元素，如Cu、Cr、V及Mo等，这类元素少量存在对保证钢材的某些特殊性能有显著作用。

表 7-1　铁矿石的分类及特性

矿石名称	含铁矿物名称和化学式	矿物中的理论含铁量（质量分数）/%	矿石密度/t·m⁻³	颜色	条痕	冶炼性能		
						实际含铁量（质量分数）/%	有害物质	强度及还原性
磁铁矿（磁性氧化铁矿石）	磁性氧化铁 Fe_3O_4	72.4	5.2	黑色或灰色	黑色	45~70	S、P 高	坚硬、致密、难还原
赤铁矿（无水氧化铁矿石）	赤铁矿 Fe_2O_3	70.0	4.9~5.3	红色至淡灰色甚至黑色	红色	55~60	少	较易破碎和还原

矿石名称	含铁矿物名称和化学式	矿物中的理论含铁量（质量分数)/%	矿石密度/t·m^{-3}	颜色	条痕	冶炼性能		
						实际含铁量（质量分数)/%	有害物质	强度及还原性
褐铁矿（含水氧化铁矿石）	水赤铁矿 $2Fe_2O_3 \cdot H_2O$	66.1	4.0~5.0					疏松，大部分属软矿石，易还原
	针赤铁矿 $Fe_2O_3 \cdot H_2O$	62.9	4.0~4.5	黄褐色				
	水针赤铁矿 $3Fe_2O_3 \cdot 4H_2O$	60.9	3.0~4.4	色暗	黄褐色	37~55	P 高	
	褐铁矿 $2Fe_2O_3 \cdot 4H_2O$	60.0	3.0~4.2	褐色至黑色	黄褐色	37~55	P 高	
	黄针铁矿 $2Fe_2O_3 \cdot 2H_2O$	57.2	3.0~4.0					
	黄赭石 $Fe_2O_3 \cdot 3H_2O$	55.2	2.5~4.0					
菱铁矿（碳酸盐铁矿石）	碳酸铁 $FeCO_3$	48.2	3.8	灰色带黄色	灰色或带黄色	30~40	少	易破碎，最易还原（焙烧后）

7.1.1.1 磁铁矿

磁铁矿是一种常见的铁矿石。其化学式为 Fe_3O_4，理论含铁量（质量分数）为 72.4%，其中 $w(Fe_2O_3) = 69\%$，$w(FeO) = 31\%$。磁铁矿石的组织一般都很致密坚硬，还原性差，呈块状或粒状，其外表有金属光泽，颜色呈钢灰色或黑灰色，有磁性，密度为 4.9~5.2t/m^3。磁铁矿矿石中脉石常为石英、各种硅盐（如绿泥石等）及碳酸盐，也含有少量黏土。此外，由于矿石中含有黄铁矿及磷灰石，有时还有闪锌矿及黄铜矿，因此，一般磁铁矿含硫和磷较高，并含锌和铜，含钛（TiO_2）和钒（V_2O_5）较多的磁铁矿分别称为钛铁矿或钒钛磁铁矿。

在自然界，由于氧化作用，可使部分磁铁矿氧化成赤铁矿，成为既含 Fe_2O_3、又含 Fe_3O_4 的矿石，但仍保持原磁铁矿结晶状态，这种现象称为假象化，多称为假象赤铁矿或半假象赤铁矿。

为衡量磁铁矿的氧化程度。通常以全铁（TFe）与氧化亚铁（FeO）的比值来区分。比值越大，则说明该矿石氧化程度越高，即：

（1）TFe/FeO<2.7 时为原生磁铁矿。

（2）TFe/FeO = 2.7~3.5 时为混合矿。

（3）TFe/FeO>3.5 时为氧化矿。

对纯磁铁矿而言，TFe/FeO 值为 2.3（理论值）。上述划分比值只是对矿物成分简单，具有比较单一的磁铁矿和赤铁矿组成的铁矿床或矿石才适用。若矿石中含有硅酸盐、硫化铁和碳酸铁等，因其中 FeO 不具磁性，在计算时计入 FeO 范围内时就易出现假象，分析可靠性降低。

一般从矿山开采出来的磁铁矿石含铁量（质量分数）为30%~60%，当含铁量（质量分数）大于45%、粒度大于5mm或8mm时，可直接供炼铁用，小于5mm或8mm时，则作为烧结原料，当含铁量（质量分数）小于45%或有害杂质超过规定，不能直接利用，则需经过选矿处理，通常用磁选法得到高品位的磁选精矿。

磁铁矿石的烧结特性是由于其结构致密、形状较规则，所以其堆密度大，烧结料颗粒间有较大的接触面积，烧结时在液相发展较少的情况下烧结矿即可成型，因此，烧结过程可以在温度不高和燃料用量较少的情况下，得到熔化度适当、FeO含量较低、还原性和强度较好的烧结矿。

7.1.1.2　赤铁矿

赤铁矿又称"红矿"，其化学式为Fe_2O_3，理论含铁量（质量分数）为70%，铁呈高价氧化物，为氧化程度最高的铁矿。

赤铁矿的组织结构多种多样，由非常致密的结晶体到疏松分散的粉体；矿物结构成分也具多种形态，晶形为片状和板状。外表呈片状具金属光泽、明亮如镜的称为镜铁矿；外表呈云母片状而光泽度不如前者的称为云母状赤铁矿；质地松软、无光泽、含有黏土杂质的为红色土状赤铁矿（又称铁赭石）；以胶体沉积形成鲕状、豆状和肾形集合体赤铁矿，其结构一般皆较坚实。

结晶的赤铁矿外表颜色为钢灰色或铁黑色，其他为暗红色。但所有赤铁矿的条痕检测皆为暗红色。

赤铁矿密度为4.8~5.3t/m³，硬度视赤铁矿类型而不一样。结晶赤铁矿硬度为5.5~6.0，其他形态的硬度较低。

一般较磁铁矿石易还原和破碎，赤铁矿石所含的有害杂质硫、磷、砷较磁铁矿石、褐铁矿石少，其主要脉石成分为SiO_2、Al_2O_3、CaO和MgO等。

从自然界开采出的赤铁矿石含铁量（质量分数）为40%~60%。含铁量（质量分数）大于40%，粒度小于5mm或8mm的矿粉作为烧结原料，当含铁量（质量分数）小于40%或含有害杂质过多时，需经选矿处理。一般采用重选法、磁化焙烧—磁选法、浮选法或采用混合流程处理。处理后得到高品位赤铁精矿作为造块原料。

赤铁矿的烧结性能与磁铁矿相近，但其开始软化温度较高，要在料层各部均匀达到这样高温度有一定困难。一般赤铁矿在烧结时比磁铁矿需要的燃料消耗高。如果单纯地增加燃料用量来满足较高温度的要求，虽然能得到足够液相，但不可避免地产生过熔，形成还原性差、大孔薄壁、性脆的烧结矿。因此烧结矿强度差，成品率低。由此可见，烧结赤铁矿比磁铁矿困难。

7.1.1.3　褐铁矿

为含结晶水的赤铁矿（$mFe_2O_3 \cdot nH_2O$）。因含结晶水量不同，褐铁矿可分为5种，即水赤铁矿（$2Fe_2O_3 \cdot H_2O$）、针赤铁矿（$Fe_2O_3 \cdot H_2O$）、水针铁矿（$3Fe_2O_3 \cdot 4H_2O$）、黄针铁矿（$Fe_2O_3 \cdot 2H_2O$）和黄赭石（$Fe_2O_3 \cdot 3H_2O$）。自然界中的褐铁矿绝大部分以褐铁矿（$2Fe_2O_3 \cdot 3H_2O$）形态存在，其理论含铁量（质量分数）为59.8%。

褐铁矿的外表颜色为黄褐色、暗褐色和黑色，呈黄色或褐色条痕，密度为3.0~4.2t/

m^3，硬度为 1~4，无磁性。褐铁矿由其他矿石风化而成，其结构松软，密度小，含水量大，气孔多，且在温度升高时结晶水脱除后又留下新的气孔，故还原性皆比前两种铁矿高。

自然界中褐铁矿富矿很少，一般含铁量（质量分数）为 37%~55%，其脉石主要为黏土、石英等，但杂质 S、P 含量较高。当含铁品位（质量分数）低于 35% 时，需进行选矿处理。目前，褐铁矿主要用重力选矿和磁化焙烧—磁选联合法处理。

褐铁矿因含结晶水和气孔多，用烧结球团造块时收缩性很大，使产品质量降低，只有延长高温处理时间，产品强度可相应提高，但导致燃料消耗增大，加工成本提高。

7.1.1.4 菱铁矿

菱铁矿化学式为 $FeCO_3$，理论含铁量（质量分数）达 48.2%，$w(FeO)$ 达 62.1%。在碳酸盐内的一部分铁可被其他金属混入而部分生成复盐，如（Ca·Fe）CO_3 和（Mg·Fe）CO_3 等。在水和氧作用下，易转变成褐铁矿而覆盖在菱铁矿矿床的表面。在自然界中分布最广的是黏土质菱铁矿，其夹杂物为黏土和泥沙。

常见的致密坚硬的菱铁矿，外表颜色呈灰色或黄褐色，风化后则转变为深褐色，具有灰色或带黄色条痕，玻璃光泽，密度为 3.8t/m^3，硬度为 3.5~4，无磁性。

对含铁品位低的菱铁矿可用重选法和磁化焙烧—磁选联合法，有可用磁选—浮选联合法处理。这类矿石因在高温下使碳酸分解，可使产品含铁量大大提高。但由于菱铁矿在烧结时分解出大量的 CO_2 气体，故对粒度要求较为严格，用作烧结原料的菱铁矿粒度应小于 6mm。粒度过大，在分解时消耗大量的热量和必要的时间。同时，在烧结时，因收缩量大，也导致产品强度降低和设备生产能力降低，燃料消耗也因碳酸分解而增加。

根据以上铁矿特点，可以看出各种铁矿主要性质和烧结时的重要区别。但在生产实践中，除上述铁矿类型划分外，还可根据脉石成分的碱度划分为碱性矿石（$R>1.3$）、自熔性矿石（$R=1.0~1.3$）和酸性矿石（$R<1.0$）。根据生产工艺的不同，把含铁原料分为铁精矿和铁粉矿。铁精矿是通过选矿而获得的一种含铁品位高、粒度细的产品。铁精矿的特点是：粒度细、含水量高、铁的品位高而其他杂质少，在鉴别精矿时，用手抓铁料，手感沉重，潮湿时拧紧不易松散，还可以从颜色、气味上识别，用火烘干后，精矿呈粉末状。铁粉矿是在矿山采矿过程中，经过富矿块加工破碎后的产品，其粒度一般小于 10mm。铁粉矿一般为土红色和灰褐色，其堆密度为 1.9~2.3t/m^3，且粒度比较粗，国内粉矿在 10mm 以下，进口粉矿在 6mm 以下。

7.1.2 二次含铁原料

在冶金及其他一些工业生产部门有不少副产品，其含铁量都比较高，这些工业副产品如当做废物抛弃，造成资源浪费且导致环境恶化，烧结配用这些工业副产品不仅可以降低烧结成本，而且可以综合利用资源，保护环境不被污染。

7.1.2.1 瓦斯灰

瓦斯灰是高炉煤气带出来的炉尘，通常含铁质量分数为 40% 左右，它实际上是矿粉和焦粉的混合物。

瓦斯灰粒度较细，呈深灰色，亲水性差。烧结料中加入部分瓦斯灰，可节约铁料和燃料消耗，加之价格低廉，还可以降低成本。进厂的瓦斯灰，要适当加水润湿，以便运输和改善条件。表7-2为部分瓦斯灰化学组成。

表7-2　武钢瓦斯灰化学组成　　　　　（质量分数/%）

名称	TFe	FeO	SiO₂	Al₂O₃	CaO	MgO	MnO	S	P	烧损	挥发分	C
瓦斯灰	31.95	6.39	8.92	3.24	2.98	2.04	0.19	0.21	0.013	35.56	—	—
瓦斯泥	34.49	4.40	12.89	—	2.08	3.31	—	—	—	—	6.55	20.40

7.1.2.2　轧钢皮

轧钢皮是轧钢厂生产过程中产生的氧化铁鳞，也称氧化铁皮。轧钢皮一般占总钢材的2%~3%，含铁量（质量分数）为70%左右，从水泵站沉淀池中清理出来的细粉铁皮含铁量（质量分数）也有60%左右，含其他有害杂质较少。轧钢皮密度大，是生产平炉烧结矿的最好原料。表7-3为部分轧钢皮的化学组成。进厂的轧钢皮必须筛去大块杂物保证粒度小于10mm。烧结中使用轧钢皮，可节约铁矿石，由于其中的FeO氧化放热，可节约燃料消耗。

表7-3　轧钢皮化学组成　　　　　（质量分数/%）

名　称	TFe	FeO	SiO₂	CaO	MgO	S
武钢轧钢皮	71.20	63.85	2.03	0.28	0.54	0.030
加工铁皮	72.40	50.00	1.45	0.52	0.50	0.097
沉淀池铁皮	65.73	48.40	1.48	1.09	1.21	0.400

7.1.2.3　钢渣

钢渣一般指平炉渣，多为碱性平炉钢渣，这种钢渣各钢铁厂堆积如山。钢渣是炼钢中各期的混合物，由于日晒雨淋等原因，使钢渣发生不同程度的风化，故称风化渣，筛分后小于10mm的用于烧结，它具有一定的吸水性和黏结性。

另一类是水淬渣，主要是炼钢过程的初期渣经水淬后呈粒状的钢渣。其颗粒不规则，多棱角，结构疏松，它们的化学组成列于表7-4。

表7-4　钢渣化学成分　　　　　（质量分数/%）

名称	TFe	FeO	SiO₂	Al₂O₃	CaO	MgO	S	P	V₂O₃	CaO/SiO₂	TiO₂	金属铁
风化渣	14.01	9.31	14.52	2.76	34.87	13.62	0.100	1.250	0.54	2.40	0.84	4.15
水淬渣	25.63	29.05	19.92	2.94	24.81	5.87	0.063	3.370	1.81	1.24	2.24	7.15
武钢混合钢渣	Fe₂O₃ 6.08	11.41	6.90	8.41	38.25	18.79	0.081	P₂O₅ 1.01				

实践表明，烧结料中配入少量钢渣后，能较大地改进烧结矿的宏观结构和微观结构，有利于液相中析出晶体，使烧结矿液相中的玻璃质减少，提高烧结矿强度和成品率。试验证明，当烧结中使用4%~6%的钢渣时，产量可提高8%，但配比不宜过高，否则会使烧结矿含铁品位下降，含磷升高。由于钢渣中CaO、MgO含量高，烧结料中添加钢渣可以代替部分熔剂。

7.1.2.4 黄铁矿烧渣

黄铁矿烧渣是用黄铁矿制取硫酸后剩下的残渣，又称硫酸渣，其粒度较细，含铁量（质量分数）在50%左右，含硫量较一般铁矿石高，有的含铜、铅、锌等有色金属，在造块前或造块过程中应进一步脱除。表7-5为不同厂烧渣的化学成分。

表7-5　黄铁矿烧渣化学成分　　　　　　　　（质量分数/%）

序号	TFe	FeO	SiO$_2$	Al$_2$O$_3$	CaO	MgO	Mn	P	S	烧损
1	55.42	11.02	10.78	0.43	3.17	0.13	0.135	0.012	4.05	3.70
2	48.45	8.35	16.60	0.50	2.97	0.68	0.135	0.014	2.20	3.70
3	59.41	3.10	8.58	1.40	2.33	1.53	0.082	0.160	1.00	1.65

我国目前很重视烧渣的利用，最简单的利用方法是代替铁料参与烧结，有些烧结厂已大量使用烧渣作为含铁原料。由于烧渣孔隙大、堆密度小，采用烧结法处理单一硫酸渣时，因其收缩大，造块产品强度差，故烧结时一般与其他铁矿石配合使用。近年来，有些厂将烧渣进行选矿处理，以提高含铁品位（>55%）和降低含硫质量分数（<0.1%），这种烧渣精矿作为烧结或球团的原料则更为有利。

7.1.3　国内外铁矿石资源概况

铁矿石在自然界中储量比较丰富，在世界范围内的分布较广。根据美国地质调查局2017年报告，截至2016年12月31日，世界铁矿石保有储量1725亿吨，铁金属储量816.6亿吨，主要分布在澳大利亚、俄罗斯、中国、巴西、美国、印度、乌克兰和加拿大，具体分布见表7-6。数据显示，有30.14%铁矿资源分布于澳大利亚，俄罗斯分布有14.49%，巴西储存有13.33%，中国分布有12.17%，其余国家储量占比在10%以下；世界铁矿石平均铁品位为47.34%，其中印度、南非和瑞典的平均品位较高，超过60%，其次是巴西、伊朗和俄罗斯，这3个国家的平均铁品位在52%~56%，澳大利亚铁矿石平均含铁质量分数为44.23%，其余国家的铁矿石资源品位均低于40%。当前全球铁矿石供大于求，且钢铁生产能力的布局与铁矿资源的分布不相适应：日本、韩国、英国、意大利等国的铁矿石完全依赖进口；而中国因钢铁产能大，需要大量进口，但总体需求近年大幅下跌；美国、俄罗斯国内的铁矿石供求基本平衡；巴西、印度、澳大利亚的铁矿石则大量出口。

表7-6　世界铁矿石资源分布情况

国　别	原矿/亿吨	占比/%	含铁量/亿吨	平均铁品位/%
美国	30	1.74	7.9	26.33
澳大利亚	520	30.14	230	44.23
巴西	230	13.33	120	52.17
加拿大	60	3.48	23	38.33
中国	210	12.17	72	34.29
印度	81	4.70	52	64.20
伊朗	27	1.57	15	55.56

国　别	原矿/亿吨	占比/%	含铁量/亿吨	平均铁品位/%
哈萨克斯坦	25	1.45	9	36.00
俄罗斯	250	14.49	140	56.00
南非	12	0.70	7.7	64.17
瑞典	35	2.03	22	62.86
乌克兰	65	3.77	23	35.38
其他国家	180	10.43	95	52.78
合计	1725	100.00	816.6	47.34

近 5 年世界各国铁矿石产量如图 7-1 所示, 中国的铁矿石产量居世界之首, 近 5 年的产量均占世界总产量的 40% 以上, 受近来铁矿石价格制约, 一些高成本矿山相继停产, 因此 2015 年中国的铁矿石产量出现急剧下降; 澳大利亚为世界铁矿石产量第二大国, 近 5 年其铁矿石产量稳步上升, 2016 年其产量约占世界总产量的 37%; 巴西近 5 年的铁矿产量基本保持稳定, 年产量约为 4 亿吨左右; 印度的铁矿石产量从 2010 年的 2.3 亿吨降至 2014 年的 1.3 亿吨, 而在 2015 年开始又增产至 1.6 亿吨; 其他各国铁矿石产量相比上述四国整体较低, 波动也较小。

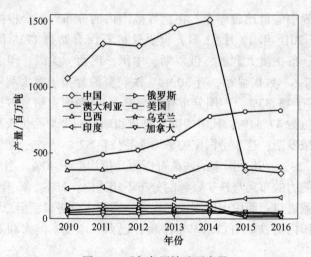

图 7-1　近年各国铁矿石产量

我国铁矿资源查明储量大, 仅次于澳大利亚和俄罗斯, 和巴西并列世界第三, 铁金属储量有 72 亿吨, 位居世界第五位。我国铁矿资源分布广泛, 资源储量相对较集中, 主要分布于辽宁、河北、四川、安徽和湖北, 有鞍山本溪、冀东密怀、攀枝花西昌、五台吕梁、宁芜庐枞、包头白云鄂博、鲁中、邯邢、鄂东、海南等十大成矿集中区。2014 年我国新发现矿产地 25 处, 其中大型 1 处、中型 6 处、小型 18 处, 发现较多的有新疆、江西和山东等, 查明储量增长 5.6%。

虽然我国铁矿石储量大, 矿石类型多, 但品质欠佳, 总体特点是贫、细、杂, 平均铁品位仅为 34.29%, 低于世界平均品位 13.05%, 可直接入炉炼铁、炼钢的富铁矿资源储量仅占全国铁矿资源储量的 2.7%，其中 95% 以上铁矿石为铁品位 30% 左右的低品位铁矿，与其他矿物伴生关系复杂、选冶难度大、开发利用成本高。我国暂难利用铁矿保有储量约 194 亿吨，工业储量约为 57 亿吨，这些资源一般难采、难选，多组分结合难以综合利用。

7.1.4 铁矿石的评价

关于铁矿石的使用价值，主要取决于高炉冶炼和烧结对铁矿石性能的要求。随钢铁工业技术的进步，烧结矿的入炉率大大增加。目前，大型高炉中烧结矿的入炉率达 80% 以上，在某种意义上讲，铁矿石的使用价值又主要取决于烧结对铁矿粉的要求。

7.1.4.1 含铁量

原料含铁量越低，脉石数量就越多，高炉冶炼就多用熔剂和焦炭，生产率也要下降，而且渣量增加的倍率要大于铁分降低的倍率。例如，鞍山地区原矿含铁质量分数为 30%，含 SiO_2 质量分数为 50%，选矿后的精矿含铁（质量分数）升高到 60%，SiO_2（质量分数）降低到 14%。可见品位提高 1 倍，SiO_2 含量降低近 4 倍，而单位质量生铁渣中 SiO_2 含量降低近 8 倍（按 SiO_2/Fe 比值计算）。所以，过贫的矿石直接入炉在经济上是不合算的，同时在操作上也有较多的困难。对于菱铁矿、褐铁矿，含碱性脉石的矿石，应在扣除其中的 CO_2、H_2O 或碱性脉石的情况下，来衡量矿石含铁品位的高低。

7.1.4.2 脉石成分

脉石中的 SiO_2、Al_2O_3 称为酸性脉石，CaO、MgO 称为碱性脉石，矿石中的 $(CaO+MgO)/(SiO_2+Al_2O_3)$ 或 (CaO/SiO_2) 的比值称为碱度，碱度接近炉渣碱度时称为自熔性矿石。因此，矿石中 CaO 多，冶炼价值高一些。而 SiO_2 含量越低越好，含 SiO_2 多，消耗的石灰石量和生成的渣量也大，导致高炉冶炼焦比升高和产量下降。

矿石中 MgO 高时，会增加炉渣中的 MgO 含量，能提高烧结矿质量，改善炉渣的流动性和增加其稳定性。所以，一般炉渣中保持 $w(MgO)=6\%\sim8\%$，但是 MgO 过高又会降低其脱硫渣的流动性。

Al_2O_3 在高炉渣中为中性氧化物，渣中 Al_2O_3 质量分数超过 22%～25% 以上时，渣难熔而不易流动。因此，矿石中 Al_2O_3 要加以控制，一般矿石中 SiO_2/Al_2O_3 比宜大于 2～3。

有的矿石性质比较独特，如包钢矿石中含 CaF_2，它使炉渣熔点降低、流动性好，在烧结过程中产生含氟废气、污染环境和腐蚀设备。攀钢矿石中含 TiO_2，使炉渣变黏，容易导致渣铁不能畅流、炉缸堆积和生铁含硫升高等。

7.1.4.3 有害杂质含量

铁矿石中常见的有害杂质是硫、磷、砷以及铜、锌、钾、钠等。

硫在钢铁中以 FeS 形态存在于晶粒间接触面上，熔点低（1193℃）导致"热脆"。高炉冶炼可以脱硫，但需多加焦炭和石灰石，使成本升高和产量降低。据经验，矿石中含硫质量分数升高 0.1%，焦比升高 5%，故铁矿石中的硫应在烧结中脱除，使入高炉原料含硫质量分数小于 0.15%。

磷和铁结合成化合物 Fe_3P，此化合物与铁形成二元共晶 Fe_3P-Fe，导致钢材"冷脆"。

烧结和高炉冶炼都不能脱磷，故要求矿石中含磷越低越好，否则，高磷铁矿应和低磷铁矿搭配使用，炼成含磷合格的生铁。

砷在烧结过程中不易除去，在高炉还原后溶于铁中，它能降低钢的力学性能和焊接性能。

铜在冶炼过程中进入铁水中，少量的铜能改善钢的抗腐蚀性能，减少 Fe_3C 数量，并使结晶变细，但其质量分数超过 0.3% 时就会降低焊接性能，并产生"热脆"现象。

铅在高炉内还原成金属铅，由于它的熔点比生铁低、密度大，不熔于生铁，沉在铁水下面，渗入高炉炉底砖缝，将耐火材料浮起，对炉底有破坏作用。

锌在高炉中易还原、易挥发。在高炉上部温度较低的地方冷凝下来，一部分进入炉砖缝中，随后氧化在氧化锌，体积膨胀，破坏炉衬并引起结瘤，甚至堵塞烟道。

钾和钠碱金属含量，国外一般限制在 3.5~4.5kg/t 铁以下，过高则碱金属在高炉内循环富集，引起高炉结瘤、悬料、破坏炉衬，甚至堵塞管道。

7.1.4.4 粒度和强度

矿石粒度越均匀，高炉料柱的透气性就越好，因此，天然富矿入高炉前往往要经过严格的破碎、筛分，使其粒度在 8~25mm 或 10~50mm 范围之内。烧结矿经过整粒可达到理想的冶炼粒度。

矿石强度差、粉末多，料柱透气性不好，炉尘吹损量大。

7.1.4.5 冶金性能

高炉使用易还原的矿石，产量高，焦比低。烧结矿比天然块矿具有较好的还原性。天然块矿还原性次序为：磁铁矿<赤铁矿<褐铁矿<菱铁矿。

其次是矿石的软化性。软化性有两个重要意义，第一是矿石开始软化变形的温度；第二是软化区间，即软化开始到熔化终了温度的范围。高炉冶炼时要求矿石的软化开始温度应高一些，软化区间应窄一些。

应当指出，铁矿粉或铁精矿性质对烧结过程及烧结矿的质量有十分重要的影响，如矿石种类、化学成分、粒度、亲水性等。上述这些都影响烧结过程及烧结矿质量，它们的影响往往又是交互的，故常表现出不同的烧结性能。生产实践和理论研究结果表明，铁矿石的软化温度越低、软熔区间越窄，越容易生成液相，这种矿石的烧结性能是好的，但它又影响烧结过程的透气性。

7.2 熔　剂

7.2.1 熔剂的种类

使矿物中脉石造渣用的熔剂，按其性质可分为碱性熔剂（石灰类）、中性熔剂（高铝类）和酸性熔剂（石英类）三类。由于铁矿石的脉石成分绝大多数以 SiO_2 为主，故常用含 CaO 和 MgO 的碱性熔剂。常用碱性熔剂的矿物有石灰石（$CaCO_3$）、消石灰 [$Ca(OH)_2$]、生石灰（CaO）和白云石 [$CaCO_3 \cdot MgCO_3$]。此外，在烧结中，为改进产品的质量和其冶金性能，也采用一些酸性熔剂，主要有橄榄石、蛇纹石和石英石。

7.2.1.1　石灰石

石灰石理论 CaO 含量（质量分数）为 56%。在自然界中石灰石都含有铁、镁、锰等杂质，故一般含 CaO 质量分数仅为 50%~55%。石灰石呈块状集合体，硬而脆，易破碎，颜色呈灰白色和青黑色两种。有时，其成分中常含有 SiO_2 和 Al_2O_3 杂质。烧结厂入厂石灰石要求 CaO 高，一般 $w(CaO) > 50\%$，含酸性氧化物要低，$w(SiO_2) < 3\%$，CaO 波动范围要小，有害杂质硫、磷要少。粒度要求为 0~80mm。

7.2.1.2　白云石

它具有方解石和碳酸镁中间产物性质。白云石理论 $w(CaCO_3) = 54.2\%$ [$w(CaO) = 30.4\%$]，$w(MgCO_3) = 45.8\%$ [$w(MgO) = 21.8\%$]。它呈粗粒块状，较硬难破碎，颜色为灰白色或浅黄色，有玻璃光泽。在自然界中的分布没有石灰石普遍。

在白云石与石灰石中间的过渡带，称为互层，互层分石灰石互层 [$w(MgO) < 6\%$] 和白云石互层 [$w(MgO) = 6\%~16\%$]，互层由于成分不稳定，烧结配料时不易控制。

石灰石与白云石的区别除颜色外，白云石有玻璃光泽，其破碎面呈鱼子状小粒，而石灰石较平整，用手握这两种块矿时，石灰石手感比白云石手感好，白云石有棱角扎手的感觉。

7.2.1.3　生石灰

由石灰石煅烧后制成。CaO 理论量（质量分数）为 85% 左右，易破碎。生石灰遇水后变成消石灰，其 CaO 含量（质量分数）为 70%~80%，分散度大，具黏性，密度小。生石灰是由石灰石煅烧而成的，煅烧温度为 900~1000℃，其反应式为：

$$CaCO_3 \xrightarrow{\quad 900~1000℃ \quad} CaO + CO_2$$

石灰石在煅烧时由于放出 CO_2，故生石灰表面多裂纹，易破碎，吸水性强，自然粉化。加水消化时，放出大量的热。

烧结使用的生石灰由于含有杂质，故 CaO 含量（质量分数）一般为 85% 左右，粒度要求小于 10mm，其中 0~5mm 占 85%。由于生石灰易吸水和易扬尘，因此，运输、贮存和破碎应有专门设施，以改善劳动条件。

7.2.1.4　消石灰

消石灰的化学式为 $Ca(OH)_2$，其颜色为白色粉末状，水大时有黏性，消石灰是由生石灰加水消化而成的熟石灰，俗称"白灰"。其消化反应式为：

$$CaO + H_2O =\!=\!= Ca(OH)_2$$

反应中，放出大量的热。消石灰分散度大，有黏性，密度小于 $1t/m^3$。

烧结使用的消石灰，一般要求含水（体积分数）小于 15%，CaO 含量（质量分数）70% 左右，粒度要求小于 3mm。

消石灰与生石灰的区别在于生石灰呈粒状，用水喷洒其上时，生石灰堆放热，而消石灰不放热。

7.2.1.5　橄榄石及蛇纹石

橄榄石化学式为 $(Mg \cdot Fe)O_2 \cdot SiO_2$，蛇纹石化学式为 $(3MgO \cdot 2SiO_2 \cdot 2H_2O)$。这类熔剂同时带入两种造渣成分，即 MgO 和 SiO_2，可提高造块产品质量。

7.2.1.6　石英石

石英石主要成分为 SiO_2，用于补充铁矿中 SiO_2 的不足，尤其在有色冶金中需酸性渣冶炼时的原料造块中广泛使用。

7.2.2　烧结料中加入熔剂的作用

烧结料中加入石灰石等熔剂，特别是对烧结细精矿而言，一向被认为是强化烧结过程的有效措施。把高炉所需的部分或全部石灰石加入到烧结矿中，也是高炉对精料的要求之一。因此，目前烧结生产中广泛采用石灰石作为熔剂。我国主要钢铁企业 1985 年生石灰平均用量达 30kg/t 烧结矿，石灰石用量达 131kg/t 烧结矿。重钢、湘钢生产超高碱度烧结矿，石灰石用量分别为 483kg/t 烧结矿和 484kg/t 烧结矿。不同数量的石灰石对烧结料层的透气性、垂直烧结速度及单位生产率的影响见表 7-7。

表 7-7　石灰石加入量与烧结指标的关系

加入量 （质量分数）/%	混合料堆密度 /t · m^{-3}	垂直烧结速度 /mm · min^{-1}	混合料透气性 /m^3 · (m^2 · s)$^{-1}$	烧成率 /%	单位生产率 /t · (m^2 · h)$^{-1}$
4.7	1.64	18.1	0.87	55.0	0.960
8.3	1.67	22.2	0.91	55.0	1.170
10.6	1.60	25.0	0.97	55.0	1.355
15.5	1.60	28.0	1.34	49.0	1.320
24.5	1.54	28.5	1.50	46.4	1.200
29.5	1.50	40.0	1.98	34.0	1.200

从表 7-7 可以看出，随着烧结料中石灰石量的增加，垂直烧结速度不断提高，但生产率在一定的限度内提高，超过该限度，单位生产率即开始下降，这是由于加入石灰石量过多时，烧结矿机械强度下降，返矿量增多，以及使烧结料堆密度下降、石灰石的分解等原因所造成的。

烧结细铁精矿时，往往使用部分消石灰代替石灰石做熔剂。因为消石灰粒度较细、亲水性强且有黏性，可以改善混合料的制粒效果，提高制粒小球的强度。消石灰具有较大的比表面积，可以附和持有大量的水分而不失去物料的松散性和透气性，即可增大混合料的最大湿容量。

纯铁精矿制成的料球完全靠毛细力维持，一旦失水即碎散。而消石灰颗粒在受热过程中收缩，使其周围的固体颗粒进一步靠近，产生分子结合力，料球强度反而有所提高。同时，由于胶体颗粒持水能力强，受热时水蒸发不如单一物料强烈，故热稳定性较好。生石灰消化后生成的微细 $Ca(OH)_2$ 颗粒，比未经煅烧的较粗的石灰石颗粒更易生成熔点低、流动性好、易凝结的液相，降低燃料用量和燃烧带的阻力。这些就是加消石灰后能提高料层透气性的原因。此外，CaO 是炭素燃烧的催化剂，使燃烧能顺利而迅速地进行。所以，在烧结料中添加消石灰作熔剂是强化烧结的有效途径之一。

增加消石灰的用量，烧结机的生产率逐渐上升。但过多的消石灰使烧结料变得太松散，同时使烧结矿脆性增大，机械强度下降，返矿率升高，添加消石灰过多时，虽使垂直烧结速度加快，但产量反而会降低，如图 7-2 所示。

现在，国内外很多烧结厂用部分生石灰代替石灰石做熔剂，可使烧结机生产率大大提高，烧结矿的质量得到改善。此外，生产中使用生石灰能提高物料的松散性，便于混匀和防止堵料。因此，加生石灰是强化烧结过程，提高烧结矿质量的有效措施。

关于生石灰强化烧结的作用机理有如下几点：

（1）消化放热，提高料温。

（2）生石灰消化为消石灰，有利于混合料的成球，并提高料球强度。生石灰消化后，呈颗粒极细的消石灰胶体颗粒（平均比表面积达$300000cm^2/g$，比消化前的面积增大约 100 倍），它分布在混合料内。胶体颗粒表面有选择的吸附

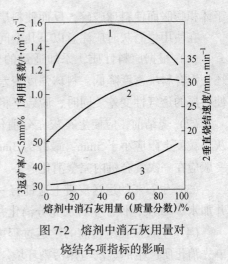

图 7-2　熔剂中消石灰用量对烧结各项指标的影响

溶液中的 Ca^{2+} 离子而带正电，在其周围相应地又聚集了一群 OH^-，构成胶体颗粒的扩散层，这些离子又能水化而持有大量的水，构成一定厚度的水化膜。由于这些广泛分散在混合料内的强亲水性颗粒持有水分的能力远大于铁精矿等物料，将夺取精矿颗粒间及其表面的水分，使这些颗粒相互间与消石灰颗粒靠近，产生必要的毛细力。生石灰的消化是从表面向内部逐渐进行的，混合料内的游离水将首先与表面层的 CaO 化学结合和润湿成消石灰新表面，在生石灰颗粒内部 CaO 的消化（水化）必须从新生成的胶体颗粒的扩散层和水化膜内夺取或"吸出"结合得较弱的水分，使胶体颗粒的扩散层压缩，颗粒间的水层厚度减少，固体颗粒进一步靠近，特别是在颗粒间的边、棱和活性大的接触点上，可以靠近得足以产生分子结合力，排挤掉其中的水层而引起胶体颗粒的凝聚。由于这些胶体颗粒是分散在混合料各处的，它们的凝聚必然会引起整个体系的凝聚，使初生料球的强度和密度进一步增大，它和上述的预热作用一样，是生石灰特有的强化作用，也是优于石灰石的一个方面。

（3）含有 $Ca(OH)_2$ 的料球具有较高的湿容量，不易被冷凝水破坏，热稳定性较好。它的这一作用于添加生石灰是一样的，不过生石灰消化成粒度极细的 $Ca(OH)_2$ 胶体颗粒后，与混合料中其他组分有更好的接触，比采用粒度粗、需要吸收更多分解热的石灰石做熔剂可更快更均匀地产生各种固、液反应。因此，在适量的情况下，能促使烧结料更早、更好地熔化。这不仅可加速烧结过程的进行，也可防止游离 CaO 残存于烧结矿中。所以对烧结矿质量的改善是有利的。

此外，还可以认为未完全消化的 CaO 在料层内继续消化，可减少冷凝带的水分和对气流的阻力，促使烧结速度加快。但生石灰在消化过程中比表面积激增。同时，生成的每一个消石灰胶体颗粒又有一厚水层，故消化后体积增大，且激烈放出消化热，可能会引起水分的激烈蒸发，因此，如果控制不当，将会使料球因体积膨胀而破碎。故只有在严格控制混合料中未完全消化的 CaO 的数量及消化程度，其作用才能成为现实。生产过程中，这一作用较难实现，企图以缩短消化时间或减少消化用水量来使烧结混合料中残留部分生石灰，使其在烧结过程中继续消化的方法是不恰当的。烧结料的透气性也不一定好。因残留的生石灰颗粒往往较大，起不到造球黏结剂作用，同时又因大颗粒生石灰继续消化时由

于体积膨胀而使料球破碎，反而使料层的透气性恶化。

在使用生石灰时应注意以下几个问题：

（1）根据原料性质，添加适量的生石灰。生石灰用量过大时，除经济上不合理外，还使混合料堆密度降低，料球强度变差。在烧结过程中，由于存在未消化的生石灰，也会使料层的透气性变差。同时，脱硫率将会下降。

（2）烧结前，应使生石灰充分消化。为此，应使用消化速度快且"不过烧"的生石灰，粒度上限应小于 5mm，最好为 3mm。应根据生石灰用量适当控制加水量和消化时间，一般应在一次混合机内完全消化。

（3）生石灰的运送皮带上应铺有一定量的精矿作为"底料"，运送前应在料面上划钩并加水 2~3 次，保证生石灰充分消化并不粘皮带，改善劳动条件。

（4）生石灰在配料前的贮运过程中，应避免受潮，以防止其失去 CaO 的作用，以及事先消化所产生的蒸汽与热污染环境。

（5）生石灰不宜长途运输及长距离皮带转运，否则会恶化劳动条件。

7.2.3　碱性熔剂的质量要求

对碱性熔剂质量总的要求是：有效成分含量高，粒度和水分适宜。

（1）碱性氧化物（$CaO+MgO$）含量要高。碱性氧化物含量低时，会使熔剂用量增多，冶炼渣量增大，焦比升高。一般要求熔剂中酸性氧化物（质量分数）不大于 3.5%，否则会大大降低熔剂的效能。评价熔剂的标准是根据烧结矿碱度的要求，扣除中和本身酸性氧化物所消耗的碱性成分后，按所剩余的碱性氧化物的含量而定的，即：

$$有效碱性氧化物 = (CaO + MgO)_{熔剂} - (SiO_2 + Al_2O_3)_{熔剂} \times \left(\frac{CaO + MgO}{SiO_2 + Al_2O_3} \right)_{烧结矿}$$

当熔剂中 MgO、Al_2O_3 含量很少时，上式可简化成：

$$有效碱性氧化物 = CaO_{熔剂} - SiO_{2\,熔剂} \times \left(\frac{CaO}{SiO_2} \right)_{烧结矿}$$

（2）硫、磷杂质含量要低。质量良好的熔剂中，含硫质量分数一般为 0.05%~0.08%，磷质量分数为 0.01%~0.03%。如用高硫燃料焙烧出来的生石灰，则含硫较高，使用时应加以注意。

（3）粒度和水分适宜。从有利于烧结过程中各种成分之间的化学反应迅速、完全这一点来看，熔剂粒度当然越细越好。熔剂粒度过粗时，反应速度缓慢，生成的化合物不均匀程度大，甚至残留未反应的 CaO "白点"，对烧结矿的强度有很不利的影响。但是，熔剂粉碎得过细，会造成设备和电能不必要的耗费，烧结料的透气性变差，从目前的生产条件出发，熔剂粒度达到 3~0mm 或 2~0mm 的范围即可。

石灰石、白云石进厂时含水体积分数不超过 3%，水分过大，会给运输和破碎工作带来困难。

生石灰进厂时不应含水，一般多用封闭车厢运输，否则遇雨后，局部消化，在矿槽中蒸发，会使生石灰从下料口喷出，影响配料，甚至烧伤人。

消石灰水分含量（体积分数）应小于 15%~20%，水分偏高，会影响配料与混匀。

7.3 烧结燃料

燃料的基本特性是具有可燃性，并放出一定热量。燃料在烧结中主要起发热剂的作用，它对烧结过程的技术经济指标影响大。因此，合理选择烧结燃料具有重要的意义。

烧结过程中使用的燃料分为点火燃料和烧结料内配燃料两种。燃料的物理形态又分为固体燃料、气体燃料和液体燃料。烧结生产用的主要是固体燃料。

7.3.1 固体燃料

烧结生产中使用的固体燃料主要是焦炭和无烟煤。

7.3.1.1 焦炭

焦炭是炼焦煤在隔绝空气的条件下高温加热后的固体产物。焦炭呈黑色，机械强度大，固定碳含量高。所以，焦炭总产量的 85%~90% 用于高炉炼铁，它是生铁冶炼过程中的热源之一，又是还原剂、疏松剂和料柱的骨架。炼铁厂和炼焦厂的筛下碎焦用于烧结生产。

焦炭的质量主要以化学成分、物理力学性能和物理化学性质几个方面来评定。焦炭的化学成分通常是以工业化学分析来表示，即固定碳、灰分（包括灰分化学成分分析）、水分和硫含量。物理力学性能主要是指机械强度（耐磨强度、抗冲击强度和抗压强度等）以及筛分粒度组成。化学性质是指燃烧性和反应性，燃烧性就是指焦炭与氧在一定温度条件下的反应速度，反应性是指焦炭与 CO_2 在一定温度下的反应速度，这些反应速度越快，则称为燃烧性和反应性越好。一般情况下，反应性好的焦炭其燃烧性也好。

7.3.1.2 煤

煤是一种复杂的混合物，主要由五种有机元素 C、H、O、N、S 组成，它们的无机成分主要是水和矿物质。因其成因条件不同而分为无烟煤、烟煤、褐煤等，不同种类的煤的密度、脆性、机械强度、光泽、热性质、结焦性和发热量也有异。

无烟煤可供烧结作用，因其挥发分低（质量分数小于 2%~8%），氢氧含量少（质量分数约为 2%~3%），固定碳质量分数高（70%~80%），发热值为 31400~33500kJ/kg。无烟煤密度较烟煤大（1.4~1.74t/m³），它的硬度也较烟煤高，呈灰黑色，光泽很强，水分含量低，经热处理后，可代替冶金焦。

烟煤常有致密结构，呈灰褐色或黑褐色。光泽较褐煤亮，密度较含灰分相同的褐煤大（常为 1.25~1.35t/m³），含碳质量分数为 75%~93%，氢质量分数为 4%~5.55%，含氧质量分数为 3%~15%，挥发分质量分数为 12%~15%。

烟煤是价值最高、用途最广的一种煤，常用于炼焦。焦炭被广泛用于冶金和其他行业之中。

褐煤平均含碳质量分数为 60%~75%，密度小，着火点低，易燃，含水分高，天然的含水体积分数达 30%~60%，空气干燥条件下含水分体积分数 10%~30%，含灰分高，挥发分体积分数在 40%~55% 之间，所以，发热值低（约 8374~12560kJ/kg），颜色为褐色。它常被用作动力燃料和化工原料，冶金工业中很少应用。

各种固体燃料的发热值是不相同的，为了方便比较和换算，常把其发热值折合成标准煤的发热值（29308kJ/kg）。

7.3.2　烧结对固体燃料的要求

烧结所用的燃料主要是固体燃料。它对烧结料层中温度的高低、燃烧的速度、燃烧带的宽度、烧结料层中的气氛以及烧结过程的顺利进行和烧结矿质量都有很大的影响。因此，烧结过程对固体燃料提出了一定的要求：

（1）具有一定的燃烧性和反应性。为了使燃烧过程中燃烧的燃烧速度和传热速度以相等的速度在料层中移动，要求固体燃料具有一定的燃烧性和反应性。燃烧与反应速度过快，高温保持时间短，产生夹生料；若燃烧和反应速度过慢，则燃料不能充分燃烧，料层得不到必要的高温，也会使烧结矿的质量变差。燃烧性和反应性取决于燃料的种类和粒度。如焦粉的反应性接近于传热速度，无烟煤的反应性一般较高，故在使用燃料时，应注意其适宜的粒度和用量。

（2）具有良好的热稳定性。热稳定性指煤受热后爆裂的情况。层状或片状结构的无烟煤受热后易爆裂成粉末，因而不利于烧结过程的进行。烧结用煤粉粒度小于3mm，故其热稳定性比高炉用的块煤较小。

（3）含碳量要高（发热值大）。固体燃料中固定碳含量越高，则发热值越大，灰分含量越低，含碳量一般用固定碳含量来表示。

（4）挥发分、硫分要低，灰分熔点要低。挥发分不参与燃烧，常被气流抽到系统中，有可能引起火灾。若固体燃料含硫高，则会增加混合料中总的含硫量，增加了烧结脱硫的困难。同时，即使硫被氧化成 SO_2 挥发出来，也会腐蚀设备和污染环境。

燃料中灰分的熔点对烧结过程影响很大，易熔灰分易生成液相，有利于矿石烧结成块，可进一步改善烧结矿的质量。在一般情况下，灰分中含有较高的 Al_2O_3、SiO_2，其熔点较高。

（5）适宜的粒度（见第2章）。

7.3.3　气体燃料的种类与特性

气体燃料主要是几种简单的气体混合物，可燃物为 H_2、CO、CH_4、H_2S 和各种碳氢化合物，而 CO_2、N_2 及 O_2 属非可燃物。

气体燃料也有天然的与人造的两种。

天然气属天然燃料。此种煤气中含大量 CH_4，体积分数占99%以上，但从气井喷出的天然气含大量矿物杂质，需经净化方可使用。

人造气体燃料主要是焦炉煤气、高炉煤气与发生炉煤气。

气体燃料根据发热值不同可分为3类，其中发热值大于15072kJ/m³ 的称高热值煤气；发热值为6280~15072kJ/m³ 的称中热值煤气；发热值小于6280kJ/m³ 的称为低热值煤气。天然气的发热值介于31400~62800kJ/m³，属高热值煤气。

高炉煤气是炼铁过程中的副产品，非可燃物体积分数占63%~70%，而 CO 体积分数仅为25%~31%，因此，发热值不高，只有3559~4600kJ/m³。具有毒性，使用时务必注意安全。此外，它含有水蒸气及大量灰尘（一般要求高炉煤气含尘量应小于30mg/m³，经洗涤后高炉煤气的含尘量可降至5~20mg/m³）。所以，必须洗涤净化后方可使用。

煤气压力取决于高炉构造特点及操作制度，一般情况下，输送到烧结厂的煤气压力在 2470~2940Pa 左右，温度在 40℃ 以下。

高炉煤气成分与高炉所用的燃料种类、焦比、生铁品种及操作制度有关。在一般情况下，用焦炭冶炼时，其煤气成分常波动在表 7-8 所列的范围内。

表 7-8　高炉煤气成分波动范围

成　分	CO_2	CO	CH_4	H_2	N_2
含量(体积分数)/%	9.0~15.5	25~31	0.3~0.5	2.0~3.0	55~58

焦炉煤气是炼焦过程的副产品，可燃成分（H_2、CO、CH_4）体积分数占 75% 以上，故发热量达 13230~19180kJ/m³。经清洗后焦炉煤气中焦油含量为 0.005~0.002 g/m³（煤气温度为 25~30℃ 时）。焦炉煤气成分波动范围见表 7-9。

表 7-9　焦炉煤气成分范围

成　分	H_2	CO	CH_4	C_mH_n	CO_2	N_2	O_2
含量(体积分数)/%	54~59	5.5~7	23~28	2~3	1.5~2.5	3~5	0.3~0.7

大型烧结厂一般多位于高炉和焦炉附近，多采用混合煤气进行烧结点火。混合煤气是高炉煤气和焦炉煤气按一定的比例混合而成的，其发热值取决于两者混合的比例。一般发热值为 5360~6700kJ/m³ 范围内。我国部分钢铁企业所用的混合煤气的特性见表 7-10。

表 7-10　混合煤气特性

成　分	CO_2	CO	CH_4	H_2	N_2
含量(体积分数)/%	11.2~5.5	13.5~25.2	2.8~16.8	7.8~38.6	52.7~23.8

7.3.4　液体燃料

在冶金工业生产中，液体燃料的应用越来越大，这是因为液体燃料发热量比固体燃料高，可完全燃烧，几乎无残渣，便于远距离运输。

石油是天然的液体燃料，也称原油，它基本上由 C、H、N、O、S 五种元素组成。将石油加热分馏后，密度最大的残留物质就是重油。重油具有发热值高（大于 37680kJ/m³）、黏性大等特点，呈黑褐色或绿褐色的黏稠液状，密度约 0.90~0.96 kg/L。重油按黏度不同，可分为 20 号、60 号、100 号、200 号几种。重油黏度越大，含氢量越少。重油的灰分含量（质量分数）极少，一般不超过 0.3%。它含的杂质主要是少量硫化物、氧化物、氢化物、水分及混入的机械杂质。我国重油的含硫量（质量分数）都在 1% 以下，重油的着火点约为 500~600℃。

重油在烧结生产过程中常用来做点火燃料，尤其小型烧结厂的烧结盘点火常使用重油。但重油黏度对油泵喷油嘴的工作效率及耗油量均有影响，黏度太大，则油泵及喷嘴的效率低，影响喷嘴使用寿命，增加油的耗量。加上经常停歇点火，因残碳存在，常造成喷嘴输油管道及喷嘴口和火焰口结焦，影响喷嘴正常工作。因此，大型烧结厂基本上没有使用重油点火。

使用重油，一般均要预先加热和过滤，以降低其黏度和杂质含量。

习　题

7-1　磁铁矿、赤铁矿、褐铁矿、菱铁矿在成分与性质上有何不同？

7-2　烧结生产对含铁原料有何要求？

7-3　烧结常用的熔剂有哪些，烧结生产加入作用是什么？

7-4　烧结用的燃料包括哪些，对固体燃料的要求是什么？

8 烧结原料的准备与加工

烧结和高炉冶炼一样，都需要精料，因为精料是生产出优质烧结矿的基础。为此，烧结所用的原料必须精心准备后供给烧结使用，烧结料的准备与加工一般包括原料的准备及搬运、原料粒度准备、配料及混合等作业。

8.1 原料场技术

烧结用原料的准备及搬运主要集中在原料场集中处理。原料场是贮存和处理钢铁企业烧结散状原料的场所，配备有相应的贮存和处理设施，是烧结生产不可或缺的重要工序，是钢铁企业与社会物流衔接的转载接口，主要负责烧结生产所需大宗散状原燃料的受卸、贮存、加工、配送，通过对物料的集中处理和管理，实现原料处理过程的高效、低耗，向烧结提供合格稳定原料，保证企业连续正常生产。

8.1.1 原料场发展

20 世纪 60 年代，我国钢铁企业烧结原料比较单纯，大部分使用精矿，成分较稳定，运距短，仅在钢铁厂内设立带盖精矿仓库而无专门原料场。80 年代初以宝钢为先行者，我国一些钢铁企业相继建设一批具有现代化水平的大中型原料场。为贯彻"精料方针"、推动中国钢铁事业起到了质的飞跃，但几乎全部为露天原料场。"十二五"期间，多数钢铁企业原料场已形成一定规模，具备较为完整的生产工艺流程，基本实现管理集中化和装备机械化，少数钢铁企业原料场技术、装备、环保水平达到甚至超过国际先进水平，但距离真正意义上的环保智能化封闭原料场还存在较大差距。同时，从整个钢铁行业看，中小型钢铁企业原料场仍处于国内一般水平，特别是民营企业，原料场多数还停留在初期简易落后水平。近年来，国家环保要求日益严格，钢铁企业标准相应提高，钢铁企业产能相对集中，烧结相对大型化、集中化，各钢铁企业迫切需要新型原料场替代企业内部的露天原料场，或进行棚化、库化绿色升级重大改造。随着环保要求严格，杜绝雾霾，严法重责；同时钢铁企业处于利润谷底，微利常态，铁前成本居高不下，调整结构，原料成为钢铁企业一大利润空间，可挖潜因素和环节较多。如何既满足环保要求，又能实现精料方针，改善原料质量，实现提质增效，保证后续烧结生产和发展，这给现代综合原料场建设提出了更高要求。随着互联网+、大数据的推出，结合智慧物流的应用与推广，GPS 卫星定位系统的引入，环保智能化无人值守综合原料场成为现代综合原料场的最终目标，已成为国内外钢铁企业共同关注的焦点和热点。

截至 2017 年 5 月，国内仍有 60%以上的原料场处于露天状态，尤其绝大多数民营钢铁企业。随着钢铁行业的过饱和，虽然新建原料场的可能性越来越小，但是由于国家环境提升、巡视督察及环保政策的进一步加快，钢铁企业综合原料场发展迎来机遇期，综合原料场棚化、库化等绿色升级重大改造工程及主要技术的应用已成为今后一段时间内的重点。随着 GPS 定位、3D 扫描、数字模拟、专家系统等领域成功引入现代综合原料场，环保封闭、设备节能、资源综合利用、专家系统等主要技术得到更进一步的完善和发展，使实现现代化一键操作、无人值守智能环保综合原料场成为可能。但截至目前，仍没有一家钢铁企业综合原料场实现真正意义上的无人值守智能环保综合原料场，仍需广大行业工作者继续奋斗。

8.1.2　原料场类型及现状

为了区分原料场装备水平的层次，原料场分为小型、中型、大型和特大型 4 个档次。由于输入量的概念比较清楚，也能代表原料场的规模，所以可以年输入量的数值划分为以下 4 类：

（1）小型原料场，小于或等于 300 万吨/年。

（2）中型原料场，300 万~1000 万吨/年。

（3）大型原料场，1000 万~3000 万吨/年。

（4）特大型原料场，大于或等于 3000 万吨/年。

一般原料场按照难易程度分为简易原料场和机械化原料场，机械化料场按照物料堆存方式及工艺布置方式，主要划分为传统露天机械化原料场、封闭条形机械化原料场、封闭料库机械化料场、圆形机械化料场、筒仓组料场 5 种形式，如图 8-1~图 8-5 所示。

图 8-1　传统露天机械化原料场

图 8-2　封闭条形机械化原料场

图 8-3　封闭料库机械化料场

图 8-4　圆形机械化料场

目前国内已建机械化原料场以露天机械化原料场、封闭条形机械化原料场为主，最终将统一趋向封闭条形机械化原料场；后续新建原料场以封闭料条形料场+料库机械化料场为主，单独采用料库机械化料场仅在一次料场使用；圆形机械化料场、筒仓组料场主要应用于储煤，个别新建筒仓组料场开始应用于储存球团或块矿，但对入仓物料水分和黏度等有严格要求。各类型料场特点如下：

图 8-5 筒仓组料场

（1）传统露天机械化料场生产环境恶劣，环境污染严重，机械化程度极低，以汽车、装载机辅助生产为主，物流成本高，处于环保强制关闭或封闭改造重点处理对象，目前仍有 60% 以上的料场需要改造。

（2）封闭条形机械化原料场主要为新建及绝大多数传统露天机械化料场棚化、库化等绿色升级重大改造，环保达标为主；自动化水平低，没有太实质性变化，处于绿色封闭棚化、库化改造后系统功能升级重点对象，占今后封闭原料场功能升级 80% 以上的市场。

（3）封闭料库机械化料场是今后新建原料场的主要形式，其储量比封闭条形原料场提高 30%~50%，同时可解决条形原料场斗轮堆取料机自动化程度低、物料流量不易控制、生产自动化难以实现等问题，通常多用于综合原料场的储料场即一次料场。

（4）圆形机械化料场主要应用于钢铁行业、电力行业储煤，可实现高度自动化、无人值守智能控制，是目前行业内唯一认为真正意义上实现智能环保封闭原料场的模式。

（5）筒仓组料场主要应用于储煤或焦炭，个别新建筒仓组料场开始应用于储存球团或块矿，但对入仓物料水分和黏度有严格要求。如物料体表含水过大，入仓易黏仓、结块、膨仓，难以出料；物料容易吸湿，入仓时间需严格控制，否则视同物料体表含水过大状态；另外入仓落料高度较大，物料粉碎率较大。如海运码头来块矿体表含水体积分数高时可达 10%~30%，若入仓前不进行烘干筛分处理，将产生结块黏仓，难以出料，给生产带来极大困难。

8.1.3 原料场发展趋势及特点

原料场已由简易机械化料场逐步向智能环保综合原料场发展。简易机械化料场，又称原料堆场，适合于规模小、物料品种相对单一、输送能力小的场合，主要生产以汽车受卸和倒运、铲车辅助作业为主；生产环境恶劣，环境污染严重，没有配备大型堆取料机等生产作业设备，处于原料场基础状态期。随着我国钢铁工业的迅猛发展，进口铁矿石的依存度逐渐增加，自 1985 年进口 1000 万吨铁矿石以来，1990 年为 14.82%（年进口 1745 万吨），2000 年增长到 19.24%（年进口 6997 万吨），2005 年增长到 50.5%（年进口 27524 万吨），2016 年增长到 85.75%（年进口 102412.43 万吨）。可见，以国产矿为主发展到国内和国外两种资源进口并驾齐驱，再到以进口矿为主，甚至个别企业已经进入全外矿冶炼状态。但由于国内外铁矿资源特点不同，良莠不齐，烧结优化配矿的重要性更加突出，原料场及其混匀设施重要性也更加凸显。且随着烧结大型化、集中化，以及环保政策要求，简易机械化料场已逐步被取代或退出大中型钢铁企业；个别如红土镍矿原料场因物料含水体积分数高达 35%（包括体表水和结晶水）左右，物料湿黏严重，无法实现混匀，且规模不大，比较适合简易原料场模式。封闭机械化料场是目前国内绝大多数钢铁企业已建设或绿色升级改造的重点，环保达标，占绝对市场主导，但自动化水平与露天机械化料场没有本质区别，目前处于绿色升级改造棚化、库化被动期；进一步，随着环保要求及生产企业认识提高，提高原料场自动化水平，实施人机分离、远程控制封闭原料场，提质增效已广为各生产企业接受，多数企业也在准备进行自动化改造，但距离无人值守、智能控制仍有很大差距，这将成为继原料场棚化、库化封闭后原料场升级改造重点机遇期。原料场本着以下 4 个原则进行改造和建设：

（1）重视环保、安全、职业卫生和节能。

（2）工艺技术和装备先进、可靠、经济。

（3）产品均一、可控。

（4）全面深入引用信息技术，打造新一代智能钢铁企业。

建设智能环保封闭综合原料场是企业追求的最终目标，释放散料设备全部潜能，全方位技术集成，建立专家系统，建立大数据库，形成智能化全流程生产专家系统，实现一键式生产，无人值守，智能控制，全自动化生产。简易机械化料场、封闭机械化料场、人机分离，远程控制封闭料场、智能环保封闭综合原料场等 4 个阶段，如图 8-6 所示。

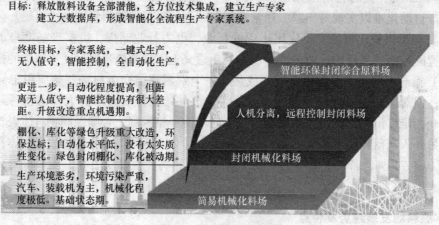

图 8-6　原料场发展阶段

8.1.4　原料场技术进步

原料场智能化、无人化是未来钢铁企业智能化不可或缺的重要组成部分。随着环保日益严苛以及人们对环保的重视，按照国家环保环境提升要求，本着绿色环保，智慧物流理念，建设现代化综合原料场势在必行。近年来，已建或正在建设的钢铁企业原料场，如宝钢、京唐钢铁、湛江、青钢、包钢、邯郸等综合原料场，以及行业内已建设投产其他综合原料场，对比生产现状，截至目前还没有一家钢铁企业综合原料场真正实现智能环保、无人值守一键式生产。建设中的山东日照钢铁精品基地综合原料场将是目前国内在已建或在建综合原料场自动化水平最高的综合原料场之一。伴随我国绿色、低碳、循环经济发展以及国家环境提升要求，钢铁行业新建综合原料场按照一键操作、无人值守智能环保目标建设；旧有简易机械化露天敞开式原料场实施绿色升级重大改造工程，向环保封闭发展，并逐步进行自动化、智能化改造升级。随着 GPS、互联网+、大数据应用，在环保封闭、资源综合利用、设备节能、专家系统等主要技术进步及应用方面仍存在较大提升空间，还需要不断探索和实践。其每一项节能技术应用，都对行业产生巨大经济效益和社会效益。

8.1.4.1 环保封闭技术

环保封闭技术主要为棚化、库化环保封闭技术，关键难点在于大跨度料棚封闭技术的实现和其经济合理性分界。封闭综合原料场料棚跨度在 120m 以内较为合理，料棚封闭采用螺栓球节点网架结构封闭技术；跨度在 120m 以上则主要采用单跨预应力张弦拱桁架结构封闭技术；当跨度达到 180m 时，料棚封闭投资成本约为 100m 跨度料棚投资的 2 倍以上，仅仅为封闭料棚进行建设则投资巨大，经济性极不合理，考虑工艺改造实现减小跨度达到合理建设。实践表明，封闭料棚是综合原料场标志性设施，是现代综合原料场最大亮点，具备以下实施效益：

（1）环保达标。

1）颗粒污染物排放不大于 $10mg/m^3$。

2）岗位粉尘排放浓度不大于 $8mg/m^3$。

3）减少料场区域扬尘 95%。

（2）环保效益显著。

1）具备防风、防雨和防冻功能，每年减少风雨引起的物料流损 95% 以上，按 500 万吨铁规模，则年节约物料损耗约 $5×10^4t/a$，直接经济效益约 5000 万元/年。

2）减少料堆表面洒水量 80% 以上。

3）清洁转运节省除尘能耗 50% 以上，减少物料漏撒 90% 以上。

4）有效降低 95% 以上气载尘埃引起的空气污染、水资源污染和土地污染。

8.1.4.2 资源综合利用技术

资源综合利用是综合原料场工艺技术又一闪亮点，主要解决主线生产配料以及钢铁企业全厂生产铁渣尘二次资源参与主线生产配料利用问题。目的是使其通过参与原料场配料或单独配料，得到成分相对均一混合料，从而进入烧结生产系统。目前主要有原料场配料技术、厂内返回料综合利用技术，既解决生产、环保、节能问题，又实现资源综合利用，总体实现零排放，实现原料场除尘灰及各类固废资源 100% 利用，使得进入烧结系统的混匀料成品常温物化特性包括化学成分、粒度组成、颗粒形貌和气孔特征等相对均一稳定，为烧结稳定生产及生产优质烧结矿提供条件。

8.1.4.3 设备节能技术

设备节能技术主要包括胶带机伸缩头技术、永磁电机节能技术、水雾抑尘技术、3D 扫描技术、数字模拟技术和自动化控制技术等。这些关键技术的成功应用，为原料场更进一步智能化、无人化提供保障，使得原料场设备节能技术尽可能最大化释放。最终可实现：

（1）堆料速度提高 10%。

（2）流量控制误差降低 40%。

（3）永磁电机效率提高 3%~12%，输出功率高出 10%~20%；相比在输送物料能力和其他设备参数相同条件下，永磁电机技术明显比传统 CST/调速液耦系统和异步变频系统节能率可达 10%~20%。

（4）岗位人员减少可达 50% 以上，年节约人工成本节约 50% 以上，大幅降低人员事故率 50% 以上。

8.1.4.4　专家系统优化技术

建立一键式生产模式、实施散料生产专家、采用专家系统优化技术、实现智能环保无人值守综合原料场是行业内一直追求的目标。尽管 3D 扫描技术、数字模拟技术、GPS、互联网+、大数据等广泛应用，目前仍不能从真正意义上实现，仍处在完善升级阶段，这也说明综合原料场专家系统仍有很大提升空间。同时辅以大物流系统建设，全程自动物流追踪分析，优化系统方案，综合成本分析，优化资源配置，构建服务、监管、运营、采购、配送、消费等多元化成分的大物流体系，建立健全完善的物流成本责任与绩效指标考核体系。真正实现后，将达到如下效果：

（1）全方位技术集成，建立生产专家系统。

（2）最大化释放散料设备全部潜能。

（3）建立大数据库，形成智能化全流程生产模式。

（4）一键式生产，减少全部人为环节。

（5）全流程 100% 数字化、模拟化。

（6）维护成本降至最低。

（7）料场利用率提高 15% 以上。

（8）规范进场、厂内及出厂物流，提高投入、产出运营效率，降低库存、盘活资金。

（9）提高市场反应速度，提升企业竞争力。

8.2　原料的接受与贮存

原料场主要由受卸设施、贮料场设施、混匀设施、供料设施、辅助设施五大设施组成。现代综合原料场一般总体具备公路、铁路和海运输送功能。其中：

（1）受卸设施。原料来料主要由公路运输、铁路运输和水路运输 3 种方式，分别主要对应汽车受卸、火车受卸和船舶受卸。

（2）贮料场设施。主要包括一次料场即封闭贮矿场、封闭贮煤场，个别还包括块矿筛、块矿烘干设施等。

（3）混匀设施。主要包括封闭混匀料场、混匀配料设施等，个别还包括大块筛分室。

（4）直接供返料设施。一次料场向烧结、球团、发电、高炉车间等接口转运站供料。

（5）辅助设施。包括配套的除尘设施、通风采暖设施、水处理设施、喷淋及干雾抑尘设施、供电设施、消防设施等。

8.2.1　原料的受卸

原料受卸方式主要依据原料进厂的运输方式、受卸量和原料特性等因素进行选择。3 种方式中优先选择车船自卸和翻卸。原料和燃料的受料系统宜分开设置，受料的带式输送机线应设置计量秤、除铁装置和取样设施。地下受料槽应设置防雨棚或具备封闭区域作业，受料槽倾角不宜小于60°，进口必须设置金属格栅。

8.2.1.1 汽车受卸

汽车受卸受场地及距离影响小，布置方式相对灵活。一般现代综合原料场汽车受卸不超过总受卸物料量的30%，主要包括汽车自卸和机械卸车设备卸车。机械设备卸车主要为螺旋卸车机受卸和液压卸车机受卸方式。其中螺旋卸车机铭牌能力450t/h，实际多为200~350t/h，因受卸车能力及车辆依次卸车方式影响而限制其大规模使用，目前主要以液压卸车机受卸为主，可依据能力需求设置多套，个别则辅助采用汽车自卸配合设置。依据目前环保要求，汽车受卸设施除设置通风除尘设施、干雾抑尘设施外，相应采取总体汽车受卸区域作业封闭措施，以期更好满足环保和生产要求。

8.2.1.2 火车受卸

火车受卸宜靠近料场设置，是远离码头或内陆地区主要物料受卸方式，受卸物料量通常可占到总量的70%以上。钢铁企业中，火车受卸一般采用翻车机、链斗卸车机、螺旋卸车机、抓斗起重机卸车和自卸车辆自卸。随着规模化发展，翻车机卸车方式居多。火车受卸主要装备火车翻车机及卸车自动线、人工清车设施等，主要配置方式为单翻车机和双翻车机，火车受卸设施宜配备的卸车线长度应大于列车长度的1/2。火车受卸设备台数及能力，应满足在规定时间内将同时进场的车辆全部卸完的要求。铁路输入的原料量大于或等于300万吨/年时，宜采用翻车机自动作业线。翻车机自动作业线应符合以下要求：

（1）配备与翻车机相匹配的自动作业线。

（2）受料槽的有效容量应大于3次的翻卸料量。

（3）受料槽下部给料设备和与之相连接的带式输送机系统的最大能力应为翻车机公称能力的1.2倍，对多品种物料使用的给料设备，其能力应可调整。

（4）翻车机作业线设置独立的操作室，操作室设置在翻车机室的进车端，进出口处设置安全信号。

（5）翻车机室地面层的适当部位，设置翻车机作业线的现场操作箱。

（6）翻车机室设置工业电视对翻车机、迁车台、拨车机和推车机等设备进行监视。

（7）翻车机室设置检修用起重设备。

（8）在寒冷地区，翻车机室进口、出口部位宜设置热风幕。

（9）在寒冷地区，翻车机室应设置解冻库，解冻库宜靠近进车线旁侧。

（10）宜设置备用机械卸车作业线或辅助卸车场地。

（11）不应采用机头进行车辆推送作业。

某钢厂综合原料场翻车机主要规格参数见表8-1。

表8-1 翻车机设备主要规格参数

翻车机		重车调车机	
适用车型	C60、C70、C80等	传动形式	齿轮齿条传动
结构形式	两支点/三支点	牵引吨位	60辆重车
额定翻卸重量	100t	工作速度	0.6m/s
翻转角度	正常165°，最大175°	行走轨距	1600mm
翻转周期	≤60s	摘钩方式	人工摘钩
平台轨距	1435mm	公称卸车能力	1500t/h

空车调车机		迁车台	
传动形式	齿轮齿条传动	驱动形式	销齿传动
推送吨位	120t	额定迁车重量	30t
工作速度	0.65m/s	最大迁车重量	110t
行走轨距	1600mm	行走速度	0.63m/s

8.2.1.3 船舶受卸

船舶受卸主要适用于具备船舶受卸来料条件，码头距离原料场相对位置不远，能够保证充足物料来源。通过海运或江运、河运，采用船舶受卸物料至码头，经码头取料输送至与之相连的带式输送机系统，从而送至原料场。船舶受卸可采用抓斗卸船机、链斗卸船机和螺旋卸船机等设备。通常选择带式输送机系统应为卸船机公称能力的 1.2~1.25 倍或连续卸船机公称能力的 1.1 倍；目前一般码头卸船能力在 1 万吨/小时。

8.2.2 贮料场设施

贮料场设施即一次料场，主要为矿石堆场和煤堆场，宜分为贮料场和贮存煤场。根据来料情况、用户要求等贮存必要数量的原料，以确保生产。散状原料应按品种分别堆放，不允许混料。贮料场有效面积应为贮存原料的料条占地面积。料场按照物料品种分堆，所有料堆以理论几何形状计算贮存量之和。原料的物料特性宜采用《钢铁企业原料场工艺设计规范》（GB 50541—2009）常用散状物料特性规定参数。原料贮存天数见表 8-2。

表 8-2　原料贮存天数

序号	物料名称	铁路运输/d	公路运输/d	水路运输/d
1	铁精矿（富矿粉）	10~30	7~15	25~40
2	铁矿石	20~30	7~15	25~40
3	石灰石、白云石等	15~30	7~15	25~30
4	炼焦煤	15~30	7~15	15~25
5	动力煤	15~20	7~15	15~25
6	喷吹煤	10~20	7~15	15~25
7	辅助原料	15~30	7~15	35~40

贮料场宜采用减少来料粒度偏析和成分波动的堆料方式。根据原料品种、粒度、品位波动等，可采用定点、菱形、鳞状方式堆料。一般，对于参与混匀的原料可按菱形、鳞状方式堆料，不参与混匀或鳞状堆料预混效果差的可采用定点堆料。料堆的堆位应满足作业要求，使原料输出工艺系数量最少。大宗物料应至少可以在 2 个系统进行堆取。贮料场配备适当的辅助作业设备，料堆堆底间宜有 3~5m 间距，料条一侧宜留 2~3.5m 检修通道。贮料场外围设环绕道路，每个料条两端宜与道路相同，进出贮料场的道路宜设洗车设备。贮料场应设置照明设施。贮料场宜优先采用堆料机、取料机和堆取料机型料场或刮板取料机料场。贮料场按建筑结构可分为露天和封闭贮料场，新建以封闭贮料场为主。

8.3 原料的中和混匀

混匀料场即二次料场，设置混匀设施。建设混匀设施对稳定原料物化性能，提高烧结矿质量有很好的效果。因此，新建中型及以上原料场应设置混匀设施实现原料的中和混匀。但考虑到企业生产规模、原料来源不同，如果企业进场原料品种少、成分波动小，改扩建的中型以上原料场也可以采用配料方式均化原料成分实现原料的中和混匀。原料的混匀主要作用如下：

（1）可使物化特性不同的一种或多种原料，经混匀处理后成为一种物化性能相对均一的混匀矿，从而简化烧结生产工艺和操作，提高烧结经济指标，获得最佳经济效益。

（2）通过混匀前的配料，控制和调节送往烧结用户的原料化学成分，使之达到计划值。

（3）可降低各类原料的物理性能和化学成分的波动值。

（4）可使某些品位低于工业标准的原料，通过混匀而得到利用，如含铁渣尘等二次资源参与混匀，从而取得综合经济效益。

8.3.1 混匀的一般方法

供烧结使用的混匀矿所需要的原料种类和品种与钢铁企业原料供应条件、工艺操作经验的不同而有所区别，一般有以下两种混匀配料方法：

（1）含铁料配料法。全部含铁原料参与混匀，熔剂和燃料在烧结厂配料。该方法为钢铁企业采取的主要方法。

（2）全料配料法。目前国内已经少有使用。这种配料方法分以下两种情况：

1）全部含铁料和50%以上的熔剂一起参与混匀，全部燃料和部分熔剂由烧结厂进行配料。

2）全部含铁料、50%~70%的熔剂和焦粉参与混匀，其余的熔剂和燃料由烧结进行配料。

混匀料场的贮存时间宜大于或等于7d。混匀预想成分及配比计算见表8-3。

表 8-3　混匀堆积预想成分计算项目及计算公式

序号	项 目	公 式
1	混匀堆积量	Σ（各种原料的计划堆积量）
2	各种原料配比	$\dfrac{各种原料的计划堆积量}{大堆计划堆积量} \times 100\%$
3	混匀矿预想水分（体积分数）	$\dfrac{\Sigma（各种原料计划堆积量 \times 该种原料的水分）}{大堆计划堆积量} \times 100\%$
4	混匀矿预想成分：TFe, FeO, CaO, SiO_2, Al_2O_3, MnO, MgO, Mn, S, P 等	$\dfrac{\Sigma（各种原料计划堆积量 \times 该种原料某一化学成分）}{大堆计划堆积量} \times 100\%$
5	混匀矿粒度组成：−0.074mm, +0.165−0.495mm, −0.5mm, 0.5~1mm, +1~3mm, 3~5mm, +5~7mm, +7~10mm, +10mm	$\dfrac{\Sigma（各种原料计划堆积量 \times 该种原料某一粒级的比例）}{大堆计划堆积量} \times 100\%$
6	混匀矿预想碱度	$\dfrac{\Sigma（各种原料计划堆积量 \times 该种原料中 CaO 含量）}{\Sigma（各种原料计划堆积量 \times 该种原料中 SiO_2 含量）}$ 或 $\dfrac{大堆计划预想成分中 CaO 的量}{大堆计划预想成分中 SiO_2 的量}$

注：公式中堆积量均为干量，单位为 t。

158

8.3.2 混匀配料设施

为提高烧结用混合料质量，原料场混匀料场设置混匀配料设施，满足多品种铁精矿同时参与配料。混匀配料一般同时参与配料的品种数为 3~8 个，为保证混匀效果，推荐同时参与配料的品种数不宜超过 7 个。考虑到备用等因素，混匀配料槽料仓数不应少于 4 个，一般为 6~12 个，同时参与配料的物料不少于 4 个品种。若参与混匀的原料品种很少，混匀配料仓槽的个数可减少，一般最少设 3 个。混匀配料槽的单仓容积应根据日使用量确定，配料槽的总容积与原料使用量成比例。对于散状粉料混匀可采用混匀料槽的总容积与烧结机总面积的比值"槽容比"的关系计算。计算方法如下：

$$V_b = RA \tag{8-1}$$

式中，V_b 为混匀配料槽的总容积，m^3；R 为槽容比，一般 $R = 3 \sim 10 m^3/m^2$；A 为烧结机总面积，m^2。

混匀配料槽通常采用两种容积的配料槽，小配料槽的容积 120~200m^3，大配料槽的容积 360~600m^3，很少采用相同的容积。小容积配料槽的数量由同时参与配料的小料种数量确定，一般按 1:1 配置，容积取小料种的一次加料批量。大容积配料槽的数量由同时参与配料的含铁料品种数量确定，如某一品种用量很大时，可采用多槽贮存。为降低一次料场取料机作业率，防止断料，单一品种每天加料次数不宜超过 9 次。

混匀配料槽输入系统不宜少于 2 个，宜在 1 个系统中设置大块杂物筛除设备。混匀配料槽下段有双曲线、圆锥和矩形锥，优先选用双曲线斗嘴，其防堵效果好，配备清堵装置，仓壁设置智能清仓器。混匀配料槽料仓宜采用称重方式计量。仓下采用圆盘式给料装置，其给料能力能够根据要求自动调节，其系统精度不应低于±1%。圆盘式给料装置配用的电子秤一般均采用电子皮带秤，称量精度要求为±0.25%或更高，最少应不低于±0.5%。

8.3.3 混匀工艺流程及主要设备

8.3.3.1 混匀工艺及主要设备

混匀工艺根据使用的原料品种等情况主要分为两大类：单一料混匀和配料混匀。单一料混匀主要用于成分波动较大的单品种原料的混匀，单一料混匀工艺只对需要混匀的原料进行平铺和切取。配料混匀主要用于两种以上多品种原料的混匀，国内几乎均采用此工艺为烧结提供成分均一、性质稳定的优质原料。配料混匀工艺由混匀配料、平铺和切取（或称直取）3 个工序组成。混匀配料作业在混匀配料室进行；平铺和切取作业在混匀料场进行。

混匀料场采用纵向平铺堆料—横向全断面取料工艺，宜采用单跨两堆制、两跨两堆制，也可采用两跨四堆制、三跨六堆制等。主要可依据烧结用量及对应烧结系统数量进行配置。单跨两堆制混匀料场一般在原料使用量少的中小型钢铁企业，或在场地狭长的厂区采用。两跨两堆制为较常用的一种布置形式，可适用于各种规模的原料场。随着烧结大型化及烧结数量增多，两跨四堆制已逐渐成为现在原料场的主要配置形式，甚至出现三跨六堆制配置。一般 360m^2 及以上烧结机，建议一跨对应一台烧结机进行配置。

混匀堆料采用人字形布料方式，堆料设备质量轻、操作控制容易，为常用方式；人字形布料缺点：物料粒度偏析作用显著，大块物料集中于底部，细粒物料集中于料堆的上部和中部。根据需要也可采用众字形式布料或人众字混合布料方式。采用变起点—延时固定终点的堆料方式，能减少端部料量。混匀料堆积层数是保证混匀效果的参数，通常混匀料堆积层数都多于300层，确定此参数可以规范混匀料堆宽度和单位堆料量的相关性，达到较好的混匀效果。

混匀矿取料采用切取料方式，主要采用端面取料，即沿着铺有多层原料的料堆端面逐次地将含有全料层的物料取出。混匀取料机带有料耙，可将料堆端面上的各层料混合取出，使原料成分、粒度尽量均匀。采用不同形式的混匀取料机，在料堆端面内取料，所能达到的均匀化程度也有所不同。主要的混匀取料机型有单斗轮式、双斗轮式、多斗轮式、滚筒式、刮板式等。目前使用最多的是双斗轮式混匀取料机和滚筒式混匀取料机。两种设备相比，前者设备较轻，有较好的混匀效果；后者设备较重，有最好的混匀效果。

8.3.3.2 混匀工艺流程

混匀设施主要工艺流程包括配料供料、混匀堆料和混匀取料工艺。

(1) 配料供料工艺流程：来料→带式输送机→移动卸料车或可逆移动皮带机→配料槽。

(2) 混匀堆料工艺流程：配料槽→圆盘给料机称量装置→带式输送机→混匀堆料机→混匀造堆。

(3) 混匀取料工艺流程：混匀料堆→混匀取料机→带式输送机→烧结系统。

8.3.4 混匀矿质量评价

混匀矿质量评价是对原料场工艺配置以及自动化水平、装备水平等的综合因素的体现之一。通常主要通过混匀矿质量指标进行混匀矿质量评价。混匀矿质量指标是表明烧结用原料经过混匀加工后的产品，即混匀矿的质量指标。主要指标项目包括：TFe、SiO_2 成分的标准偏差，当采用全料混匀时还应给出碱度的波动值。由于混匀矿质量与来料成分的标准偏差有关，因此，需根据工程的具体情况和有关条件确定是否给出该指标。混匀矿 TFe 波动和 SiO_2 含量的波动，是影响烧结矿质量以及炼铁生产经济的重要指标。实现混匀料 TFe 和 SiO_2（或碱度）控制，可有效降低焦比和能耗。为保证混匀料质量，入槽原料 TFe 波动的允许偏差为 ±2%，粒度为 0~10mm。原料含铁品位波动较大时，应设置预混料设施即配料设施和混匀料场。

混匀料矿质量要求为：TFe 波动的允许偏差为 ±0.5%，SiO_2 波动的允许偏差为 ±0.3%。具体可依据各企业自身来料条件和总体水平调整。

考核混匀矿的质量时，可以使用混匀效率指数、波动系数以及化学成分稳定率等指标。

8.3.4.1 混匀效率指数和波动系数

在比较和评价不同的料场混匀系统时，要考虑以下两方面的问题：(1) 输出料流的均匀性；(2) 混匀后物料特性的方差。为了使不同的料堆的混匀效果能够互相比较，所确定的混匀效率的绝对值必须与输入料流的品位波动无关。因而引用了混匀效率指数的概念：

$$M = \left(1 - \frac{\sigma}{\sigma_0} \right) \times 100\% \tag{8-2}$$

式中，M 为混匀效率指数，其取值范围 $0\% < M < 100\%$；σ_0 为混匀前料流的标准偏差；σ 为混匀后料流的标准偏差。

物料某一成分的标准偏差 σ 可以由式（8-3）求得：

$$\sigma = \sqrt{\frac{1}{n-1} \sum_{i}^{n} (X_i - \overline{X})^2} \tag{8-3}$$

式中，X_i 为物料的成分（如 TFe、SiO_2、Al_2O_3 等）；$\overline{X}$ 为物料成分的平均值；n 为试验试样的个数。

为了简化计算，生产中可用经验公式（8-4）来计算料堆的 σ 值：

$$\sigma = \frac{\sigma_0}{\sqrt{Z}} \tag{8-4}$$

式中，Z 为铺料层数；σ_0 为与铺料的混合料的标准偏差。

公式中的 M 值表示物料经过混匀后，混匀矿的均匀程度提高了多少，M 值越大表示混匀程度越高。

在物料均匀性与系统初始输入条件不相关的前提下，为了评价输出物料的均匀性，引入一个无量纲量 N，称之为波动系数。

$$N = \frac{\sigma}{\overline{X}} \tag{8-5}$$

式中，σ 为输出混匀矿特性指标的标准偏差；$\overline{X}$ 为与 σ 相对应的物料特性指标的平均值。

M 与 N 是两个不同内涵的指标，M 表示混匀操作过程的质量；而 N 表示输出混匀矿的实物质量。混匀质量评价标准见表 8-4。

表 8-4　混匀质量评价标准

混匀质量	混匀等级边界值/%　$M = \left(1 - \dfrac{\sigma}{\sigma_0} \right) \times 100\%$
很差	70
不良	70~80
一般	80~90
好	90~94
很好	94~96（或98）
非常好	对散状料>96　对液体>98

8.3.4.2　混匀矿成分稳定率

A　正态分布

物料混匀过程中混匀矿成分的波动是符合正态分布的，即 $X \sim N(\mu, \sigma^2)$，即可求出概率 $P(a < X < b)$：

$$P(a < X < b) = \int_a^b \frac{1}{\sqrt{2\pi}\sigma} e^{-\frac{(x-\mu)^2}{2\sigma^2}} dx \quad \left(\text{设}\ \mu = \frac{X-\mu}{\sigma}\right)$$

$$= \int_{\frac{a-\mu}{\sigma}}^{\frac{b-\mu}{\sigma}} \frac{1}{\sqrt{2\pi}} e^{-\frac{\mu^2}{2}} dx$$

$$= \Phi\left(\frac{b-\mu}{\sigma}\right) - \Phi\left(\frac{a-\mu}{\sigma}\right) \tag{8-6}$$

由于正态分布曲线的对称性, 有如下关系式:

$$\Phi(-X) = 1 - \Phi(X)$$

B 混匀矿达到要求的稳定率时标准偏差

如果要求混匀矿 TFe 质量分数的波动值为 ±0.5%, 求在该波动范围达到规定的稳定率 (即概率)。

通过标准变换来计算 $|X-\mu| \leqslant 0.5$ 发生的概率, 即为 TFe 含量 (质量分数) 在规定波动范围 ±0.5% 内的稳定率的理论值:

$$P(|X-\mu| \leqslant 0.5) = P\left(\frac{|X-\mu|}{\sigma} \leqslant \frac{0.5}{\sigma}\right)$$

$$= P\left(-\frac{0.5}{\sigma} \leqslant \frac{|X-\mu|}{\sigma} \leqslant \frac{0.5}{\sigma}\right)$$

$$= \Phi\left(\frac{0.5}{\sigma}\right) - \left[1 - \Phi\left(\frac{0.5}{\sigma}\right)\right]$$

$$= 2\Phi\left(\frac{0.5}{\sigma}\right) - 1 \tag{8-7}$$

当要求 TFe 的稳定率为 60%, 则:

$$P(|X-\mu| \leqslant 0.5) = 0.60$$

$$2\Phi\left(\frac{0.5}{\sigma}\right) - 1 = 0.60$$

$$\Phi\left(\frac{0.5}{\sigma}\right) = 0.80$$

查正态分布表得出:

$$\frac{0.5}{\sigma} = 0.842$$

$$\sigma = 0.5937$$

同理, 可求出稳定率为 70% 时, $\sigma = 0.4975$; 为 80% 时, $\sigma = 0.3895$; 为 90% 时, $\sigma = 0.304$; 为 100% 时, $\sigma = 0.1285$。

根据这个方法, 同样可计算 SiO_2、Al_2O_3 的稳定率。生产中应用这种方法, 根据混匀矿的 σ 值, 可以知道相应成分的稳定率。

8.4 原料的破碎与筛分

8.4.1 熔剂的破碎与筛分

烧结生产对熔剂除化学成分有要求外, 对其粒度也有一定的要求, 一般要求石灰石的粒度 0~3mm 的质量分数大于 90%，因为适宜粒度是保证烧结优质、高产、低耗的重要因素。通常进入烧结厂的石灰石（或白云石）的粒度为 0~40mm，有时达 100mm，因此，在配料前必须将熔剂破碎至生产所要求的粒度。

为了保证熔剂破碎产品的质量和提高破碎机的生产能力，往往由破碎机和筛分机共同组成破碎流程。图 8-7（a）和（b）为烧结厂破碎石灰石的两种流程。

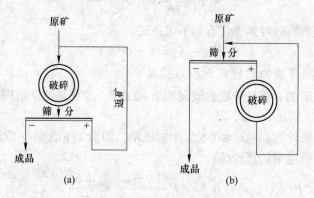

图 8-7　破碎筛分流程

流程（a）为一段破碎与检查筛分组成闭路流程，筛下为合格产品，筛上物返回与原矿一起破碎。流程（b）设预先筛分与破碎组成闭路流程，原矿首先经过预先筛分分出合格的细粒级，筛上物进入破碎机破碎后返回与原矿一起进行筛分。

两种流程比较，流程（b）只有当给矿中 3~0mm 的质量分数较多（大于 40%）时才使用，但因筛孔小，特别是含泥质的矿石，筛分效率低。此外，给矿中大块多，筛网磨损加快。而且石灰石原矿中 3~0mm 的质量分数一般较少（10%~20%），在这种情况下进行预先筛分，减轻破碎机负荷作用不大，所以目前烧结厂多采用流程（a）破碎熔剂。

熔剂破碎的常用设备有锤式破碎机和反击式破碎机。锤式破碎机具有产量高、破碎比大、单位产品的电耗小和维护比较容易的特点。锤式破碎机按转子旋转方向有可逆式和不可逆式两种，可逆式破碎机能延长锤头寿命和保证破碎效率。锤头与算条间隙对产品产量和质量有显著影响，间隙越小，产品粒度越细。经常保持间隙在 10~20mm 时，就可获得较高产量和较好质量。水分是另一个影响破碎效率的重要因素，当原料水分体积分数大于3%时，因算缝堵塞，而影响破碎能力，产品合格率降低。

反击式破碎机属于冲击能破碎矿石的一种设备，与其他形式破碎机比，其设备重量轻、体积小，生产能力大，单位电能消耗低，较适合熔剂细破碎。

与破碎机组成闭路所用的筛子多采用自定中心振动筛，也有采用惯性筛或其他类型的振动筛，筛网有单层和双层的。双层筛可防止大块料对下层细网筛冲击，以提高筛子作业率，对提高下层筛的筛分效率也有一定作用。

我国烧结厂的石灰石破碎大多在厂内进行，日本、美国和法国等国则多在矿山进行，破碎后的石灰石转运至烧结厂料场。

8.4.2　燃料的破碎与筛分

烧结厂所用的固体燃料有碎焦和无烟煤，其破碎流程是根据进厂燃料粒度和性质来确定的。当粒度小于 25mm 时可采用一段四辊破碎机开路破碎流程 [见图 8-8（a）]，如果粒度大于 25mm，应考虑两段开路破碎流程 [见图 8-8（b）]。

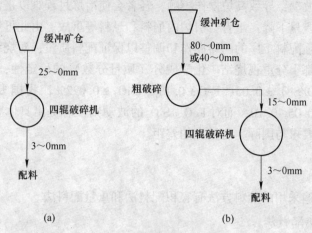

图 8-8　燃料破碎筛分流程

　　我国烧结用煤或焦粉的来料都含有相当高的水分（体积分数大于 10%），采用筛分作业时，筛孔易堵，降低筛分效率。因此，固体燃料破碎多不设筛分。

　　四辊破碎机是破碎燃料的常用设备。当给料粒度小于 25mm 时，能一次破碎到 3mm 以下，无需进行检查筛分。当给料粒度大于 25mm 时，常用对辊破碎机做粗碎设备，把固体燃料破碎到 15mm 后，再进入四辊破碎机碎至小于 3mm。

　　某钢厂烧结用固体燃料为干熄焦，其含水低，不堵筛孔。破碎采用设有预先筛分和检查筛分的两段破碎流程，如图 8-9 所示。第一段由反击式破碎机与筛子组成闭路，第二段采用棒磨机，可减少过粉碎，但劳动条件较差。

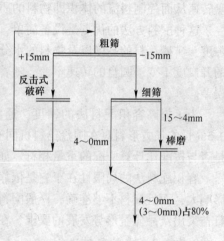

图 8-9　某钢厂焦粉破碎工艺流程

8.5　配料工艺及计算

8.5.1　配料的目的和意义

　　烧结厂处理的原料种类繁多，且物理化学性质差异也很大，为使烧结矿的物理性能和化学成分稳定、符合冶炼要求，同时使烧结料具有良好的透气性以获得较高的烧结生产率，必须把不同成分的含铁原料、熔剂和燃料等，根据烧结过程的要求和烧结矿质量的要求进行精确配料。

　　烧结配料是整个烧结生产中极为重要的一个环节，烧结生产实践表明，配料发生偏差是影响烧结过程正常进行和烧结矿产质量的一个重要因素。如固体燃料配入量波动±0.2%，就会影响烧结矿的还原性和强度，烧结矿含铁量的突然急剧升高或降低，在高炉内就会引起炉温的波动，导致高炉操作不顺，轻者会使冶炼过程难以正常进行，导致高炉焦比上升，生铁产质量下降；重者会引炉内崩料和悬料等事故。由此可见，确定精确的配料比进行配料，加强配料工序的配料操作和调整以保证配料质量，对烧结和高炉生产影响极大。因此，各国都十分重视烧结矿化学成分（质量分数）的稳定性，如日本要求 TFe±0.3%~0.4%、$CaO/SiO_2±0.03$、$FeO±0.1\%$、$SiO_2±0.022\%$，我国要求 $TFe±0.5\%$ ~0.1%，$CaO/SiO_2±0.05~0.10$，而对 FeO、SiO_2 的波动则没有提出具体要求。很显然，我国对烧结矿的质量要求与国际上有较大的差距。

8.5.2　配料方法

目前，我国普遍采用的配料方法有容积配料法和重量配料法。

8.5.2.1　容积配料法

容积配料法是根据物料具有一定的堆密度，借助给料设备对物料的容积进行控制以达到混合料所要求的添加比例的一种配料方法。它是通过调节圆盘给料机闸门的开口度或圆盘转速从而控制料流的体积即物料的质量。

这种配料方法的优点是设备简单，操作方便，但由于物料的堆密度受物料的粒度、孔隙度、矿槽存料的高度以及物料的水分的影响，并不是固定不变的，所以尽管给料机闸门的开口度不变，圆盘的转速不变，随着时间的变化给料量也是变化的，因此造成了配料的误差。

为了提高容积配料法的精度，通常采用重量检查的方法进行检验。也就是用一个0.5m长的长方形料盘在圆盘给料机同一直径的两端接取物料，称量所接取的物料，看它是否与按配比计算应配的重量相符。如果超过误差范围就应该进行调整。

容积配料法的局限性在于它是依靠调节闸门开口度的大小来调节料流量，受外界因素影响大，而且配料不够准确，一般配料精度在5%以内。因此，容积配料法已经不太适应日益突出产品质量形势发展的要求，在大型烧结厂这种配料方法逐渐被淘汰。

8.5.2.2　重量配料法

重量配料法是按物料的重量进行配料的一种方法，通常称为连续重量配料法。

按原料的重量来配料，它借助于电子皮带秤和调速圆盘，通过自动调节系统来实现。

图 8-10 为重量配料系统控制图，由电子皮带秤给出称量皮带的瞬时料量信号，信号输入圆盘调整系统，调节部分根据给定值和电子皮带秤测量值的偏差，通过自动调节圆盘转速以达到给定的料量。与容积配料比较，重量法易实现自动配料，精确度高。生产实践证明，当负荷50%时，重量配料法精确度为1.0%，而容积配料法为5%。

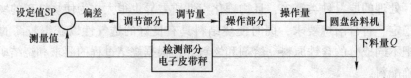

图 8-10　重量配料系统方块图

目前国外已有按化学成分配料法，此法是用 X 射线荧光分析仪对原料进行化学成分分析，根据化学成分确定各种物料的最佳配比。

8.5.3 配料计算

在配料之前必须计算出配料比，有准确的配料比和正确的配料操作，才能获得化学成分稳定的烧结矿，达到配料的主要目的。

烧结配料计算，就是根据已知原料的物理化学特性、原料供应量（或烧结矿产量）及规定的烧结矿含铁量、CaO/SiO_2、S 及 MgO 含量等确定合适的配料比例以及每米配料皮带上料公斤数。因此，正确地进行配料计算是保证烧结矿质量合格的关键之一。

烧结配料计算的基本原则是根据"物质守恒"的原理，按不同成分的平衡，列出一系列方程式，然后求解。

按铁的平衡可列方程（以单位质量烧结矿计）：

$$Fe_{烧} = \sum Fe_i \cdot i \tag{8-8}$$

按碱度的平衡可列方程：

$$R \times \sum SiO_{2i} \cdot i = \sum CaO_i \cdot i \tag{8-9}$$

按 MgO 的平衡可列方程：

$$MgO_{烧} = \sum MgO_i \cdot i \tag{8-10}$$

式中，$Fe_{烧}$ 和 $MgO_{烧}$ 为烧结矿 TFe 及 MgO 含量（质量分数），%；R 为碱度；i 为单位重量烧结矿的有关原料用量（如矿粉、石灰石、白云石及燃料等）；Fe_i、SiO_{2i}、CaO_i 及 MgO_i 为各原料中相应成分之含量（质量分数）。

国内各烧结厂最为常用的配料计算方法有简易理论计算法、单烧计算法、验算法等，这些计算方法各有特点，但它们所需要的基本数据和步骤大致是相同的。

在配料计算前，必须掌握下列数据：

（1）各种铁料、熔剂、燃料的有关物理性能和化学成分。

（2）烧结矿的技术规格。

（3）返矿的循环量。

（4）原料的贮备量和供应量。

（5）配料设备的能力，即设备的最大和最小下料量，以及稳定的平均下料量。

8.6 烧结料的混合与制粒

8.6.1 混合的目的与方法

各种含铁原料、熔剂及燃料通过配料、并加入返矿后，要送去混合与制粒，这是为了使送去烧结的烧结料组分均匀，以保证烧结矿的物理、化学性质一致。同时，通过混合与制粒可以改善烧结矿的透气性，提高烧结机的垂直烧结速度，因而获得优质、高产的烧结矿。混合作业包括加水润滑、混匀和制粒，为了提高料温，减轻过湿和冷凝，有时还要通入蒸汽。根据原料性质的不同，烧结厂的混合作业采取两段混合和一段混合两种，为了提高制粒效果，目前国内还采用三段混合。一段混合由于只有一次混合作业，它的主要作用是加水润湿和混匀，使烧结料各组分的物理、化学性能保持一致。因此，它只适宜处理粒度较粗的富矿粉和成球性较好的原料。两段混合是将混合料连续进行两次混合，一次混合的目的主要是加水润湿、混匀，使混合料的水分、粒度和料中各组分均匀分布。当加入返矿时，可以将物料预热，当加生石灰时，可使生石灰消化。二次混合除继续混匀外，主要目的是制粒，并进行补充润湿和通蒸汽，通蒸汽是为了提高混合料的温度。两段混合比较适宜于细磨精矿的原料。但是，不管是一段混合还是两段混合，其混合和造球的时间应保证在 4~5min。

（1）物料的混合。混合料被送入混合机后，物料随混合机的回转而不断地运动着，物料在混合机内的运动是很复杂的，它会受到摩擦力、重力等的作用，使其产生剧烈的运动，因而被混合均匀。物料被混匀的效果与原料的性质、混合时间及混合的方式等有很大关系，粒度均匀、黏度小的原料容易混匀，物料颗粒之间相对运动越激烈，混合时间越长，则混合效果越好。

（2）物料的造球制粒。混合料造球必须具备两个主要条件：一是物料加水润湿，二是作用在物料上面的机械力。细粒物料在被水润湿前，其本身已带有一部分水，然而这些水不足以使物料在外力作用下形成球粒。物料在混合机内加水润湿后，物料颗粒表面被吸附水和薄膜水所覆盖，同时在颗粒与颗粒之间形成 U 形环，在水的表面张力作用下，使物料颗粒集结成团粒。此时，颗粒之间大部分空隙还是充满空气，因此，团粒的强度差，当水分一旦失去，团粒便立即成散状的颗粒。由于造球机的回转，初步形成的团粒在机械力的作用下不断地滚动、挤压，则颗粒与颗粒之间的接触越来越靠近，团粒也越来越紧密，颗粒之间的空气被挤出，空隙变小。此时，在毛细力的作用下，水分充填所有空隙，团粒也就变得比较结实，这些团粒在造球机内继续滚动逐渐长成具有一定强度和一定粒度组成的混合料。

球粒的形成，与物料的亲水性、水在物料表面的迁移速度、物料的粒度组成以及机械力作用的大小等因素有关。亲水性是表示物料被水润湿的难易程度，亲水性的物料则易被水润湿，其水分迁移速度也更快，物料之间易形成 U 形环，物料也易成球。但是，水分迁移又受到物料粒度的影响，细粒物料，其水分迁移速度慢，但在外加机械力作用下，可以提高水分的迁移速度，有利于成球。因此，当物料亲水性越强，水的迁移速度越大，物料粒度适宜，并在较大机械力作用下，对成球和球粒长大是有利的。

造球的效果是以混合料粒度组成来表示，改善混合料的粒度组成，可以改善烧结料的透气性，提高烧结矿的产量和质量。造球效果除与矿石类型、矿石的粒度组成以及黏结性有关外，同时与造球设备及造球时间有关，还与混合料加水的性质及加水的方法有密切关系。混合机最后一段路程，应仅作造球用，这时，水不应直接喷在已形成的小球上，以免过湿和冲坏小球。

造球的主要目的是减少混合料中 3~0mm 级别，增加 3~8mm 级别尤其是增加 3~5mm 级别含量。球粒过大，会导致垂直烧结速度降低，使烧结矿产量下降；球粒过小，料层透气性差，垂直烧结速度也下降，同样影响烧结矿的产量。

8.6.2 混合与制粒效果的评价

8.6.2.1 混合效果评价

衡量混合作业的质量，可以用混合效率来表示，混合效率用于检查混合料的质量指标，通常是用于测定混合料中的铁、固定碳、氧化钙、二氧化硅、水分及粒度，其计算方法如下：

$$k_1 = \frac{c_1}{c}; \quad k_2 = \frac{c_2}{c}; \quad \cdots; \quad k_n = \frac{c_n}{c} \tag{8-11}$$

式中，k_1、k_2、$\cdots$、k_n 为各试样的均匀系数；c_1、c_2、$\cdots$、c_n 为某一测定项目在所取各试样中的含量（质量分数），%；c 为某一测定项目在此组试样中的平均含量（质量分数），%。

$$c = (c_1 + c_2 + \cdots + c_n)/n$$

式中，n 为取样数目。

已知混合料的均匀系数 k_n，可按式（8-12）计算混合效率：

$$\eta = \frac{k_{\min}}{k_{\max}} \times 100\% \tag{8-12}$$

式中，$k_{\max}$、$k_{\min}$ 分别表示所取样均匀系数的最大值和最小值；η 为混合效率，此值越接近 100%，说明混合效果越好。

另外，混合效率还与混合前物料的均匀程度有关。

8.6.2.2 制粒效果的评价

过去人们对制粒效果的评价多以烧结最终指标来衡量，如垂直烧结速度是否增大、烧结机利用系数是否提高等。这种评价虽能综合地直观反映其烧结料的制粒效果，但它不能解释制粒效果好坏的原因，更不能揭示制粒机理。随着烧结技术的发展，烧结新工艺的出现，如厚料层烧结、低温烧结、小球烧结、球团混合烧结等，人们对混合料制粒进行了深入的研究，不仅研究制粒后混合料的粒度组成，而且研究了混合料小球的干湿强度、结构及混合料原始粒度对小球结构的影响等。因此，对混合料制粒效果赋予了新的概念，下面介绍几种制粒效果评价方法。

A 混合料粒度分布

把制粒后的混合料烘干至残留水体积分数为 2%~3%，停放 1h 后，在不破坏小球形态的情况下，用人工筛分分级，计算不同粒级的筛出量。一般认为烧结混合料的小球中，2~5mm 粒级应大于 50%，其平均直径为 2.4~2.6mm 为宜。

B 准颗粒指数 GI_0

日本藤本政美提出用准颗粒指数 GI 表示细粉的黏附程度作为评价指标，即：

$$GI = \left(\frac{A_1 - B_1}{A_1} + \frac{A_2 - B_2}{A_2} \right) \times 100\% \tag{8-13}$$

式中，A_1、B_1 分别为制粒前后 0.5~0.25mm 粒级的质量分数；A_2、B_2 分别为制粒前后 -0.25mm 粒级的质量分数。GI 值越大，则制粒效果越好。

佐藤胜彦进一步指出，混合料中 -0.25mm 粒级的影响要比 0.5~0.25mm 粒级大得多，

因此只取式（8-13）右边第 2 项来评价制粒效果，即

$$GI_0 = \frac{A - B}{A} \times 100\% \tag{8-14}$$

式中，A、B 分别为制粒前后 -0.25mm 粒级的质量分数。

    C   透气性指数

以烧结混合料做填充层处理，测定在一定料层高度和一定抽风负压条件下通过料层的风量，可用透气性指数 $J.P.U$ 表示：

$$J.P.U = \frac{Q}{A} \cdot \left(\frac{H}{\Delta P}\right)^{0.6} \tag{8-15}$$

式中，Q 为通过料层风量，m^3/min；A 为抽风面积，m^2；ΔP 为抽风负压，mmH_2O；H 为装料高度，m。

    D   制粒效率 η_1

我国常用以下这种方法评价制粒效果：

$$\eta_1 = \frac{q_2 - q_1}{q_1} \times 100\% \tag{8-16}$$

式中，q_1、q_2 分别为制粒前后 $+3$mm 粒级的质量分数。

    E   干态抗粉化指数

以上几种方法只能反映制粒后混合料的湿态粒度分布和点火前的原始透气性，不能全面地反映混合料的制粒效果。因为在某种情况下，GI_0 值或平均粒度值较大，透气性指数也较高，但烧结过程中透气性变差，垂直烧结速度降低。这主要是制粒后的小球质量差，作为黏附物有可能在运输过程中，或烧结过程中发生剥落，出现粉化现象。因此，有人提出用干态抗粉化指数来评价，即：

$$\Delta d = |d_0 - d_2| \tag{8-17}$$

式中，d_0 为制粒前的平均粒度，mm；d_2 为干态转鼓试验后的平均直径，mm。

    Δd 越大，说明小球强度越好，在整个烧结过程中料层具有良好的透气性。

8.6.3 影响混匀和制粒的因素

8.6.3.1 原料性质的影响

物料的密度：混合料中各组分之间密度相差太大，是不利于混匀和制粒的。

物料的黏结性：黏结性大的物料易于制粒。一般说来，铁矿石中赤铁矿、褐铁矿比磁铁矿易于制粒。但对于混匀的影响却恰恰相反。

物料的粒度和粒度组成：粒度差别大，易产生偏析，难以混匀，也不易制粒。因此，对于细精矿的烧结，配加一定数量的返矿作为制粒核心时，返矿的粒度上限最好控制在 $5\sim6$mm，这对于混匀和制粒都有利。如果是富矿粉烧结，国外对作为核心的颗粒、黏附颗粒和介于上述两者之间的中间颗粒的比例也有一定要求，以保证最佳制粒效果。另外，在粒度相同的情况下，多棱角和形状不规则的物料比圆滑的物料易于制粒。

8.6.3.2 加水润湿方法及地点

物料在混合过程中，加入适量的水有利于制粒。但水分过大，不仅影响混匀，而且对

制粒也不利。通常最适宜的制粒水分与烧结料的适宜水分较为接近。生产实践表明，在返矿皮带上加水，目的是适当降低热返矿的温度，有利于物料的湿润和制粒。一次混合加水，目的主要是使物料充分润湿。二次混合加水主要是保证更好地制粒。因此，一次混合后的物料应该润湿到接近于烧结的适宜水分，而在二次混合中加水总水量约 10%~20% 作为补充水分。二次混合后物料的水分应严格控制，其体积分数波动范围应小于 0.5%。

往混合料中加水的方法及采用的加水装置对制粒也很重要。有人曾提出水分分加工艺，因为普通工艺中一次性往往全部物料中加足水，恶化了混合料水分的均匀性，不利于制粒。为了提高混合料准备质量，将一部分原先加到二次混合中的水分预先加到石灰石（最干的物料）上进行预先润湿（水分加到 6%~6.5%）。这种水分分加工艺改善了混合料的透气性。有试验表明，混合料中 3~0mm 粒级分别由 51.3%~39.3% 减少到 33.1%~23.5%，且混合料中各组成的分布更加均匀。

某烧结厂混合机的加水润湿管改成渐开式，其加水量为 6~7t/h，为了改善水的雾化和使其压力稳定，给水时采用了压缩空气。此法提高了混合料的制粒效果，使混合料粒度均匀性显著改善，物料透气性高。同时也明显地改善了各组分分布的均匀性，使成品烧结矿沟下筛分 5~0mm 粒级下降了 1.2%。

8.6.3.3 混合时间

为了保证混匀和制粒效果良好，混合制粒应有足够的时间。过去混合时间一般为 2.5~3min，即一次混合 1min 左右，二次混合为 1.5~2min。生产实践表明，这样短的时间对于混匀和制粒来说都是不够的。因此，近年来国内外新投产的烧结厂的混合制粒时间都延长到 5min 左右。但继续延长制粒时间则制粒效果的增长不明显。目前，我国烧结厂的混合制粒时间都偏短，主要是大型混合机的设计、制造尚存在一些问题。

圆筒混合机混合时间按式（8-18）计算：

$$t = \frac{L}{V} \tag{8-18}$$

式中，t 为混合时间，min；L 为混合机长度，m；V 为料流速度，m/s。

又

$$V = \frac{2\pi Rn}{60} \cdot \tan 2\alpha = 0.105Rn \cdot \tan 2\alpha$$

将 V 值代入式（8-18），则得：

$$t = \frac{L}{0.105Rn \cdot \tan 2\alpha} \tag{8-19}$$

式中，R 为混合机半径，m；n 为混合机转速，r/min；α 为混合机圆筒安装倾角。

由式（8-19）可以看出，混合时间与混合机长度、转速及其安装角度等有关。增加混合机的长度，无疑能延长混合机制粒时间，有利于物料的混匀和制粒。

混合机的转速决定着物料在圆筒内的运动状态。转速大小，筒体所产生的离心作用较小，物料难以上到一定高度，形成堆积状态，所以混匀和制粒效率都低。但转速过大，则筒体产生的离心作用过大，使物料紧贴于筒壁上，致使物料完全失去混匀和制粒作用。计算表明，混合机的临界转速为 $30/\sqrt{R}$ r/min。一次混合机的转速一般采用临界转速的 0.2~0.3 倍。二次混合机转速为临界转速的 0.25~0.35 倍。圆筒混合机的转速可用式（8-20）计算：

$$t = \frac{L}{0.105Rn \cdot \tan2\alpha} \tag{8-20}$$

当 R、t、α 一定时，n 随 L 的增加而增加，当 L、R、t 一定时，n 随 α 的增加而减小。直径为 2800mm 的圆筒混合机的转速常采用 $6\sim8\text{r/min}$。

混合机的倾角决定物料在机内停留时间，倾角越大，物料混合的时间越短，故其混匀和制粒效果越差。圆筒混合机用于一次混合时，其倾角为 $2.5°\sim4°$ 之间，用于二次混合时，其倾角不应大于 $2.5°$。

8.6.3.4 充填系数

圆筒混合机物料充填系数增大，在混合时间不变的情况下，能提高产量。但由于料层增厚，物料的运动受到限制和破坏，因此，对混匀和制粒都不利。充填系数过小时，生产率低，且物料间相互作用力小，对制粒也不利。一般认为，一次混合机的充填系数不应大于 15%，二次混合机充填系数应比一次混合机更小些。

为了提高混合效率，一些厂在圆筒混合机内壁安装刮板，以便将物料提高到一定高度，加强混匀作用。但刮板对制粒不利，所以只在一次混合机内安装刮板，有的厂只在圆筒混合机的进料端装刮板，以利于制粒。还有的厂将精矿单独在圆盘造球机内造小球，然后配制成烧结料，经二次混合机混匀和制粒，以保证混合料化学成分均一和有较高的透气性。

8.6.3.5 添加物

在经烧结混合料内添加消石灰、生石灰、皂土（膨润土）等一系列添加剂，对改善混合料成球有良好的效果，这些添加剂具有很大的比表面积，能提高混合料的亲水性，在许多场合下还具有胶凝性能，因而混合料的成球性可借添加物的作用大大提高。

比如添加少量消石灰或生石灰可改善混合制粒过程，提高小球强度。添加生石灰后小于 0.25mm 粒级的含量下降，见表 8-5。某钢铁厂试验表明：全精矿配加生石灰的混合料成球指球比不加生石灰时提高 126.49%。日本某烧结厂生产测定，未加生石灰的混合料，附着粉的比例为 27%，进行中破坏率为 $12\%\sim20\%$，加生石灰 2%，附着粉的比例为 30%，运行中破坏率为 5% 左右。

表 8-5 添加生石灰后的粒度组成

生石灰用量 （质量分数）	产品	粒度组成（质量分数）/%					
		>5mm	5~2mm	2~1mm	1~0.5mm	0.5~0.25mm	0.25~0mm
0	成球	29.2	34.2	17.1	10.3	5.6	3.6
	原料	22.3	23.9	11.2	7.4	4.3	30.9
1%	成球	29.9	39.4	16.6	8.2	4.2	1.7
	原料	21.7	26.6	10.1	5.6	3.1	32.9

总之，混合料中添加部分添加物有利于料球形成，使烧结混合料的透气性变好，烧结矿的产量和质量也会得到相应的提高。然而添加物过多时，虽然对成球有利，但对混匀有一定的妨碍，同时还会使烧结料的堆密度降低，透气性过好，对烧结将起相反的作用，适量的添加剂应根据原料特性等由实验确定。

习　题

8-1　设置原料场的目的是什么？

8-2　原料混匀的一般方法有哪些？

8-3　为什么要进行原料的破碎与筛分，主要流程有哪些？

8-4　主要的配料方法包括哪些？

8-5　影响混匀和制粒的因素有哪些？

9 混合料的烧结

烧结作业是烧结生产工艺的中心环节，是检验并反映上述工艺质量的一个工序，也是烧结生产最终产品的工序。

采用带式烧结机抽风烧结时，其工作过程如下：当空台车运行到烧结机头部的布料机下面时，铺底料和烧结混合料依次装在台车上，经过点火器时混合料中的固体燃料被点燃，与此同时，台车下部的真空室开始抽风，使烧结过程自上而下地进行，控制台车速度，保证台车到达机尾时，全部料都已烧结完毕，粉状物料变成块状的烧结矿。当台车从机尾进入弯道时，烧结矿被卸下来。空台车靠自重或尾部星轮驱动，沿下轨道回到烧结机头部，在头部星轮作用下，空台车被提升到上部轨道，又重复布料、点火、烧结、卸矿等工艺环节。

9.1 布 料

9.1.1 铺底料

进行烧结时，在烧结机台车炉箅上事先铺上一层粒度较粗（10~20mm）的物料，再在其上布满烧结混合料，靠近炉箅的这一层较粗粒级的料层称为铺底料，或称床层。

铺底料是将烧结料与炉箅条隔开，从而防止烧结时燃烧带高温与炉箅直接接触，起到保护炉箅、延长其使用寿命的作用，降低烧结生产成本。铺底料起到过滤层的作用，可防止细粉末从炉箅缝隙中抽走，大大减少废气中灰尘的含量，从而可延长风机转子的使用寿命，减轻除尘设备的负担；铺底料还可以保持有效抽风面积不变，使气流分布均匀，改善烧结过程的真空制度；铺底料也能防止烧结矿黏结炉箅，散料减少，减轻和改善烧结操作条件，便于实现烧结自动控制等。

由于铺底料对烧结过程来说有上述好处，所以现在国内外已把铺底料列为烧结生产工艺流程的必备环节。据某钢厂二烧有无铺底料的工业生产对照试验表明，烧结机上铺底料后由于料层烧透，返矿质量改善，残碳降低，小于 0.3mm 的细级别减少，从而改善了混合料的粒度组成。二次混合后大于 2.5mm 粒级的含量（质量分数）由 36.5% 上升到 47.0%，加之使用铺底料后炉箅有效抽风面积得到保证，垂直烧结速度加快，烧结机利用系数提高，且质量也有所改善，见表 9-1。

烧结厂使用的铺底料一般是从成品烧结矿中分出。因此，铺底料的应用只能建立在冷矿生产工艺流程的基础上。将冷烧结矿进行筛分分级，其中 10~20mm 粒级作为铺底料。这种分出铺底料的方法是一种比较理想的方法。由于铺底料中基本不含燃料，且粉末少，因而能充分发挥其作用。但是，采用此法分出铺底料使得生产工艺流程复杂化，并且也增加了基建投资。

表 9-1　有铺底料与无铺底料主要烧结技术指标对比

条 件	利用系数 /t·m⁻²·h⁻¹	混合料粒度 >2.5mm /%	热返矿粒度 <3mm /%	转鼓指数 >5mm/%	烧结矿细粒级质量分数 <5mm/%	返矿残碳 /%
有铺底料	1.2~1.4	47.0	8.73	80	9.10	0.95
无铺底料	1.14~1.22	36.5	47.0	77~79	11.93	1.28

9.1.2　烧结料的布料

　　铺底料之后，紧接着就进行混合料布料。布料时，应该使混合料在粒度、化学组成及水分等沿台车宽度均匀分布并使料面平整，保证混合料具有均一的透气性。否则料面烧结不好，特别是在台车挡板附近，应该避免混合料形成坡度，而造成侧板和混合料之间有过多的空气通过，使烧结生产的电费过高。除此之外，布料应该保证物料具有一定的松散性，防止混合料在布料时产生堆积和受压，以保证料层有良好的透气性，达到较高的生产率。

　　最理想的布料方法除满足以上两点要求外，应使混合料沿料层高度产生垂直偏析。粒度由上而下逐渐变粗，含碳量由上往下逐渐减少，以改善料层的气体动力学特性和热制度，提高烧结矿产质量。

　　布料的好坏，在很大程度上取决于布料装置。典型的烧结机布料系统是由圆辊布料机和反射板（或多辊布料器）经由下料溜槽组成，如图 9-1 所示。由圆辊布料机将下矿漏斗的烧结混合料给到反射板或多辊布料器上，再被撒布到台车上。给料量通过调节闸门和圆辊转速，粒度偏析主要取决溜槽倾角的影响，故溜槽倾角是可调的。

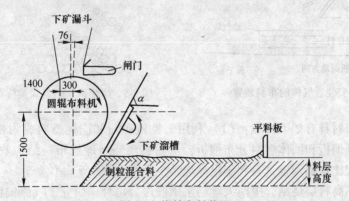

图 9-1　烧结布料装置

　　国外许多烧结厂对布料技术进行了不少改进，使其满足布料的填充密度及料层结构的合理性、稳定性和化学成分的均匀性。日本新日铁公司在生产上采用两套新型布料装置，一是该公司君津和广烟厂的条筛和溜槽布料装置，条筛上的棒条横跨烧结机整个宽度，混合料的粗粒从棒条上通过，然后落向算条，从而形成上细下粗的偏析；另一种是八幡厂的格筛式布料装置，筛棒自起点成三层散开，棒间距离逐渐增大，每条筛棒各自做旋转运动，以防止物料堆积在筛面上。这种首先是较大粗颗粒落在算条上，随后布料的粒度就越来越小。

为了改善料层透气性，国内外一些烧结厂采用松料措施，比较普遍的在反射板下边，在料中部的位置上沿水平方向安装一排或多排 φ30~40mm 钢管，称之为"透气棒"。钢管间距离为 150~200mm，铺料时钢管被埋上，当台车离开布料器时，那些透气棒原来所占的空间被腾空，料层形成一排排透气孔带，改善料层透气性。图 9-2 是装有透气棒的神户加古川烧结厂布料系统设备示意图。

某钢厂烧结厂为了实现理想的布料效果，在烧结矿机头部设有混合料组合偏析布料装置（见图 9-3），由混合料给料漏斗、圆辊给料机、电磁偏析布料器和辊筛布料器共同组成。混合料给料漏斗由漏斗本体和布料闸门组成。布料闸门采用液压控制的"扇形主闸门+微调闸门"形式，以实现烧结机宽度方向均匀布料。圆辊给料机转速可调，与扇形闸门开度调节一并成为给料量调整的措施。电磁偏析布料器是反射板下方安装有可调磁场装置的布料器，是宝钢研究院专利产品。辊筛式布料器采用九辊形式，使用九台变频调速电机驱动，倾角为 40° 可调。

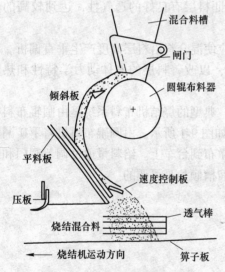

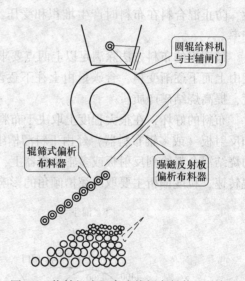

图 9-2　安装透气棒的布料装置　　　　图 9-3　烧结机头组合式偏析布料装置示意图

组合偏析布料具有如下特点：（1）利用磁性铁矿粉和固体燃料黏附性好，能够同时实现烧结料粒度偏析和固体燃料分布偏析，从而实现烧结理想布料结构效果；（2）能够适应磁铁精矿配比宽幅调整，有利于提高烧结生产率和烧结矿品位。

为实现均热高料层烧结，中南大学与宝钢股份公司合作研究了气流偏析布料技术。气流偏析布料是在布料反射板与台车之间，沿台车运行方向对下降物料施加逆向气流（见图 9-4），改变物料运行状态，实现燃料和混合料合理偏析，以达到上下层热量均匀的目的。

在气流作用下，固体颗粒在水平方向的阻力加速度为：

$$a = \frac{39\mu^{1/2}\rho_g^{1/2}(u\cos\theta - v_2)^{3/2}}{4d^{3/2}\rho_p} \tag{9-1}$$

式中，a 为水平方向阻力加速度；d 为固体颗粒直径；ρ_p 为颗粒密度；ρ_g 为气体密度；μ 为气体黏度；u 为气体流速；θ 为气流方向与台车运行方向夹角；v_2 为固体颗粒在水平方向运行速率。

从式 (9-1) 可以看出，颗粒直径越小，颗粒密度越小，气流速度越大，颗粒的加速度越大，即颗粒向台车前进方向运动的距离越远。由于烧结生产中布料过程是连续的，因此没有被气流携带或受气流作用较小的物料先下落到台车的下部，而受气流作用较大的密度、粒度较小的物料则后落到台车上，更多地位于烧结料层的上部。

烧结混合料是由粒度大小不同的铁矿粉、熔剂和焦粉颗粒组成，其中含铁原料粒度 0～8mm 左右，焦粉的粒度一般 0～3mm，且焦粉颗粒的密度远低于铁矿颗粒。因而在烧结过程中对混合料施加相向气流时，不仅可使得密度较小的焦粉颗粒较多地分布在料层的上部，达到燃料在料层中的偏析的目的，而且还可使铁矿粉中较细的物料较多地分布在上层，而较粗的物料分布于下部，从而改善烧结料层的透气性。因而气流偏析布料是实现均热烧结并同时改善料层透气性的理想途径。

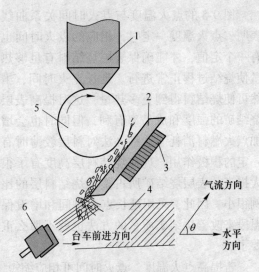

图 9-4 气流偏析布料装置示意图
1—混合料仓；2—反射板；3—磁系；
4—烧结料层；5—圆辊给料机；6—气流喷嘴；
θ—气流夹角

9.2 烧结点火与保温

9.2.1 点火目的与要求

点火的目的是供给混合料表层以足够的热量，使其中的固体燃料着火燃烧，同时使表层混合料在点火器内的高温烟气作用下干燥、脱碳和烧结，并借助于抽风使烧结过程自上而下进行。点火好坏直接影响烧结过程的正常进行和烧结矿质量。

为此，烧结点火应满足如下要求：有足够高的点火温度；有一定的点火时间；适宜的点火负压；点火烟气中氧含量充足；沿台车宽度方向点火要均匀。

9.2.2 影响点火过程的主要因素

9.2.2.1 点火时间与点火温度

为了点燃混合料中的碳，必须将混合中的碳加热到其燃点以上，因此点火火焰需向碳提供足够的热量。

$$Q = hA(T_g - T_S)t \tag{9-2}$$

式中，Q 为点火时间内，点火器传递给烧结料表层的热量，kJ；A 为点火面积，m^2；h 为传热系数，kJ/(m^2 · min · ℃)；T_g 为火焰温度，℃；T_S 为烧结混合料的原始温度，℃；t 为点火时间，min。

式 (9-2) 可以看出，为了获得足够的点火热量，有两种途径：一是提高点火温度，二是延长点火时间。

图 9-5 的点火温度与点火时间关系曲线表明，点火温度一定时，相应的点火时间也有一个定值，才能确保表层烧结料有足够热量使烧结过程正常进行。延长点火时间，虽然可使烧结料得到更多热量，这对提高表层烧结矿的强度和成品率有利，但同时也会增加点火燃料消耗。这种办法对料层较薄时有一定的积极作用，现在烧结料层高度有了很大提高，表层烧结矿所占整个烧结料层的比例很小。因此，采用延长点火时间和增设保温段来改善烧结矿质量的方法也就不那么重要了。

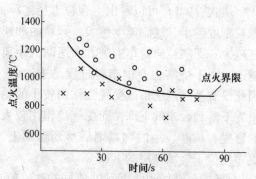

图 9-5　点火温度和点火时间的关系
○—烧结过程能进行的点火条件；
×—烧结过程不能进行的点火条件

若提高点火温度，点火时间可相应缩短，目前国内外研制的许多新型点火器，都是采用集中火焰点火，可以有效地使表层混合料在较短时间内获得足够热量，而且还可以降低点火燃耗。

9.2.2.2　点火强度

所谓点火强度是指单位面积上的混合料在点火过程中所需供给的热量或燃烧的煤气量。

$$J = \frac{Q}{60VB} \tag{9-3}$$

式中，J 为点火强度，kJ/m^2；Q 为点火段的供热量，kJ/h；V 为烧结台车的正常速度，m/min；B 为台车宽度，m。

点火强度主要与混合料的性质、通过料层风量和点火器热效率有关。日本普遍用低风箱负压点火，点火强度 $J = 42000kJ/m^2$，最低的川崎公司 $J = 27000kJ/m^2$，我国采用低风箱负压（1960Pa）$J = 39300kJ/m^2$。

料层表面所需热量由点火器供给。点火器的供热强度是指在正常的点火时间范围内，给单位点火面积所提供的热量，它与点火强度的关系式如式（9-4）所示：

$$J_0 = \frac{J}{t} = \frac{Q}{60VBt} \tag{9-4}$$

根据测定的结果，点火深度基本上与点火器的供热强度成正比。点火供热强度高，点火料层厚度大，高温区宽，表层烧结矿质量好，但烧结速度减慢。为了把有限的点火热量集中在较窄的范围内，以提高料层表面的燃烧温度，点火器供热强度不宜太高，通常以 $29000 \sim 58600 kJ/(m^2 \cdot min)$ 为宜。

9.2.2.3　烟气含氧量

烟气中含有足够的氧可保证混合料表层的固体燃料充分燃烧，这不但可以提高燃料利用率，而且也可提高表层烧结的质量。假若烟气中的含氧量不足，固体燃料燃烧推迟，一方面会使表层供热不足，另一方面会影响垂直烧结速度，产量下降。根据前苏联经验，当点火烟气中的氧含量（体积分数）为 13% 时，固体燃料的利用率与混合料在大气中烧结时相同。在氧含量（体积分数）为3%～13%的范围内，点火烟气增加1%的氧，烧结机利用系数提高0.5%，燃料消耗降低0.3kg/t烧结矿。根据中卡帕林计算的不同固体燃料单耗的条件下碳完全燃烧所需的点火烟气中最低氧含量时表明，当燃料单耗40kg/t烧结矿和成品率为67%时，最低氧含量（体积分数）为8.1%，当燃料单耗为67kg/t烧结矿和成品率为60%时，点火烟气中的氧含量（体积分数）不应低于12.2%。

提高点火烟气中的氧含氧的主要措施是：

（1）增加燃烧时的过剩空气量，点火烟气中的含氧量与过剩空气量可用式（9-5）计算：

$$Q_2 = \frac{0.21(\alpha - 1)L_0}{V_n} \times 100\% \tag{9-5}$$

式中，Q_2为烟气中含氧量（体积分数），%；α为过剩空气系数；L_0为理论燃烧所需空气量，$m^3_标/m^3_标$；V_n为燃烧产物的体积，$m^3_标/m^3_标$。

由式（9-5）可以看出，点火烟气中的含氧量随过剩空气系数的增大而增加，图9-6为不同的点火气体燃料的烟气含氧量与过剩空气系数的关系。这些曲线表明，提高过剩空气量使烟气中氧含量增加的办法，只适用于高热值的天然气或焦炉煤气，对低热值的高炉煤气或混合煤气，其过剩空气量要大受限制。

（2）利用预热空气助燃。利用预热空气助燃不但可节省燃料，而且也是提高烟气氧浓度的方法。前苏联的生产经验表明，利用300℃的冷却机废气助燃点火，可提高氧含量（体积分数）2%，并可减少天然气或焦炉煤气17%（体积分数），高炉煤气6.6%（体积分数），降低固体燃耗0.5～0.7kJ/t烧结矿，同时增产0.6%～0.8%。

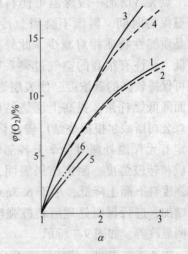

图9-6 气体燃料燃烧产物含氧量与
过剩空气系数的关系
曲线1，3—天然气；曲线2，4—焦炉煤气；
曲线5，6—高炉煤气

（3）采用富氧空气点火。无论对高温热值煤气或热值较低的煤气，富氧点火都是提高烟气氧含量的重要措施，点火烟气中含氧量（体积分数）增加到9%～10%，氧消耗为3.5m^3/t烧结矿时，烧结矿生产率可提高2.5%～4.5%，固体燃耗可降低10kJ/t烧结矿。但是采用富氧空气费用高，而且氧气供应困难。

9.2.3 点火技术的改进

我国采用厚料层烧结工艺，20世纪50年代所建的烧结机点火器大多使用的DW-Ⅲ环缝低压涡流烧嘴，已不能适应现代生产。自70年代后期着手新型点火器研究，点火燃耗大幅度降低。每吨烧结矿点火燃耗从70年代中期的418.7MJ，到1985年全国重点企业已降至242.8MJ，1990年为164MJ。武钢90m^2烧结机的点火燃耗仅为56MJ，而国外的先进水平每吨烧结矿的燃料单耗已降至40MJ以下。日本千叶厂使用线式烧嘴后又创造了点火燃耗12.5MJ的先进水平。

近年来国内外烧结点火技术进步表现在：采用高效低燃耗的点火器，选择合理的点火参数，合理组织燃料燃烧。

高效低燃耗点火器的特点为：（1）采用集中火焰直接点火技术缩短点火器长度，降低点火强度，通常为 29~58.6MJ/（m² · min）；（2）使用高效率的烧嘴，缩短火焰长度，降低炉膛高度（400~500mm），点火器容积缩小，热损失减少；（3）降低点火风箱的负压，避免冷空气吸入，沿台车宽度方向的温度分布更加均匀。

9.2.4 保温

目前，许多厂对烧结点火器进行了技术改造，增长了点火器的长度，增设了保温段。一般点火器和保温段的点火器占烧结机总长的 20% 左右。如改造后的某钢厂三烧的点火器占烧结机总长的 7%，保温段占烧结机总长的 11%，点火时间为 1.25min，保温时间为 1.8min，点火温度为 1200℃，保温段温度为 700~900℃。

点火后增加一段保温可使料面有一较长的高温保持时间，料面不会因急冷而终止烧结，非晶质脆性物质相对减少。此外，保温段温度较低，允许有很高的空气过剩系数，因而气氛内可保持较高的氧浓度，使表层燃料充分燃烧，从而降低燃耗量，提高上层烧结矿质量。西德蒂森公司斯威尔根据烧结厂曾在烧结机上取样，测定有无保温处理时台车上各部位烧结矿粒度组成和转鼓强度。测定结果表明，无保温处理时强度自下而上降低，小于 6.3mm 的碎末量逐渐增加，进行保温处理后转鼓强度和粒度组成都明显改善，如图 9-7 所示。

生产实践表明，烧结矿内 FeO 含量的增减，以及相应引起的低温还原粉化和还原度的变化，与烧结矿是否经保温处理没有必然的联系。FeO 含量的高低主要与保温炉内的烟气温度、含氧量及保温时间也就是保温炉的长度有关。保温温度一般为 600~900℃。关于烟气的含氧体积分数目前仍然说法不一，不过应控制在 15% 以上为好。

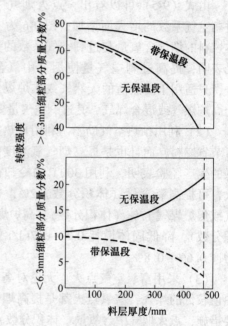

图 9-7 点火后通过保温处理改善烧结矿的粒度组成和转鼓强度

保温时间对烧结过程有重要意义，过分延长保温时间不仅增加燃耗，而且会降低生产率。西德鲁奇公司的研究结果认为，烟气温度为 1200℃和 17%（以点火后作 100%）的保温时间为最佳保温条件，这时总热耗尚未完全增高，而固体燃料可节省 20%~22%。前苏联认为保温时间不应超过总烧结时间的 20%~25%。

9.3 烧结主要工艺参数选择

影响烧结过程的工艺因素很多，各因素间都有密切的关系，本节主要对烧结料的风量、负压的选择、料层的厚度、返矿的影响及烧结过程控制进行讨论。

9.3.1 烧结风量与负压的选择

国内外烧结生产实践已经证明，在一定范围内增加单位烧结面积的风量，能够提高烧结矿的产量和质量。因此，烧结风量与负压的选择对烧结过程的顺利进行有着决定性的影响。目前在烧结风量与负压的选择上有以下几种情况。

9.3.1.1 大风量高负压烧结

国内外对烧结负压和风量以及料层高度的关系做过很多试验，一般说在料高一定的条件下，提高负压伴随着增加风量，烧结利用系数增加，烧结矿强度有所下降。若风量一定，随负压与料层高度的提高，利用系数几乎为一常数，烧结矿强度提高。首钢的试验表明，在提高风机负压后，增加单位烧结面积的风量，适当提高料层高度，不仅产量增加，烧结矿的质量也得到明显改善。

大风量高负压也有一些不利因素，对料层压实收缩大，虽然烧结落下强度提高，但气孔率和还原率较差。另外，高负压给烧结机本体装置带来较大的压力负担，而且随着负压增高有害漏风增加。同时高负压风机的噪声大，也污染了环境。因此，对于一般的烧结生产，采用多高的负压和多大的风量合适要根据原料条件、料层厚度、对烧结矿产质量的要求、燃料消耗及主风机电力消耗经济的情况下，综合进行考虑确定或通过试验确定。

9.3.1.2 低负压大风量烧结

采用较低的风机负压和较高的单位面积风量，在不断强化烧结过程的基础上不断提高料层高度。单位烧结面积风量约为 $80m^3/(m^2 \cdot min)$ 时，风机负压约为 $10500 \sim 12500Pa$。此法是目前烧结生产普遍采用的技术方案。

低负压条件下实现大风量烧结主要是靠改善料层透气性，目前国内外烧结生产为实现低负压和高料层烧结，发展了一系列改善料层透气性的措施：（1）通过添加生石灰等具有黏结性的添加剂和延长混合时间等措施强化制粒；（2）通过预热混合料防止或减少水分冷凝，降低过湿带的影响；（3）安装松料器；（4）采用合理的原料结构，增加粗粒粉矿配比，改善原料粒度组成；（5）严格控制返矿；（6）改善布料操作，强化合理偏析；（7）加强设备管理，减少有害漏风。

9.3.2 烧结料层厚度的选择

改变料层厚度能显著影响烧结生产率、烧结矿质量及固体燃料消耗。生产率随料层厚度的改变有极值特性。这是因为增加料层厚度对设备生产率有双重作用，一方面使垂直烧结速度降低，另一方面由于烧结矿强度提高使成品率增加。当料层厚度在一定范围内增加时，生产率有一定提高。但当料层厚度在某一临界值继续增加时，生产率则有所降低。因此，一定的风机负压，应有一个适宜的料层高度，随着风机负压提高，适宜的料层厚度随之提高。

另外，增加料层高度，使烧结料层中的蓄热量增加，烧结料层在高温带下的停留时间延长，烧结矿形成条件改善，液相的同化和熔体结晶较普通料层充分，加之脆弱的表层烧结矿数量相对减少，因此厚料层烧结可在不增加燃料用量的条件下提高烧结矿强度。同时考虑到改善下层烧结矿的还原性和节约固体燃料用量，厚料层烧结时，烧结料中固体燃料用量较低，以使烧结过程的温度—热水平沿料层高度保持均匀。

对每一料层高度，烧结料含碳量有一个相应值，此值应能在确保烧结矿优质条件下设备利用系数最高，而且随着料层增厚，单位固体燃料而消耗下降。

但是随着料层增厚，气体动力学阻力增加，水分冷凝现象加剧，因此为减少过湿层的影响，厚料层烧结应预热混合料，同时采用低水分操作。

9.3.3 返矿平衡的控制

返矿是烧结过程中的筛下产物，其中包括未烧透和没有烧结的混合料以及小块烧结矿。返矿的成分和烧结矿基本相同，但其 TFe 和 FeO 含量较低，并含有一定数量的固定碳，它是整个烧结过程中的循环物。

由于返矿粒度大，孔隙较多，所以加入后可改善烧结层的透气性，提高垂直烧结速度。对于细精矿烧结来说，返矿可以作为物料的制粒核心，改善烧结料粒度组成。同时由于返矿中含有已经烧结的低熔点物质，它有助于烧结过程液相的生成。

返矿的质量和数量直接影响烧结的产量和质量，应当严格加以控制，正常的烧结生产过程是在返矿平衡的条件下进行的。所谓返矿平衡就是烧结矿筛分后所得的返矿（R_A）与加入到烧结混合料中的返矿（R_E）保持平衡，即：

$$B = \frac{R_A}{R_E} = 1 \tag{9-6}$$

这种平衡是烧结生产得以正常进行的必要条件，烧结投产后，需经过一定时间，才能达到平衡（$B=1$）。如果返矿槽的料位增加，即 $B>1$，则应适当增加烧结料中的燃料量以提高烧结矿的强度，使达到平衡。若得到的返矿减少，即返矿槽料位下降时，则应降低混合料配碳量，使返矿量增加一些。烧结生产一般应维持在大致相当于达到平衡时的强度。若相当长时间仍未能达到返矿平衡时的要求，则可考虑可变量参数与操作参数之间的关系是否协调。

目前，烧结生产返矿配比普遍为30%左右（按内配计算，即占混合料干基问题的百分数）。

9.3.4 烧结过程的控制

铁矿石烧结过程的控制有两个主要目标：一是操作的稳定化，以便生产出化学成分稳定、粒度均匀和强度较高的烧结矿；二是过程的最佳化，以便最大限度地降低生产成本。

为了保证烧结过程稳定、高效，烧结的操作需要遵循以下原则：

（1）减少漏风，增加有效风量。

（2）控制并尽量稳定混合料的水分和含碳量在最佳范围内，还要注意混合料粒度和温度等特性的变化，做到及时采取对策调整。

（3）实行厚铺低碳的技术操作方针。

（4）采用低温低负压点火新技术。

（5）铺平烧透，造好返矿。烧结混合料在台车上要铺平不拉沟，不成波浪起伏，烧透及正确控制烧结终点，及适宜机速的控制。

9.3.4.1 混合料水分的判断与调整

细粒物料被水润湿后,由于水在颗粒间孔隙中形成薄膜水和毛细水,产生毛细力,在机械力作用下,物料聚集成团粒,从而改善料层透气性,提高烧结矿产量。水分能改善料层透气性,除使物料成球、改善粒度组成外,水分覆盖在颗粒表面,起润湿剂的作用,使得气流通过颗粒间孔隙时所需克服的阻力减小。例如将混合料制后的烧结料烘干至含水体积分数为 2.3% 再进行烧结,其烧结生产率由原来的 $1.11t/(m^2 \cdot h)$ 下降至 $0.66t/(m^2 \cdot h)$。此外,烧结混合料中水分的存在,可以限制燃烧带在比较狭窄的区间内,这对改善烧结过程的透气性和保证燃烧带达到必要的高温也有促进作用。因此,烧结过程需要对混合料的水分进行控制,要求其波动范围应小于 0.5%。

混合料水分是否合适可以从以下 3 种方法进行判断:

(1) 从外观判断。根据原料的种类、粒度组成、物料的亲水性等综合判断,适宜水分的混合料颗粒表面略带光泽,制粒小球完整度较好。

(2) 手抓判断。混合料水分适宜时,用手轻捏成团,抖动一下又可以散开。

(3) 从点火时的火焰以及烧结机尾卸矿断面来判断。混合料水分适宜时,点火的火焰喷射声响有力、微向内抽,机尾烧结矿断面均匀;混合料水分过大时,火焰呈蓝色外喷,机尾断面有潮泥;混合料水分过小时,火焰呈黄色并往外喷火星,机尾断面出现"花脸",即各部分很不均匀。

9.3.4.2 混合料固定碳含量的判断与调整

铁矿粉烧结最适宜的燃料用量应保证所获得的烧结矿具有足够的强度和良好的冶金性能。一般根据试验结果确定,现场操作可以根据一些过程现象进行判断和调整。

(1) 观看机尾断面烧结矿卸料断面,从红层厚度(高温区厚度)和烧结矿强度高低来判断。高温区厚度随着燃料用量的增加而增厚,这是由于燃料用量增加后,通过高温区的气流中含氧量相对降低,使燃烧速度降低,高温区厚度随之增加。

(2) 从烧结终点处风箱废气温度和总管废气温度的高低来判断。燃料用量的高低直接影响着废气温度,燃料用量增加,烧结过程蓄热量增加,则废气温度随之提高。

(3) 根据烧结矿的检验结果,即转鼓指数和 FeO 含量的高低。燃料用量对烧结矿转鼓强度和 FeO 含量有较大影响,燃料用量过低时,烧结过程形成的液相量少,液相黏结强度低,造成烧结矿转鼓强度下降,同时燃料用量低时通过高温区的气流中含氧量相对增加,氧化性气氛强,故烧结矿中 FeO 含量降低;随着燃料用量的增加,液相量增加,则有助于提高烧结矿的转鼓强度,但燃料用量过多则会造成烧结过程高温区温度提高,增加液相流动性,液相经冷凝后形成大孔薄壁结构,降低烧结矿的转鼓强度;此外,燃料用量增加后烧结矿中的 FeO 含量也会随之增加。

9.3.4.3 烧结机机速的控制

正常烧结过程中一般要求稳定料层厚度不变,以求稳定生产,当生产出现过烧或未烧透现象时,进行适当的机速调整来控制烧结过程。

机速的调整要求稳定、平缓,防止过猛过急。当出现混合料水分过高或过低、生石灰或消石灰待料、混合料碳含量低、点火温度过低、返矿质量差、混合料温度大幅下降以及漏风严重等情况下,应当减慢机速。面烧结终点提前、混合料成球性好、料温高、生石灰或消石灰添加量大等情况下，则应适当加快机速。

9.3.4.4　烧结终点的判断与控制

烧结终点位置是反映烧结状态的重要参数，是烧结过程各种因素共同作用的结果，是判断烧结过程正常与否的重要标志。生产中终点的判断一般是根据最后几个风箱的废气温度来判断，废气温度最高的风箱即为烧结终点，一般要求最后两个风箱的废气温度稍低于倒数第三个风箱的温度，即倒数第三个风箱的废气温度最高，一般可达 280~350℃，比前后相邻的风箱温度高 25~40℃。另外也可以根据风箱负压的高低来判断，一般要求烧结终点处风机负压高于机尾后两个风箱负压。

习　　题

9-1 铺底料有什么作用？

9-2 简述烧结生产中对布料的要求。

9-3 简述烧结点火的目的与要求，烧结终点如何判断与控制？

9-4 什么是返矿平衡？

10 烧结矿的处理

从烧结机上卸下的烧结矿，一般都或多或少夹带有没烧好的矿粉，且烧结块度大，温度高（600～1000℃）。如果直接送往高炉冶炼，将给高炉生产带来困难。所以烧结矿从烧结机卸出以后，需进一步处理。

烧结矿的处理，通常包括破碎、筛分、冷却和整粒几个部分，典型的处理流程如图10-1所示。早期的烧结工艺还设有热矿筛分，但现在已很少使用。

目前，随着钢铁工业技术不断发展，高炉对冶炼原料的质量要求也越来越高。如何来保证烧结矿的质量，这是本章要讨论的一个主要问题。

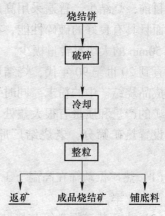

图10-1　烧结矿处理流程

10.1　烧结矿的破碎筛分

从烧结机尾卸出的烧结矿中，有些块度很大（300～500mm）。同时大块中间有时会夹带有未烧透的矿粉，设置破碎筛分作业后，可将细粒烧结矿和未烧好的烧结矿与成品烧结矿分离开来，并使成品烧结矿粒度趋向均匀。这样一来，将会给下一阶段的冷却作业提供有利条件。同时，当烧结矿粒度破碎至150～300mm时，不仅便于装卸和运输，而且在强制通风冷却条件下，使送风机的功率消耗与冷却面积减小，且可延长送风机的寿命。

生产实践证明，不设置破碎筛分作业时，大块烧结矿不仅堵塞矿槽，而且在冶炼过程中，在高炉上部、中部未能受到充分还原便进入炉缸，从而加速了直接还原的比例，结果破坏了炉缸的热工制度，造成焦比升高。而未被筛除的粉末，不仅冷却效果差而且被装入高炉后会恶化料柱的透气性，使炉况不顺，风压升高，风量减少，造成产量下降。据统计，烧结矿粉末增加1%，高炉产量下降6%～8%，焦比升高，炉尘吹出量增加，这又会加速炉顶设备的磨损并恶化劳动条件。据经验，烧结矿中-5mm粉末减少10%，可降低焦比1.6%，产量增加7.6%。因此，在烧结机机尾设置破碎筛分作业，对烧结厂和炼铁厂都是必要的。

机尾的热矿破碎所用设备是单辊破碎机，由于破碎温度高达800～1000℃的烧结矿，因此破碎区域的每一部分，都必须由耐高温、抗磨损的材料组成。另外，齿辊和辊箅还通水冷却，使其寿命能延长2倍以上。国外在破碎冷烧结矿时，几乎都采用双齿辊破碎机，因为该破碎机具有如下优点：

（1）破碎过程的粉化程度小，成品率高。

（2）结构简单、故障少，使用容易，维修方便。

（3）破碎能量消耗少。

除了单辊破碎机的作用外，烧结饼卸料及破碎机排到冷却机布料之间存在几次落差，这些落差所产生的冲击力对烧结矿也起到良好的辅助破碎的作用。而且，由于冲击破碎具有选择性破碎的特性，因而对于分离出低强度和未烧好的杂质料起到了不可替代的积极作用。目前，烧结生产普遍采用高碱度烧结，其特有的矿相结构使烧结矿不仅具有良好的强度，而且具有良好的破碎性能，在这种"组合式破碎"的作用下，烧结矿粒度趋于合理，超过50mm的大块料含量极少。

直到20世纪90年代，烧结厂普遍使用筛分效率较高的热振筛，这种设备可以有效地减少成品烧结矿中的粉末。同时，获得粒度均匀的返矿，对于改善混合料粒度组成，提高烧结矿的产量和质量有很大益处。但热振筛材质要求高，生产事故多，不仅新建烧结机已不再设置热矿筛分，老烧结厂原有的热矿筛也已基本取消。热矿筛分存在的主要问题如下：

（1）热矿振动筛在高温下工作，故障多发，且维修困难，劳动强度大，严重影响烧结生产作业率。

（2）由于热矿振动筛与烧结机是一对一配置，与大型烧结机配套的大型振动筛难以购买。

（3）热返矿直接循环，难以准确计量，缓冲能力差，且相关工作环境恶劣，设备事故多发。现代烧结要求准确配料，精心控制原料结构及混合料成分，并持续稳定，返矿直接循环带来的波动难以满足这一要求。

10.2　烧结矿的冷却

当烧结过程到达终点时，赤热的烧结矿从烧结机上被卸下来，这时烧结矿的平均温度通常为600~800℃。要把这种赤热的烧结矿运送到高炉矿槽，会给运输和厂区布置增加一系列的困难。而且，烧结厂无法进行烧结矿的整粒和分出铺底料，另外，也会缩短高炉炉顶设备的寿命，给高炉操作带来一些困难。因此，新建烧结厂都采用冷矿工艺。

烧结矿冷却解决了热矿存在的难题，对烧结、炼铁均有重要意义：

（1）对烧结厂来说，冷矿工艺可完成烧结矿整粒和分出铺底料。

（2）对高炉冶炼来说，使用冷烧结矿可强化冶炼，提高高炉的产量，降低焦比，延长炉顶设备寿命。

（3）从余热回收来说，可从冷却过程中回收利用烧结矿的余热，降低生产能耗。

（4）冷却烧结矿有利于改善烧结厂和冶炼厂的厂区环境。

烧结矿的冷却方法按风流特性可分为鼓风冷却和抽风冷却，按冷却机的形式又可分为机上冷却和机外冷却，其中机外冷却设备又分为环式冷却机和带式冷却机两种。

抽风冷却与鼓风冷却比较（见表10-1），各有优缺点，但总的来看，鼓风冷却优于抽风冷却，在新建的烧结厂中，抽风冷却已逐渐被鼓风冷却取代。

机上冷却是将烧结机延长后，烧结矿直接在烧结机的后半部分进行冷却的工艺，其优点是单辊破碎机工作温度低，不需要单独的冷却机，可以提高设备作业率，降低设备维修费，便于冷却系统和环境的除尘。但是，机上冷却产生的废气温度高（可达 600℃），压力损失大（风机压力需 8000Pa 左右），因而需要高温风机，且功率消耗大。此外，机上冷却时台车和箅条受热废气作用时间长。

表 10-1　鼓风冷却与抽风冷却的比较

序号	比较项目	鼓风冷却	抽风冷却
1	冷烧比	0.90~1.20	1.25~1.50
2	冷却风量（标准状态）/$m^3 \cdot t^{-1}$	2000~2200	3500~4800
3	冷却时间/min	≥60	30
4	料层厚度/mm	1500	≤500
5	热废气温度/℃	300~450	150~200
6	冷却风机压力/Pa	2000~5000	600~750
7	风机容量	风机在常温下鼓风，风机容量可以小	风机在高温下吸风，风机容量必须大
8	风机设备费和维修	风机小、投资低；风机转子磨损小，维修工作量小	高温风机、风量大、投资高；风机转子磨损大，维修麻烦
9	风机安装地点	安装在地面上，基建费用低；容易维修	安装在高架上，费用高，维修麻烦
10	余热利用	由于料层厚、热交换好、风量小、单位废气量温度高，因此余热利用价值高	由于料层薄、大风量、单位废气温度低，因此余热利用价值低

采用机外冷却工艺时，热烧结饼经破碎后，粒度较均匀，粒径较小，料层阻力小且热交换效果好，因而冷却风机使用的风压低，有利于节省电耗。同时，也可以采用厚料层鼓风冷却，有利于余热回收利用。带式冷却机和环式冷却机是比较成熟的机外冷却设备，在国内外获得广泛应用。它们都有较好的冷却效果，环式冷却机具有占地面积小、厂房布置紧凑的优点；带式冷却机则在冷却过程中能同时起运输作用，对于多于两台烧结机的厂房，工艺便于布置，而且布料较均匀，密封结构简单，冷却效果好。随着烧结机不断向大型化发展和环冷机密封技术的改进，新建烧结厂普遍采用环式鼓风冷却法。

不管采用什么样的设备和方法，除具有良好的冷却效果外，还应具备如下条件：（1）冷却能耗低，且应为烧结生产工序能耗的降低创造条件；（2）有利于废热回收利用；（3）环境污染要小；（4）便于检修和操作，占地面积小。

影响烧结矿冷却效率的因素很多，比较显著的有冷烧比、风量、风压、料层厚度、烧结矿粒度及冷却时间等。其中冷烧比与冷却方式有关，机上冷却冷烧比为 0.8~1.0，其中褐铁矿、菱铁矿为主要原料时在 0.8 以下。

冷却风量的增加可加快冷却速度，所需冷却时间明显缩短。同一风量时，大粒烧结矿较小粒烧结矿冷却速度慢，未经筛分的烧结矿的冷却速度最慢，所需冷却时间最长，这是料层阻力增大所致。料层厚度也影响烧结矿冷却速度，随着料层厚度增加，所需冷却时间延长。

10.3 烧结矿的整粒

烧结矿整粒能为高炉带来良好的经济效益，这不但在国外，而且在国内已被越来越多的厂家的生产实践证实。当前国内外烧结矿整粒技术得到了迅速发展。近年来国内新建烧结厂都建设了整粒系统，许多老厂通过技术改造，也相继增建。目前，我国烧结矿整粒技术已日臻完善，其设备的设计与制造经验更加丰富。

烧结矿整粒首先可降低烧结矿粒度上限，同时整粒后烧结矿粒度均匀性改善，提高了炉料的孔隙率，改善了透气性，降低了气体阻力损失；其次，整粒可严格筛除小于5mm粉末，使其含量（质量分数）不超过5%，同样可改善炉料透气性，增加鼓风量，提高高炉产量，使冶炼顺行，同时高炉炉尘吹出量明显减少，延长了炉顶设备使用寿命，改善了厂区环境；再次，整粒可以分出铺底料。目前国内经整粒烧结矿粒度组成普遍分为3级：成品烧结矿为50~5mm，铺底粒度为20（25）~10mm，冷返矿为5~0mm。

目前国内烧结整粒流程归纳起来主要有一次冷破碎四次冷筛分（一破四筛）流程和三段筛分流程。一破四筛流程（见图10-2）的一次筛均为固定条筛，冷破碎机是双齿辊破碎机，二次、三次、四次筛均采用单层振动筛。其主要优点是采用平面型面置，每台振动筛仅筛出一种成品烧结矿或铺底料，有利于提高各段筛分机的筛分效率，能够较合理地控制烧结矿的上限、下限粒度和铺底料粒度，成品粉末少，检修方便，总图布置整齐，这是一个较好的流程。该流程的主要缺点是投资略高，烧结矿转运次数较多。

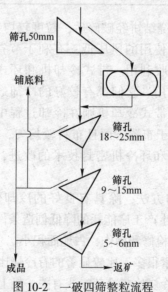

图 10-2 一破四筛整粒流程

随着烧结矿碱度的提高，破碎性能得以改善，经烧结机尾单辊和卸料、转运过程几次落差冲击所构成的"组合式破碎"后，烧结矿+50mm粒级含量极少，因而新建烧结生产一般省去了冷矿破碎和一次筛分，形成了目前典型的三段筛分整粒流程，如图10-3（a）所示。其流程的主要特点为：这个流程比前述流程节省一台筛子，减少了烧结矿运转次数，设备费用低，占地面积较小，总图布置合理，维修方便等。目前有很多烧结厂在典型三段筛分的基础上进行改良，即在一筛先分出小粒度的烧结矿进三筛，如图 10-3（b）所示。

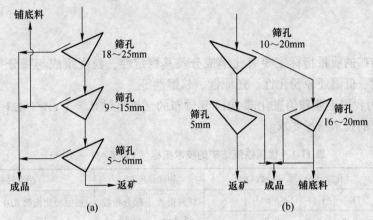

图 10-3　三段筛分整粒流程

10-1　对烧结饼进行破碎的作用有哪些？

10-2　为什么要进行烧结矿冷却？

10-3　简述抽风冷却与鼓风冷却的主要差别，以及带式冷却与环式冷却的主要区别。

10-4　简述烧结整粒的目的意义。

11 烧结矿质量评价

评价烧结矿的质量指标主要有化学成分及其稳定性、粒度组成与筛分指数、转鼓强度、落下强度、低温还原粉化性、还原性、软熔性等。

表 11-1 为我国工业和信息化部 2014 年颁布的《铁烧结矿》（YB/T 421—2014）中对优质铁烧结矿的技术指标要求。

表 11-1 优质铁烧结矿的技术指标（YB/T 421—2014）

项目名称	化学成分(质量分数)/%				物理性能/%		冶金性能/%	
	TFe	FeO	CaO/SiO$_2$	S	转鼓指数 (+6.3mm)	筛分指数 (−5mm)	还原粉化指数 RDI (+3.15mm)	还原度指数 RI
允许波动范围	±0.4	±0.5	±0.05	—				
指标	≥56.00	≤9.00	—	<0.030	≥78.00	<6.00	≥68.00	≥70.00

注：TFe 和 CaO/SiO$_2$（碱度）基数由各生产企业自定。

11.1 化学成分及其稳定性

成品烧结矿的化学成分主要检测 TFe、FeO、CaO、SiO$_2$、MgO、Al$_2$O$_3$、MnO、TiO$_2$、S、P 等。要求有用成分要高，脉石成分要低，有害杂质（如 S、P）要少。

众所周知，入炉矿石含铁品位与高炉冶炼的关系，提高含铁品位 1%，高炉焦比下降 2%，产量可提高 3%。同时要求各成分的含量波动范围要小，根据《铁烧结矿》（YB/T 421—2014）规定：TFe±0.4%（质量分数），碱度 R±0.05。

S 和 P 是钢与铁的有害元素，矿石中含硫（质量分数）升高 0.1%，高炉焦比升高 5%。而且硫会降低生铁流动性及阻止碳化铁分解，使铸件易产生气孔。硫会大大降低钢的塑性，在热加工过程出现热脆现象。因此，要求成品烧结矿的 S 和 P 含量越小越好。

此外，Cu、Pb、Zn、As、F 及碱土金属对钢铁质量和高炉生也有不良影响。

11.2 粒度组成与筛分指数

目前我国对高炉炉料的粒度组成检测尚未标准化，推荐采用方孔筛：5mm×5mm、6.3mm×6.3mm、10mm×10mm、16mm×16mm、25mm×25mm、40mm×40mm、80mm×80mm 等 7 个级别，其中 5mm×5mm、6.3mm×6.3mm、10mm×10mm、16mm×16mm、25mm×25mm、40mm×40mm 6 个级别为必用筛，使用摇动筛分级，粒度组成按各粒级的出量用百分数（%）表示。

筛分指数测定方法是：取 100kg 试样，等分为 5 份，每份 20kg，用筛孔为 5mm×5mm 的摇筛，往复摇动 10 次，以小于 5mm 出量计算筛分指数。

$$C = (100 - A)/100 \times 100\% \tag{11-1}$$

式中，C 为筛分指数，%；A 为大于 5mm 粒级的量，kg。

我国要求烧结矿筛分指数 $C \leqslant 6.0\%$，球团矿质量分数不大于 5%。

11.3 转 鼓 强 度

转鼓强度是评价烧结矿抗冲击和耐磨性能的一项重要指标。目前世界各国的测定方法尚不统一，表 11-2 列出各主要产钢国的转鼓强度测定方法，其中国际标准（ISO 3271—2007）获得广泛采用。我国根据 ISO 标准，制订了国家标准 GB/T 24531—2009。

表 11-2　各国转鼓测定方法

项　目		中国标准 GB/T 24531—2009	国际标准 ISO 3271—2007	日本标准 JIS M 3712—77	前苏联标准 ГОСТ-15137—77
转鼓	尺寸/mm	$\phi 1000 \times 500$	$\phi 1000 \times 500$	$\phi 914 \times 457$	$\phi 1000 \times 500$
	挡板数/个	2、180°	2、180°	2、180°	2、180°
	挡板高/mm	50	50	50	50
	转速/r·min^{-1}	25±1	25±1	25±1	25±1
	转数/r	200	200	200	200
试样	粒度/mm				
	铁矿烧结矿	10~40	10~40	10~50	5~40
	球团矿	6.3~40	10~40	>5	5~25
	试样质量/kg	15±0.15	15±0.15	23±0.23	15
结果表示	鼓后筛析/mm	6.3、0.5	6.3、0.5	10、5	5、0.5
	转鼓强度 T/%	>6.3	>6.3	>10	>5
	抗磨指数 A/%	<0.5	<0.5	<5	<0.5
	双样允许误差				
	ΔT/%	≤1.4	≤0.03T+3.8	烧6.6，球0.8	烧2，球3
	ΔA/%	≤0.8	≤0.03T+0.8	烧6.2	烧2，球2

GB/T 24531—2009 标准采用的转鼓为 $\phi 1000$mm×500mm，内侧有两块成 180°的提升板（见图 11-1），装料 15kg，转速 25r/min，转 200r，鼓后采用机械摇动筛，筛孔为 6.3mm×6.3mm，往复 30 次，以大于 6.3mm 的粒级表示转鼓强度。

检验结果的计算公式为：

（1）转鼓强度
$$T = \frac{m_1}{m_2} \times 100\% \tag{11-2}$$

（2）抗磨强度
$$A = \frac{m_0 - (m_1 + m_2)}{m_0} \times 100\% \tag{11-3}$$

式中，m_0 为入鼓试样质量，kg；m_1 为转鼓后 +6.3mm 粒级部分质量，kg；m_2 为转鼓后 −6.3+0.5mm 粒级部分质量，kg。T、A 均取两位小数，要求 $T \geqslant 70.00\%$，$A \leqslant 5.00\%$。

在试验条件下，因烧结矿不足 15kg 时，可采用 1/2 或 1/5GB 转鼓，其装料相对减少为 7.5kg 和 3kg。

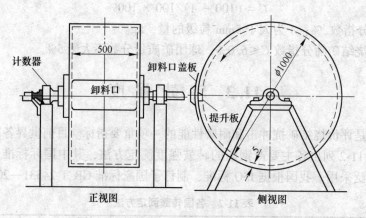

图 11-1   转鼓强度试验机基本尺寸示意图

11.4   落 下 强 度

落下强度是另一种评价烧结矿冷强度的方法，用来衡量其抗冲击能力。它是将一定重量的试样，提升至一定高度，让试样自由落到钢板上，经过反复多次落下，测定受冲击后产生粉末量。目前，这一检测方法的试样量、落下高度、落下次数都很不统一，国内大多参照日本标准（JIS M 8711—1993）。

试验装置如图 11-2 所示，试样量为 20 ± 0.2 kg，落下高度为 2m，自由落到大于 20mm 钢板上，往复 4 次，用 10mm 筛孔的筛子分级，以大于 10mm 的粒级出量表示落下强度指标。

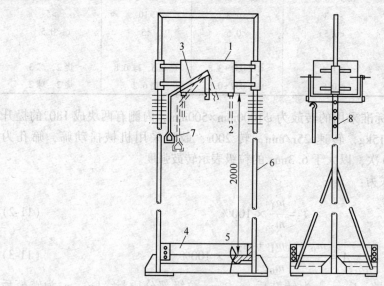

图 11-2   落下试验装置

1—可上下移动的装料箱；2—放出试料的底门；3—控制底门的杠杆；

4—无底围箱；5—生铁板；6—支架；7—拉弓；8—调节装料箱的小孔

$$F = \frac{m_1}{m_0} \times 100\% \qquad (11-4)$$

式中，F 为落下强度，%；m_0 为试样总质量，kg；m_1 为落下 4 次后，大于 10mm 粒级出量，kg。

$F = 80\% \sim 83\%$ 为合格烧结矿，$F = 86\% \sim 87\%$ 为优质烧结矿。

在实验室条件下，当试样不足 20kg 时，可按实际质量计算，其他操作参数不变。

11.5 还 原 性

烧结矿还原性是模拟炉料自高炉上部进入高温区的条件，用还原气体从烧结矿中排除与铁结合氧的难易程度的一种度量。它是评价烧结矿冶金性能的主要质量标准。

最早提出模拟高炉还原过程测定含铁矿物还原性方法的是 R·林德（Linder），后来日本、前苏联、德国也制订了本国标准方法。国际标准化组织（ISO）于 1984 年和 1985 年，拟订出铁矿石还原性试验的国际标准方法（ISO 4694—1984、ISO 7215—1985），我国参照国际标准制订出 GB/T 13241—1991 国家标准试验方法。目前国际标准化组织出版了最新的采用还原速率表示还原性的测定方法（ISO 4695—2015）以及采用最终还原度指数表示的还原性测定方法（ISO 7215—2015），我国曾参照国际标准 2007 版分别制订出 GB/T 24515—2009 和 GB/T 24189—2009 国家标准试验方法。各国的测定方法列于表 11-3。

表 11-3　铁矿石还原性测定方法

项　目		国际标准 ISO 4695	国际标准 ISO 7215	中国标准 GB/T 13241	日本标准 JIS M 8713
设备		双壁反应管 $\phi_{内}75$	单壁反应管 $\phi_{内}75$	双壁反应管 $\phi_{内}75$	单壁反应管 $\phi_{内}75$
试样	质量/g	500±1	500±1	500±1	500±1
	粒度/mm				
	烧结矿	10.0~12.5	10.0~12.5	10.0~12.5	20.0±1
	球团矿	10.0~12.5	10.0~12.5	10.0~12.5	12.0±1
还原气体	成分 $w(CO)/\%$	40.0±0.5	40.0±0.5	40.0±0.5	40.0±0.5
	$w(N_2)/\%$	40.0±0.5	40.0±0.5	40.0±0.5	40.0±0.5
	流量/L·min^{-1}	50	15	15	15
还原温度/℃		950±10	950±10	950±10	950±10
还原时间/min		到还原度 60% 为止，最大 240min	180	180	180
还原性表示方法		（1）失氧量—时间曲线 R_t （2）$\left(\dfrac{dR}{dt}\right)_{40}$			同 ISO 7215

GB/T 13241—1991 国家标准方法规定:

(1) 试验条件。

反应罐: 双壁 $\phi_{内}$75mm, 如图 11-3 所示。

试样: 粒度 10.0~12.5mm, 500g。

还原气体: CO/N_2 = 30/70;

$\qquad$ H_2、CO_2、H_2O 体积分数小于 0.2%, O_2 体积分数小于 0.1%。

还原温度: 900±10℃; 气体流量: 15L/min (标准状态)。

还原时间: 180min。

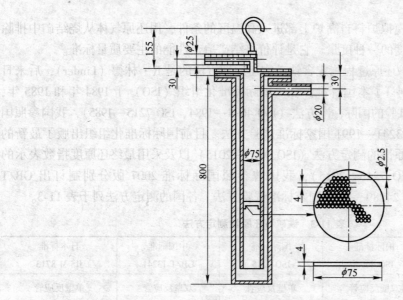

图 11-3　还原管示意图

(多孔板: 孔径 2.5mm, 孔距 4mm, 孔数 241, 总孔面积 1180mm², 板厚 4mm)

(2) 还原度计算。

$$R_t = \left[\frac{0.11W_1}{0.43W_2} + \frac{m_1 - m_t}{m_0 \cdot 0.43W_2} \times 100 \right] \times 100\% \qquad (11\text{-}5)$$

式中, R_t 为还原 t 时间的还原度; m_0 为试样质量, g; m_1 为还原开始前试样质量, g; m_t 为还原 t 时间后试样质量, g; W_1 为试验前试样中 FeO 质量分数,%; W_2 为试验前试样的全铁质量分数,%; 0.11 为使 FeO 氧化到 Fe_2O_3 时必需的相应氧量的换算系数; 0.43 为 TFe 全部氧化成 Fe_2O_3 时需氧量的换算系数。

本标准规定, 以 180min 的还原度指数作为考核指标, 用 RI 表示。

(3) 还原速率指数计算。根据试验数据作还原度 R_t 与还原时间 t 的关系曲线, 从曲线读出还原度达到 30%和 60%时相对应的还原时间。

还原速率指数 (RVI), 用原子比达到 O/Fe 为 0.9 (相当于还原度 40%) 时的还原速率表示, 单位为%/min, 计算公式如下:

$$RVI = \left(\frac{dR_t}{dt} \right)_{40} = \frac{33.6}{t_{60} - t_{30}} \qquad (11\text{-}6)$$

式中，t_{60}为还原度达到60%时所需时间，min；t_{30}为还原度达到30%时所需时间，min；33.6为常数。

本标准规定还原速率指数RVI作为参考指标。

11.6 低温还原粉化性

铁矿石进入高炉炉身上部大约在500~600℃的低温区时，由于热冲击及铁矿石中Fe_2O_3还原（Fe_2O_3-Fe_3O_4-FeO）发生晶形转变等因素，导致块状含铁物料的粉化，这将直接影响高炉炉料顺行和炉内气流分布。低温还原粉化性的测定，就是模拟高炉上部条件进行的。

低温还原粉化性能测定有静态法和动态法两种。我国的标准为《铁矿石低温粉化试验 静态还原后使用冷转鼓的方法》（GB/T 13242—1991）。各国的测定方法见表11-4。

表11-4 低温还原粉化率测定方法

项　目		国际标准 ISO 4695	国际标准 ISO 4697	中国标准 GB/T 13241	日本标准 JIS M8714	美国标准 ASTM E1072
设备	还原反应管/min 转鼓： 尺寸/mm 转速/r·min^{-1}	双壁 $\phi_内$ 75 $\phi130\times200$ 30	$\phi130\times200$ 10	双壁 $\phi_内$ 75 $\phi130\times200$ 30	单壁 $\phi_内$ 75 $\phi130\times200$ 30	双壁或单壁 $\phi_内$ 75 $\phi130\times200$ 30
试样	质量/g 粒度/mm 烧结矿 球团矿	500 1.00~12.5 1.00~12.5	500 1.00~12.5 1.00~12.5	500 1.00~12.5 1.00~12.5	500 20±1 或 15~20 20±1	500 9.5~12.5 9.5~12.5
还原气体	组成(质量分数)/% CO/CO$_2$/N$_2$ 流量 /L·min^{-1}	20/20/60 20	20/20/60 20	20/20/60 15	26/14/60, 30/0/70 20 或 15	
	还原温度/℃ 还原时间/min 转鼓时间/min	500±10 60 10	500±10 60	500±10 60 10	500±10 30 30	500±10 60 10
	结果表明	$RDI_{+6.3}$ $RDI_{+3.15}$ $RDI_{-0.5}$	同 ISO 4696	$RDI_{+3.15}$考核指标 $RDI_{+6.3}$、$RDI_{-0.5}$ 参考指标	$RDI_{-3.0}$ $RDI_{-0.5}$	$LTB_{+6.3}$ $LTB_{+3.15}$ $LTB_{-0.5}$

这一试验方法是参照国际标准 ISO 4694—1984 制订的。基本原理是把一定粒度范围的试样，在固定床中500℃温度下，用CO、CO_2和N_2组成的还原气体进行静态还原。恒温还原60min后，试样经冷却，装入转鼓（$\phi130\times200mm$），转300r后取出，用

6.3mm、3.15mm、0.5mm 的方孔筛分级，分别计算各
粒级出量，用 *RDI* 表示铁矿石的粉化性。

（1）试验条件。

1）还原试验。

反应罐：双壁 $\phi_{内}75mm$，如图 11-4 所示；

试样：粒度 10.0~12.5mm，500g；

还原气体：$CO/CO_2/N_2 = 20/20/60$；

　　　　　$w(H_2) < 0.2\%$ 或 $w(O_2) < 0.1\%$；

还原温度：$500 \pm 10℃$；

气体流量：15L/min（标准状态）；

还原时间：60min。

2）转鼓试验。

转鼓：$\phi130mm \times 200mm$；

转速：30r/min；

时间：10min。

（2）试验结果表示。还原粉性 *RDI* 用质量分数
表示：

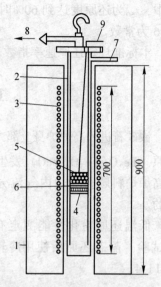

图 11-4　还原管和还原炉的示意图
1—还原炉；2—还原管；3—电热元件；
4—多孔板；5—试样；6—高 Al_2O_3 球；
7—煤气入口；8—煤气出口；9—热电偶

还原强度指数　　　　　$$RDI_{+6.3} = \frac{m_{D_1}}{m_{D_0}} \times 100\%$$ 　　　　　（11-7）

还原粉化指数　　　　　$$RDI_{+3.15} = \frac{m_{D_1} + m_{D_2}}{m_{D_0}} \times 100\%$$ 　　　　　（11-8）

磨损指数　　　　　$$RDI_{-0.5} = \frac{m_{D_0} - (m_{D_1} + m_{D_2} + m_{D_3})}{m_{D_0}} \times 100\%$$ 　　　　　（11-9）

式中，m_{D_0} 为还原后转鼓前的试样质量，g；m_{D_1} 为转鼓后 +6.3mm 的出量，g；m_{D_2} 为转鼓
后 +3.15~-6.3mm 的出量，g；m_{D_3} 为转鼓后 -0.5mm 的出量，g。

　　本标准规定，试验结果评定以 $RDI_{+3.15}$ 的结果为考核指标，$RDI_{+6.3}$、$RDI_{-0.5}$ 只作为参
考指标。

　　动态法是将试样直接装入转鼓内，边转边通入还原气体进行恒温还原的试验方法。根
据国际标准 ISO 4697—1984 规定，转鼓为 $\phi130 \times 200mm$，10r/min。在升温同时通入保护
性气体（如 N_2），当温度升至 500℃ 时，改用还原气体（$CO/N_2 = 30/70$），恒温还原
60min，经冷却后分级计算各粒级出量，试验结果的表示方法同静态法。动态法测定装置
如图 11-5 所示。

　　静态法与动态法比较具有如下优点：静态法还原可与还原性测定法使用同一装置，其
温度分布均匀，测温点更接近试样的温度，误差小；转鼓试验是在常温下进行的，密封性
好，易操作，试验结果稳定。因此，大多数国家都采用低温粉化试验静态还原后使用冷转
鼓的方法，即静态法。

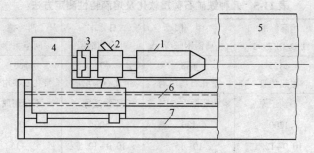

图 11-5　RDI 动态装置

1—转鼓；2—进气密封环；3—离合器；4—传动装置；
5—电炉；6—水平移动丝杆；7—移动导轨

11.7　还原软化—熔融特性

高炉内软化熔融带的形成及其位置，主要取决于高炉操作条件和炉料的高温性能。而软化熔融带的特性对炉料还原过程和炉料透气性将产生明显的影响。为此，许多国家对铁矿石软熔性的试验方法进行了广泛深入的研究。但是到目前为止，其试验装置、操作方法和评价指标都不尽相同。一般以软化温度及软化区间、熔融带透气性、熔融滴下物的性状作为评价指标。

图 11-6 为熔融特性试验装置简图，它是模拟高炉内的高温软熔带，在一定荷重和还原气氛下，按一定的升温速度，还原气体自下而上穿过试样层，以试样在加热过程中某一收缩值的温度，表示起始软化温度和软化区间。以气体通过料层的压差变化，表示软熔带对透气性影响。当温度升高到 1400~1500℃时，炉料熔化后滴落在下部接收试样盒内，冷却后，熔化产物经破碎分离出金属和熔渣，测定其相应的回收率和化学成分，以此作为评价熔滴特性指标。各国对铁矿软熔性能的测定方法列于表 11-5。

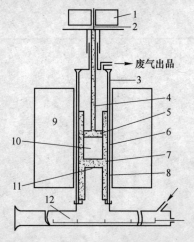

图 11-6　铁矿石熔融特性的试验装置

1—荷重块；2—热电偶；3—氧化铝管；4—石墨棒；5—石墨盘；6—石墨坩埚，ϕ48mm；

7—焦炭（10~15mm）；8—石墨架；9—塔曼炉；10—试样；11—孔（ϕ8mm×5）；12—试样盒

196

表 11-5　几种铁矿石荷重软化及熔滴特性测定方法

项目		国际标准 ISO/DP7992	中国 马钢钢研所	日本 神户制钢所	西德 阿亨大学	英国 钢铁协会
试样容器/mm		$\phi125$ 耐热炉管	$\phi48$ 带孔石墨坩埚	$\phi75$ 带孔石墨坩埚	$\phi60$ 带孔石墨坩埚	$\phi90$ 带孔石墨坩埚
试样	预处理	不预还原	预还原度60%	不预还原	不预还原	预还原60% 料高70mm
	质量/g	1200	130	500	400	
	粒度/mm	10.0~12.5	10~15	10.0~12.5	7~15	10.0~12.5
还原气体	组成（质量分数)/% CO/N_2	40/60	30/70	30/70	30/70	40/60
	流量/L·min^{-1}	85	1、4、6	20	30	60
荷重/980×10^{2}Pa		0.5	0.5~1.0	0.5	0.6~1.1	0.5
测定项目 评定标准		ΔH、ΔP、T $R=80\%$时 ΔP $R=80\%$时 ΔH	ΔH、ΔP、T $T_{1\%、4\%、10\%、40\%}$ T_s、T_m、ΔT	ΔH、ΔP、T $T_{10\%}$ T_s、T_m、ΔT	ΔH、ΔP、T T_s、T_m、 ΔT	ΔH、ΔP、T ΔP-T曲线 T_s、T_m、ΔT

注：$T_{1\%、4\%、10\%、40\%}$—收缩率1%、4%、10%、40%时的温度；T_s、T_m—压差陡升温度及滴落开始温度；ΔT—软熔区间；ΔP—压差；ΔH—形变量；R—还原度。

习　题

11-1　评价烧结矿的质量指标主要有哪些？

11-2　合格烧结矿的各质量指标应达到什么要求？

12 烧结新工艺与新技术

12.1 低温烧结技术与应用

12.1.1 低温烧结法的实质与要求

目前国外先进高炉所使用的烧结矿向高还原性、低 FeO 方向发展。生产高还原性、低 FeO 烧结矿的重要技术措施是在烧结生产上创造条件实现低温烧结法。该法是一种在较低温度（1250~1300℃）下，以强度好、还原性高的针状铁酸钙作为主要黏结相（约占40%），同时使烧结矿中含有较高比例（约40%）的还原性高的残留原矿赤铁矿的方法。

低温烧结矿与普遍烧结矿（熔融型烧结）的主要区别在于烧结矿的质量有所不同，组织结构有所不同，特别是还原性较高。为此，在工艺操作上，低温烧结法要求控制到理想的加热曲线，要防止磁铁矿的生成。换句话说，就是烧结料层的温度不能超过 1300℃，而且要使针状铁酸钙和粒状赤铁矿（准颗粒中的核）稳定形成，温度必须严格控制在1250℃以上，时间要长。

在相对较低的温度下（1250~1300℃）使烧结料中作为黏附粉的一部分矿粉发生反应，CaO 和 Al_2O_3 在熔体中有某种程度的溶解并与 Fe_2O_3 反应生成一种强度好、还原性好的较理想的矿物——针状铁酸钙。它是一种钙铝硅铁（SFCA）固溶体，并且黏结包裹那些未起反应的另一部分矿粉（残余矿石，约占40%）。同时要求 FeO 降低到接近极限水平，还原性提高到超过熔剂性烧结矿的还原性水平。为了保证烧结矿有良好的还原性，残留原矿多选择为矿石中还原性最好的赤铁矿、褐铁矿。

这种方法不同于过去生产熔剂性烧结矿的普遍烧结法，因为熔剂性烧结矿虽然可在较低温度下烧结，然而它仍是一种熔融型烧结，烧结矿的还原性普遍较低，$RI<60\%~65\%$。

低温烧结法中，低温不是目的而是手段，其真正的目的是提高烧结矿质量，使它具有高还原性、良好的抗还原粉化性和高的冷强度。考虑到烧结矿的高温性能主要由脉石矿物的熔化温度和在还原时的 FeO 含量所决定，而在日常生产中烧结矿的化学成分几乎不变化，所以还原性提高将使得烧结矿的高温性能变好。以针状铁酸钙为黏结相、赤铁矿为残留矿是高还原性烧结矿的结构特征和必然要求。

低温型的针状铁酸钙及赤铁矿比高温型柱状铁酸钙及次生赤铁矿的还原性高得多，针状铁酸钙的生成条件如下：

（1）碱度。提高碱度，铁酸钙生成量增加。当碱度从 1.2 增加到 1.8 时，碱度每提高 0.1，铁酸钙质量分数平均增加 5.7%；而碱度从 2.1 增至 3.0，碱度每提高 0.1，铁酸钙质量分数平均增加 3.17%，但超过 1.8~2.0 以后出现铁酸二钙，还原性开始下降。

（2）温度。1100~1200℃时，铁酸钙占 10%~20%，晶粒间尚未连接，所以强度较差；1200~1250℃时铁酸钙占 20%~30%，晶桥连接，有针状交织结构出现，强度较好；1280~1300℃时，结构由针状变为柱状，强度上升但还原性变差。

（3）Al_2O_3 促进铁酸钙生成，SiO_2 有利于针状铁酸钙生成，控制烧结矿中 Al_2O_3/SiO_2，有助于针状铁酸钙生成。

12.1.2　实现低温烧结生产的措施

实现低温烧结生产的工艺措施有以下 6 种：

（1）原料实行整粒。要求小于 6mm 的富矿质量分数大于 90%；小于 3mm 的石灰石质量分数大于 90%；小于 3mm 的焦粉质量分数大于 85%，其中小于 0.125mm 的质量分数小于 20%。原料应达到成分稳定。

（2）改进混合料制粒技术。要求制粒小球中有还原性良好的核，成核颗粒可以选用赤铁矿、褐铁矿或高碱度返矿，配加足够的消石灰或生石灰或漂白粉渣，混合料中的核粉比达到 50∶50 或 45∶55。

（3）生产高碱度烧结矿。碱度以 1.8~2.0 为宜，使复合铁酸钙质量分数达 30%~40%以上。

（4）调整烧结矿化学成分。尽可能降低混合料中 FeO 含量，$Al_2O_3/SiO_2 = 0.1~0.35$，最佳值由具体条件而定。

（5）降低点火温度。一般以 1050~1150℃ 为宜，点火时间以烧结表面呈黑灰色无过熔为宜。

（6）低水低碳厚料层（400mm 以上）作业。烧结温度曲线由熔化型转变为低温型，烧结最高温度控制在 1250~1280℃ 左右，1100℃ 以上高温保持时间在 5min 以上。

12.1.3　低温烧结技术的应用

国外低温烧结都是选用赤铁矿富矿粉，而我国许多烧结厂采用细磨磁铁精矿，在混合料中缺少还原性高的矿石作为准颗粒的核，因此，在我国开发低温烧结技术是一项不同于国外的研究课题。我国烧结工作者采用向磁铁矿中配加澳粉或不配澳粉的方法，掌握了铁精矿低温烧结的工艺及其特性。1987 年，天津铁厂在 4 台 50m² 烧结机和 4 座 550m³ 高炉上进行了配加 16%~20%澳矿的低温烧结工业试验和高炉冶炼试验，结果每吨烧结矿固体燃耗下降 3~7kg，FeO 质量分数降低 2%（自 10.5%下降到 8.2%），高炉节焦 3~14kg/t 铁，产量提高 4%~9%。按年产 1.5Mt 烧结矿和年产 1Mt 生铁计，可获益 380 万元。某钢厂两台 24m² 烧结机自 1990 年以来也采用低温烧结工艺进行生产，上半年平均指标是：固体燃耗降低 6kg/t，FeO 质量分数降低 2%左右（由 11.6%下降到 9.13%），高炉焦比降低 20kg/t 铁。

1991 年某钢铁厂进行了不加澳矿的低温烧结研究，结果 FeO 质量分数降低 2%（由 9.3%下降到 7.3%），烧结矿还原性由 55%提高到 65.4%，利用系数由 0.9t/(m²·h) 提高到 1.4t/(m²·h)。

在国外，该技术已被日本、澳大利亚等烧结技术先进国家用于工业生产，效果显著。1983 年日本某厂在 109m² 烧结机上进行低温烧结（配加易熔矿粉和降低烧结矿 Al_2O_3）。结果烧结矿中 FeO 质量分数从 4.19%降至 3.14%；焦粉用量从 45.2kg/t 减少至 43.0kg/t；

JIS 还原度从 65.9% 增加至 70.5%；低温还原粉化率（RDI）从 37.6% 降至 34.6%；高炉使用这种烧结矿后，焦比降低 7kg/t，生铁含 Si 质量分数从 0.58% 降到 0.30%，炉况顺行改善，炉温稳定。1982 年，在世界上最大的烧结机——日本某钢铁厂的烧结机（600m²）上采用低温烧结法，成功地生产出高还原性低渣量的烧结矿，落下强度（SI）大于 94%，RDI 不超过 37%，还原度（RI）约为 70%，在 4140m³ 高炉冶炼试验表明，烧结矿配比约 80% 时，焦比降低了 10kg/t，在 100% 烧结矿入炉时，RI 每增加 1%，焦比降低 3kg/t。

12.2　小球团烧结法

烧结和球团作为造块工艺生产人造富矿，尽管在技术上已经成熟，但各自都存在一定的缺陷，两种工艺都受到原料粒度的限制，烧结矿很易破裂成小粒，而球团矿的高温软熔性能差。基于这种情况，日本钢管公司开发出一种新的造块工艺——小球团烧结工艺（即 HPS 法），它既弥补了现有烧结和球团两种工艺的缺陷，又吸取了这两种工艺的优点。该法自 1988 年 11 月在福山 5 号烧结机运转以来，一直成功生产。

HPS 工艺具有以下主要特性：（1）能适应粗、细原料粒级，从而可扩大原料来源；（2）矿相结构主要由扩散型赤铁矿和细粒型铁酸钙组成，因而其还原性和低温还原粉化性都得到了改善；（3）由于采用圆盘造球机制粒，提高了制粒效果，改善了料层透气性，从而提高了烧结矿产量。

12.2.1　小球团烧结法的原理

小球团烧结法综合了球团和烧结两种工艺的优点，它可以像球团工艺一样使用大量细铁精矿并可同时处理烧结原料，造成如图 12-1 所示的生球结构，生球外滚焦粉（或煤粉）后，在台车上连续焙烧形成球团烧结矿。

对不同的碱度的小球团烧结矿的显微研究表明，它们的矿相结构都是类似于一般的普通烧结矿的液相黏结，高碱度时以铁酸钙为主要黏结相，低碱度时以玻璃相为主要黏结相。

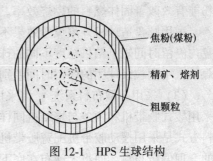

焦粉(煤粉)

精矿、熔剂

粗颗粒

图 12-1　HPS 生球结构

12.2.2　生产工艺流程和特点

图 12-2 为小球团烧结的工艺流程。小球团烧结工艺具有以下主要特点：

（1）增设了造球设施。将全部混合料制成小球团是小球团烧结的核心，混合料经一次混合后进入造球系统，在圆盘造球机内进行造球，这一新工艺对生球强度要求不像球团工艺那样严格，因此不需筛分，球团尺寸以 5~12mm 为宜。增加造球设施的目的在于使用以细精矿为主的原料，经造球后料层透气性远比普通烧结要好，易于实行高料层低负压生产。

（2）增加外滚煤粉工艺环节。小球团烧结法的燃料添加方式是以小球外滚煤粉为主（70%~80%），小球内部仅配加少量煤粉（20%~30%），煤粉粒度以 -1mm 为宜，外滚煤

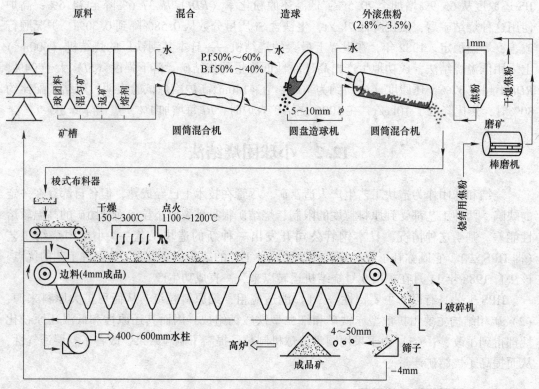

图 12-2　小球团烧结的工艺流程

粉能有效改善固体燃料的燃烧效率。

　　采用圆盘造球机外滚煤粉效果不佳，由于生球在圆盘内产生分级作用，大粒级球在圆盘内停留时间短，结果粒度不同的球其外滚煤粉量不同，影响均匀烧结。若采用圆筒外滚煤粉，不同粒级球团的停留时间差别较小，可保持均匀的外滚煤粉量。

　　（3）采用新型布料系统。因采用一般烧结的辊式布料机会造成生球破裂，HPS 工艺采用梭式胶带机和两条与烧结机同样宽的胶带，靠沿烧结机宽度上的偏析布料。另一种布料方式是采用摆动胶带机配宽胶带机，将球布到辊式偏析布料机上，以解决在料层厚度上的合理偏析布料，而将大球布在底下，小球及脱落煤粉布在上部，改善球层透气性，又有利于烧结过程中热量的合理分布。

　　（4）烧结点火前设置干燥段。与常规烧结工艺比较，准颗粒铺在烧结机台车上后，如直接送点火器下面，生球受高温热气流冲击，由于小球内水分迅速蒸发产生热应力易导致小球破裂，恶化烧结料层透气性。为此，在点火前设置干燥段是必要的。适宜的干燥温度及表观流速应分别低于 250℃ 和 0.8m$_标$/s 以下，抽风干燥时间约 3min。但应尽可能缩短干燥段以扩大烧结机的有效烧结面积。

　　（5）产品为外形不规则的小球集合体。小球团烧结矿的固结，基本上是固相扩散型，其中有：1）磁铁矿部分氧化，产生赤铁矿"联结桥"，进而形成较大黏度的赤铁矿晶粒及其粒状集合体；2）由于小球团内外配碳，氧化气氛减弱，因此存在磁铁矿同晶集合体及粒状集合体的固结形式；3）由于小球团内部赤铁矿和磁铁矿共存，因此存在大量的粒状磁铁矿和赤铁矿的彼此嵌镶和两者以不规则粒状集合体形成交错混杂的相互黏结形式；

4）纤细状的铁酸钙、钙铁橄榄石，常充填混杂于金属矿物之间，也有一定固结作用。

12.2.3　小球团烧结法的工业应用

福山小球团工艺于 1988 年 11 月投产，在 5 个月试验期间，细粒球团的混合比例逐渐由 20%增加到 60%，产品中的 SiO_2 含量（质量分数）则从 5.2%降低到 4.7%，产品还原度为 70%~75%。

为了验证球团烧结矿的高炉冶炼效果，对某钢厂 2 号高炉（2828m^3）和 5 号高炉（4617m^3）进行了对比试验。基准期焦比为 531.4kg/t，而在试验期则为 528.7kg/t，若将试验期的各种生产条件调整到与基准期一样，则试验期的校正焦比为 525.5kg/t，其焦比经基准期降低了 5.9kg/t，其中 3.3kg/t 来自还原度的提高，2.6kg/t 来自渣量的降低。

在 5 号高炉中使用小球团烧结矿后，渣量降低了 18kg/t，燃料比降低了 12kg/t，而且在全焦操作条件下，日产量由原来的 9700t［利用系数 2.08t/（$m^3 \cdot$ d）］提高到 10300t［利用系数 2.21t/（$m^3 \cdot$ d）］。

小球团烧结法存在的主要问题：（1）外滚煤粉、铺边料、设置干燥段等要求使工艺过程复杂化；（2）靠点连接的葡萄状小球产品在破碎和转运过程中易产生大量单个小球，影响生产过程。自 20 世纪 90 年代日本和我国等几个国家建厂实施以来，近十余年关于小球团烧结法的研究和应用报道较少。

12.3　富氧烧结与双层烧结技术

12.3.1　富氧烧结法

12.3.1.1　富氧烧结原理

从传热理论分析表明，烧结速度取决于传热及碳燃烧速度，具体表现在热波前沿移动速度及火焰前沿的移动速度。在正常配碳烧结条件下，通过料层气流速度达到某一数值时，火焰前沿的移动速度往往落后于热波前沿移动速度。富氧烧结提高了空气中含氧量，促使碳的快速燃烧，从而加快了火焰前沿移动速度，使它与热波前沿移动速度相匹配，此时烧结速度最快，烧结温度也较高，从而达到烧结的高产优质的目的。

研究表明，随着空气中含氧量的增加，废气中 CO_2/CO 上升，碳的氧化反应更加充分，烧结的炭素利用率提高，同时烧结速度明显加快。

随着富氧率（进入烧结料层的气体中氧的体积分数）的提高，废气中的自由氧也上升。因此，提高富氧利用率是富氧烧结工艺能否应用于生产取得经济效益的关键。

在 20%~40%的富氧率范围内，烧结成品率、烧结机生产率和烧结矿强度均随着富氧率上升而上升；当富氧率超过 40%时，继续提高富氧率则成品率变化不大，但生产率和烧结矿强度则继续提高。烧结生产率及机械强度提高的原因为：（1）因废气量减少，燃烧温度提高，产生的液相量增加，黏结相量增加；（2）废气量减少，冷却速度减慢，矿物结晶程度提高；（3）冷却速度减慢，产生热应力减少，产生裂纹减少；（4）由于强度好的矿物 $2CaO \cdot Fe_2O_3$ 及 $3CaO \cdot FeO \cdot 7Fe_2O_3$ 增加，玻璃相减少。此外由于烧结矿中 FeO含量降低，Fe_2O_3 含量上升，还原性提高，同时由于烧结过程中氧化气氛的增强对去硫及碱金属有益。但是随着富氧率的提高，烧结矿还原强度则有所下降，主要由于 Fe_3O_4 引起体积膨胀，导致热裂现象。

12.3.1.2　富氧烧结的研究与应用

莫斯科钢铁学院对富氧烧结进行了一系列的实验研究。研究表明，当富氧率达到 43.2% 时，垂直烧结速度提高了 21%，产量提高 21%；当富氧率达到 95.2% 时，垂直烧结速度提高 64%，产量提高 70%。顿涅茨克钢铁研究院的研究发现，富氧率为 42% 时，垂直烧结速度提高 20%，产量提高 48%。产量提高的幅度大于垂直烧结速度提高的幅度的原因是由于空气中含氧量增加，烧结过程改善及成品率提高。德国的研究表明，当富氧率为 26% 时，烧结矿的强度由 79.1% 提高到 83.5%。

前苏联耶拉基耶夫冶金工厂在一台 62.5m^2 烧结机上进行富氧烧结工业试验。氧气是由雾化器送入烧结料层的。雾化器由一根两侧带有许多小孔的水冷管组成，安装在烧嘴壁板的间隙上，距离料面为 130~170mm。供氧面积为烧结面总面积的 22%，氧气压力为 1114.58~1317.23kPa（11~13atm），通过机前缓冲罐降至 10.13~25.33kPa（0.1~0.25atm）。试验期供氧速率为 17.5m^3/h。富氧后烧嘴下的温度平均提高 10℃，烧结废气中自由氧体积分数为 10.2%~13.4%，较基准期 8.8%~11.6% 增加 1.6%，烧结生产率增加 8.4%，垂直烧结速度增加 7.1%。在工业试验期间烧结矿的强度有很大的改善，高炉入炉烧结矿含粉率（-5mm）由 22.4% 下降到 18.7%，小块（-10mm）粒级由 50.9% 下降到 44.8%。工业试验后该烧结机投入正常生产。由于这种供氧装置结构简单，安全可靠，后来该厂 4 台烧结机全部采用富氧烧结。

富氧烧结存在的主要问题是富氧利用率低，导致烧结生产成本上升。

12.3.2　双层烧结法

双层烧结是降低燃耗并使烧结温度沿料面高度均匀化的一种烧结工艺。在普通烧结的条件下，不同高度上烧结蓄热程度是不同的，最上层自动蓄热为零，假如料层高度为 400mm，则在距料面 200mm 处料层的蓄热量占热量总收入的 35%~45%，而到达最底层 400mm 处，自动蓄热量可达 55%~60%。由于烧结过程的这一特点，使得不同高度料层上的烧结温度不同，上层温度低，下层温度高，如图 12-3 曲线 AOD 所示。表层温度只有 1150℃，而底层却高达 1500℃。如果认为最佳烧结温度为 1350℃，如图 12-3 曲线 BOC 所示，那么上部 OBA 区热量不足，必

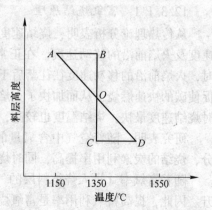

图 12-3　沿料层高度烧结温度分布图

然使液相量少，烧结矿强度低，形成许多返矿。而下部 OCD 区则热量过剩，特别是底部出现过烧，导致烧结矿的还原性恶化。双层烧结即将两种不同配碳量的混合料分层铺在烧结机上进行烧结，这样下部料层可以利用蓄热而减少配碳量，所以双层烧结工艺既可以降低燃耗，又可以使烧结矿的质量均匀化。

双层烧结工艺的上下料层厚度比例及各层配碳量对烧结的各项技术指标有重要的影响。研究发现，随着上层燃料上升，下层燃料减少，烧结的产量降低，而返矿则经过一个

最低值。上料层越厚，同时下料层燃料越少，则返矿向减少趋向发展，当上下层厚度比为 2/3 和 3/2 时达到最小值。

富氧双层烧结是把富氧烧结与双层烧结工艺结合起来。先装下层料后点火烧结，然后再装上层料点火烧结。由于两层同时烧结，烧结时间缩短，单位时间产量倍增。此外抽入的空气得以充分利用，风量节省 1/2。但是在没有富氧条件下，上层料铺好点火后，下层燃烧很快会熄灭。主要是上层出来的废气含 O_2 体积分数只有 3%，因此双层烧结与富氧烧结相结合，提高烧结产量及氧利用率，因而经济效益良好。有研究者指出，上层废气中含水对下层烧结影响不大，但要求上层废气中含氧量（体积分数）要保证在 10.5% 以上，此时在低配碳条件下，对火焰前沿的移动速度及烧结矿冷强度无显著影响。要求的富氧浓度与燃料比具有一定的比例关系，每 1% 焦炭和轧钢皮所降低空气中氧浓度（体积分数）各为 3.1% 及 0.5%，即降低空气中 50% 的氧浓度（体积分数）（10.5%），焦炭的极限配比在不配杂料时就为 3.4%，当焦炭配比在此极限配比附近则下层的火焰前沿移动速度与上层没有什么差别。富氧双层烧结可大大提高料层高度，增加产量，较常规操作风量下降 54%，但冷强度略有下降。

12.4 热风烧结法

12.4.1 热风烧结法原理

加热通过料层气流的烧结方法统称为热风烧结，热风温度通常是 300~1000℃。这种方法有利于提高烧结矿的强度和还原性。

在烧结生产中由于布料偏析和自动蓄热作用，料层下部热量过剩，温度较高，而料层上部热量不足，温度较低；同时，上部因抽入冷风急剧冷却，使烧结矿液相来不及结晶，形成大量玻璃质，并产生较大的内应力和裂纹。因此，降低了表层烧结矿的强度。热风烧结以热风的物理热代替部分固体燃料的燃烧，使烧结料层上下部热量和温度的分布趋向均匀，同时，由于上层烧结矿处于高温作用时间较长，大大减轻了因急冷造成的表层强度降低，因此，热风烧结具有改善表层强度的重要作用，见表 12-1。此外，由于配料中固体燃料减少，固定碳分布趋于均匀，减少了形成脆性、薄壁、大孔结构的可能性，有利于烧结矿强度的提高。

表 12-1 热风烧结分层结果

烧结方式	料层	成品率(>5mm)/%	转鼓指数(<5mm)/%	$w(FeO)$/%
普通	上层	44.9	39.0	14.83
	下层	81.6	22.2	15.66
热风	上层	52.2	33.8	12.60
	下层	79.8	22.8	12.38

热风烧结不仅能提高烧结矿的强度，而且还能显著地改善烧结矿的还原性，这是因为配料中固体燃料降低，烧结时还原区域相对减少，因此降低了烧结矿的 FeO 含量；同时，热风烧结保温时间较长，有利于 FeO 再氧化；又因燃料分布均匀程度提高，减少了过熔

和大气孔结构，代之形成许多分散均匀的小气孔，提高了烧结矿的气孔率，增加了还原的表面积。

热风烧结时，可能通过烧结热工制度的调节来控制烧结矿的强度和还原性的改变。当用热风物理代替部分固体燃料的燃烧热，而总热耗（即生产每吨烧结矿所消耗的热量）减少不多或保持不变。热风烧结的主要作用是提高烧结矿强度，此时 FeO 或还原性的变化不大，当高温热气流代替较多的固体燃料供热，总热耗可以下降。此时在保证强度基本不变的情况下，FeO 含量降低较多，烧结矿还原性显著改善。

此外，采用热风烧结后，由于固体燃料的节省，改变了烧结厂的燃料结构，克服焦粉和无烟煤供应紧张的状况。

热风烧结使固体燃料减少，灰分降低了，烧结矿品位升高，熔剂加入量减少，碳酸盐分解也减少了，固体燃料消耗下降，见表 12-2。

表 12-2   热风烧结指标

项　目	固体燃料消耗 /kg·t^{-1}	烧结矿 $w(FeO)$ /%	烧结矿转鼓指数 (>5mm)/%	利用系数 /t·(m^2·h)$^{-1}$	高炉槽下筛分 (<5mm)/%
普通烧结	57.37	13.97	79.39	2.28	15.82
热风烧结	41.80	13.36	79.87	2.06	10.79
差　值	-15.57	-0.31	+0.48	-0.22	-5.03

在采用热风烧结使固体燃料节省的同时烧结矿的总热耗可望节省，因为加热热风的燃料燃烧比较完全，而烧结过程中固体燃料的燃烧不够完全（一般 80% 生成 CO_2，20% 生成 CO）；此外，固体燃料降低可适当降低废气温度，因而改善了热量利用，使总热耗减少。一般可省热耗 5%~20%，该值与热风产生的方法和温度有关。

热风烧结时，其表层的温度明显升高。另一方面，固体燃料配比降低，单位体积的燃料颗粒数降低，所消耗的氧减少，即 CO_2 升高。此外，单位体积的燃料颗粒数降低会使料层传热系数增加而提高碳燃烧的速度。因此，热风烧结会使表层的烧结温度提高，有利于提高表层烧结矿的质量。

12.4.2　热风烧结工艺因素分析

影响热风烧结工艺的因素主要有热风温度、固体燃料配比、供风时间、料层厚度等。

12.4.2.1　热风温度

在热风温度不超过 400℃ 和总热量降低不大于 10% 时，转鼓指数有所提高；当总热量降低超过 10% 时，会因烧结温度降低过多，黏结相减少，烧结矿强度比普通烧结法低。

在热空气条件下，烧结成品率均有不同程度的提高。热风烧结使烧结料层温度趋于均匀。热风烧结使上层温度提高，冷却速度降低，促使热应力有所降低，有助于提高烧结矿的成品率。同时由于烧结上下料层温度差降低，促使上下层烧结矿的质量差别缩小。

热风温度在 200~300℃ 区间，垂直烧结速度降低不明显，超过这个范围，降低的幅度就比较大，热风烧结使高温带加宽，烧结料层阻力增加，有效风量减少。空气温度越高，对垂直烧结速度的影响就越大，如采取一些必要的改善料层透气性的措施，完全可以使热风烧结不降低垂直烧结速度。

烧结利用系数，在空气温度为 200℃ 时略有升高，低于 300℃ 时，基本不变化；高于 300℃ 时，略有降低。影响烧结利用系数的主要因素是烧结成品率和垂直烧结速度。热风温度低于 300℃ 时，是因为烧结成品率提高了；高于 300℃ 时，是使垂直烧结速度和成品率同时降低了。

在烧结矿强度不变的前提下，热风烧结的烧结矿中 FeO 含量降低。热风烧结降低固体燃料消耗，还原气氛减弱；另外，高温保持时间加长，有利于 FeO 再氧化。热风温度由室温提高到 200℃，风温每提高 100℃，烧结矿 FeO 含量（质量分数）降低 1.2%；而风温从 200℃ 提高到 400℃，风温每提高 100℃，烧结矿 FeO 含量（质量分数）下降 0.96%。可见在不同风温区间内，热风的效率是不一样的，热风温度越高，降低 FeO 含量的效果越小。

低温还原粉化指数（RDI）在热风温度低于 300℃ 时基本不变；高于 300℃ 时略有升高，但未超出高炉操作允许范围。热风烧结使烧结矿热应力降低，玻璃体的结晶程度提高，有利于低温还原粉化指数降低。但 FeO 含量的降低却会使低温还原粉化指数有所升高。

提高风温降低了烧结矿中 FeO 含量，同时改善了烧结矿的物理结构，避免了生成粗大气孔，发展了更多更细的微孔，从而改善了还原和软熔性能。

热风烧结可以降低固体燃料和总热量消耗，改善烧结矿的冶金性能。但随热风温度的提高，在保证良好的冶金性能的前提下，固体燃料消耗可逐步降低。考虑到高温热风的来源输送困难，热风温度以 200~300℃ 为宜。

12.4.2.2　固体燃料配比

热风烧结时若不降低固体燃料，则料层的总热量会增加，烧结矿的强度和产量有所提高，但烧结矿中 FeO 含量升高。随着固体燃料降低，除垂直烧结速度略有影响外，其他各项冶金性能都改善。继续降低固体燃料，除利用系数和低温还原粉化指标略有恶化外，其他冶金性能都优于普通烧结。若固体燃料配比太低，虽然总热耗量降低，烧结矿的还原性能得到改善，但其他各项冶金性能都恶化。在热风温度为 200℃ 条件下，为保证各项冶金性能不降低或有所改善，降低固体燃料 10%~15% 较为合适。

热风烧结可以大幅度降低烧结矿的硫含量。热风烧结使还原气氛减弱，冷却层温度提高，都有利于硫的去除，这对于高硫原料的烧结尤为适宜。

12.4.2.3　供风时间

延长送热风时间可以带来更多的物理热，烧结矿的强度得到提高，但烧结矿的 FeO 含量有所增加，也就是说可以进一步降低固体燃料消耗。与普通烧结相比，适当延长送热风时间可提高利用系数提高，但当供风时间过长时，会明显降低利用系数。因此送热风时间不宜过长。

12.4.2.4　料层厚度

在热风烧结的条件下，料层提高后，与普通烧结呈现相同的趋势。由于自动蓄热作用的加强，烧结矿的 FeO 含量升高，热量显得富余。因此，热风烧结对厚料层还可进一步降低固体燃料消耗，但必须采取有效的技术措施，改善烧结料层的透气性，否则会降低垂直烧结速度。

12.4.3　热风烧结技术的应用

热风的来源是热风烧结能否用于工业生产的关键。由于热风产生的方法不同，热风烧结可分为热废气、热空气和富氧热风烧结3种工艺。

12.4.3.1　热废气烧结

热废气烧结就是利用气体或液体燃料燃烧产生的高温废气与空气混合后的热气流进行烧结。根据供热方式的不同，又可分为连续和非连续供热两种。

连续供热方式是在点火器后占机长1/3的距离上，设置专门燃烧气体（或液体）燃料的热风罩，两侧为烧嘴，高温的燃烧产物与两侧自然吸入的空气混合，使之达到一定的温度。1964年某烧结厂使用了这种方式，获得了600℃左右的热废气，使用后烧结生产中固体燃料节省27%，FeO基本不变，高炉槽下小于5mm粉末的质量分数从15.04%~15.82%下降到10.79%~12.56%，利用系数从2.34t/（m² · h）下降到2.06t/（m² · h）。采用这种方法的缺点是废气含氧量低，影响烧结速度，而且设备庞大。

1966年，某钢厂二烧3号和4号烧结机采用了热风烧结，煤气用量为2390~2370m³/t，固体燃料节省19%~20%。即每吨烧结矿节省固体燃料17kg，总热耗节省13.5%，烧结矿含硫质量分数降低0.022%，还原度提高6.45%，转鼓指数提高0.9%。

应当指出，非连续供热将使烧结矿表层产生温度应力，不利于强度的提高。试验时发现，在遮热板下温度为500~700℃，而在燃烧器下则达到900~1100℃，这种温度忽高忽低的变化对烧结矿表层强度带来不利影响。一些工厂为了克服这一缺陷，改用压缩空气代替自然抽风燃烧，燃烧完全，温度分布均匀，废气含氧量提高。

热废气烧结虽然能使烧结矿成品率提高，但由于垂直烧结速度下降，烧结生产率下降。如果采取相应的补偿措施，如改善混合料的透气性、适当增加抽风负压等，完全可以防止生产率下降，甚至有可能使生产率提高。

12.4.3.2　热空气烧结

把冷空气通过蓄热式热风炉或换热式热风炉加热到指定的温度，然后用于烧结，即是热空气烧结。图12-4是典型的热空气烧结流程。来自蓄热式热风炉1的加热空气，经过热风总管2和热风分布集聚器3，送到每台烧结机的热风支管5，然后到热风罩7。某厂使用该流程后，加热空气温度为840℃，每吨烧结矿总热耗节省15%，固体燃料减少25%，产量提高8.3%，烧结矿FeO含量有所降低，强度有所提高。

这种热风烧结方法不仅能够获得热废气烧结达到的效果，而且克服了热废气含氧低的缺点。建小型热风炉应考虑高炉煤气供应及其他经济合理性。

最有发展前途的方法是利用烧结工艺本身的余热。利用冷却机的高温段废气，一般风温为250~350℃，最高可达370℃，将其用于热风烧结是可行的，有利于提高烧结过程热利用。

12.4.3.3　富氧热风烧结

富氧热风烧结的特点是向热废气或热空气中加入一定数量的氧气，以提高热风的含氧量。它比单用热风或单用富氧效果更佳，见表12-2。这种方法不仅可以改善烧结矿质量，

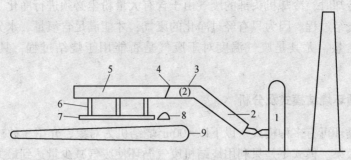

图 12-4　热空气烧结流程

1—热风炉；2—热风总管；3—热风分布集聚器；4—调节阀；5—热风支管；
6—热风导管；7—热风罩；8—点火器；9—带式烧结机

而且可以提高产量。

一般情况下，热风富氧体积分数不超过 25%，垂直烧结速度比热废气烧结要快 10%～15%。烧结矿强度好，还原性也好。富氧热风烧结的关键是要解决好氧气供应问题。

12.5　废气循环烧结法

12.5.1　废气循环烧结的基础

烧结生产产生的废气主要为烧结机废气和冷却机废气两类。废气循环利用的目的是减少排放废气的数量和节能。

废气的循环利用，需满足下列基本条件：

（1）废气要有足够的含氧量。研究发现，在循环利用废气进行烧结时，如 O_2 的体积分数低于 15%～16%，将对烧结机生产能力和烧结矿质量产生很大影响。

（2）废气要有较高的温度。烧结机和冷却机的废气，只在几个地点超过 300℃。利用温度较低的废气，在经济上是不合理的，因为热损失大，为了回收利用热量需增加电费。

（3）废气粉尘含量及其处理。对粉尘含量高的废气必须进行净化，因此相应会增加投资和生产成本。

研究表明，仅在最后的几个风箱处，废气的温度较高，含氧量也足够。开始几个风箱中的废气含水分太高，在循环利用时会产生腐蚀和粉尘黏结的问题。在循环利用废气时必须注意，在大多数情况下，废气中残余的污染物、水分等不能以冷态进入后面的干式电除尘器。为了预热废气可采用适当数量的高温废气，或设置补充加热器，或采用冷却机的热空气。采用高温废气时，会降低废气循环的效果；设置补充加热器时，会增加热耗；采用冷却机的热空气时，只在冷却机设置有除尘设施时（现在一般都有这种设施）才能实现。

来自最后几个风箱的废气含有大量粉尘，必须进行除尘，以保护余热利用风机。热废气可用于点火炉和保温阶段，从而节约点火煤气，增加点火炉中的含氧量，改善上部烧结料层的燃料燃烧状况。

试验发现，当回收的 SO_2 浓度（体积分数）低于 2% 时，被烧结带以上各层所吸收的 SO_2 数量很少；而当 SO_2 的浓度较高时，则有相当数量的 SO_2 留在烧结矿中。

在烧结矿冷却时，冷却机头部的废气由于含有大量粉尘必须进行净化。这样回收的热废气才可用于烧结过程。因为只有经过净化的废气，才能满足含氧量、水分和残余污染物的要求。粉尘含量，尤其是废气温度对于废气是否能用于烧结过程，具有十分重要的意义。

12.5.2 废气循环烧结模式及分析

烧结废气循环可有多种模式。以下以 400m² 烧结机为对象，介绍 3 种减少废气量的模式及其节能的效果。模式 1 是只利用烧结机废气循环使废气减少量达到最大的方法；模式 2 是在模式 1 的基础上用冷却机的热废气来降低煤气耗量的方法；模式 3 是在与模式 2 相同废气量的条件下采用烧结矿保温，进一步节约总热耗的方法。作为对比的常规烧结工艺的操作情况是：用焦炉煤气点火，用周围环境空气烧结，点火炉的长度占烧结台车总长度的 7.5%，点火空气为来自冷却机的低温热气体。

12.5.2.1 烧结机的废气循环

在模式 1 中（见图 12-5），机尾风箱的废气（221℃）引至前面的抽风段，代替冷空气进入点火炉。循环废气的外罩占抽风面积的 51.25%，作为点火炉的延续部分。这种循环方法排出的废气量减少至原来数量的 60.4%，可以减少固体燃料的消耗量 8.83% 或者 $1.055 \times 10^5 MJ/h$。虽然煤气消耗量（用于加热进入除尘器的低温废气）增加了 $3.2 \times 10^4 MJ/h$，但总热耗却减少了 $7.35 \times 10^4 MJ/h$。这种模式对烧结矿的

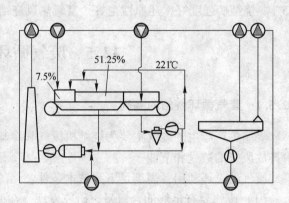

图 12-5　模式 1 的废气循环利用系统

保温作用可以使烧结矿质量均匀，而生产能力减少甚微。这种循环方法排出的剩余废气需加热到 150℃后才能进电除尘器。

12.5.2.2 冷却机热废气的利用

在模式 2 中（见图 12-6），排出的废气不用焦炉煤气加热，而是加入从冷却机一段来的废气（温度约 330℃），使其温度达到 150℃。在用冷却机废气加热排放的废气时，加入的冷却机废气数量较大，因此废气排放量可减少至一般烧结时废气量的 69.5%。再将冷却机其余废气加到烧结机的剩余部分，以进一步减少燃料配比。这种循环利用废气模式可大量减少总热耗，减少量为 134.5kJ/h。

12.5.2.3 烧结矿的保温

模式 3（见图 12-7）所示的循环利用废气模式，其目的不在于进一步减少废气量，而在于用循环废气对烧结矿进行保温，以此来降低固体燃料配比，使烧结矿质量均匀，提高烧结矿的质量。废气的循环量与模式 2 相同，但是在点火炉以后保温阶段（占烧结台车总长度 15%）需用补充煤气将循环废气加热至 150℃。这种模式排出的废气量约为原来的 69.8%。

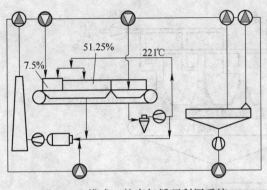

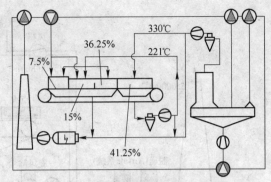

图 12-6　模式 2 的废气循环利用系统　　　　　图 12-7　模式 3 的废气循环利用系统

12.5.2.4　各种废气循环方式的比较

表 12-3 给出了 3 种循环方式可能达到的节能指标以及固体、气体燃料消耗的情况。

表 12-3　3 种循环模式中总热耗的变化

模式	固体燃料节约		煤气消耗量的变化	总热耗的减少量
	%	$\times 10^3 MJ \cdot h^{-1}$	$\times 10^3 MJ \cdot h^{-1}$	$\times 10^3 MJ \cdot h^{-1}$
1	8.83	105.5	+32.0	73.5
2	9.8	117.0	−17.5	134.5
3	30.29	361.4	+200.5	160.9

废气循环系统首先可大量减少废气量，同时可节约焦粉和总热耗，但煤气消耗量由于要对废气进行必要的预热而略有增加（模式 1）。如果冷却机的热废气加入到废气循环系统中去，则冷却机的废气量可减少约 34%，但是这部分废气粉尘含量很高。从模式 2 还可看出，不但煤气消耗量减少了，同时总热耗也减少了。模式 3 表明，如果废气循环系统用于对烧结矿进行保温，则固体燃料可节约 30%，总热耗可减少 $1.609 \times 10^5 MJ/h$。

12.5.3　废气循环烧结典型工艺

12.5.3.1　EOS 工艺

EOS 工艺如图 12-8 所示。其运行方式是先将所有烧结烟道排出的废气混合，然后将混合气 40%~45%借助于辅助风机循环到烧结台车的热风罩内（除去点火装置，烧结台车剩余部分全部用热风罩密封），循环途中添加新鲜空气，以保证烧结气流介质中的氧气含量充足（O_2 体积分数为 14%~15%）。EOS 工艺可确保 45%~50%的烧结废气不会排放到大气中。

荷兰某烧结厂采用 EOS 工艺，烧结总废气排放量大幅降低，除废气中 CO_2 含量有所升高，粉尘、其他污染气体（NO_x、SO_2、C_xH_y、PCDD/F）含量明显降低。

12.5.3.2　LEEP 工艺

LEEP 工艺是基于烧结过程废气成分分布不均匀的特点而开发的，如图 12-9 所示。将废气风箱分为两部分，第一部分主要进行烧结料层水分的蒸发，第二部分主要进行高浓度 SO_2、氯化物、PCDD/F 的释放；而 CO、CO_2、NO_x 在两个部分即整个烧结过程中均匀分布。

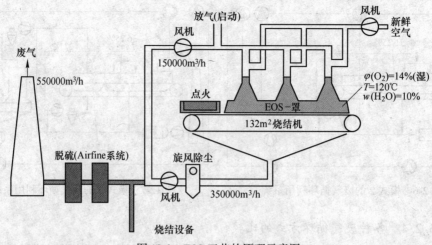

图 12-8　EOS 工艺的原理示意图

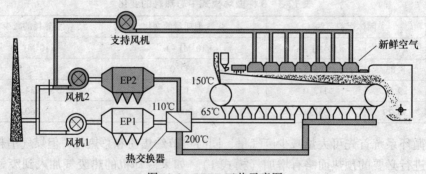

图 12-9　LEEP 工艺示意图

LEEP 工艺将第二部分含污染物成分高的废气循环到覆盖整个烧结机的循环罩内，同时导入新鲜空气以保证氧气含量充足。进入烧结过程的污染物走向不同，粉尘被烧结矿层过滤，PCDD/F 经高温作用分解，SO_2 和氯化物被吸收，CO 在燃烧前沿的二次燃烧中为烧结提供热量，因而可适当减少固体燃料的用量。

第一部分含污染物较少的废气通过烟囱排放到大气中，明显减少了废气的总排放量，此部分污染物含量取决于烧结矿层对循环废气中污染物的过滤、分解、吸收等作用。

LEEP 工艺设置一个热交换器，将第一部分冷废气与第二部分热循环废气进行热交换，适当降低热循环废气温度，使烧结厂现有风机如常规烧结状态下正常工作，适当提高冷废气的温度，使气体温度保持在露点以上，抑制腐蚀作用。

相对常规烧结，LEEP 工艺获得节能减排效果显著。粉尘与 CO 减排在 50% 以上，SO_2 和 NO_x 减排可达 35% 和 50%，HF/HCl 稳定减排 50%，PCDD/F 减排效果最佳，达 75%～85%，还明显节约固体燃料消耗。

12.5.3.3　EPOSINT 工艺

EPOSINT 工艺是一种选择性废气循环工艺。循环废气取自于邻近烧结结束且废气温度快速升高区域的风箱，原因是这些风箱内废气中颗粒物与污染物浓度高。循环混合气的温度高，从而避免腐蚀问题，如图 12-10 所示。

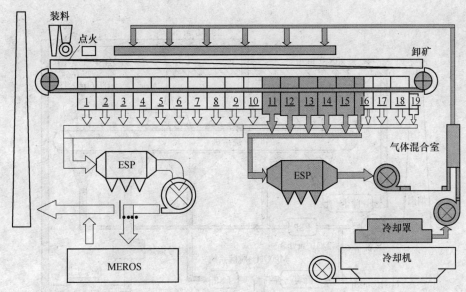

图 12-10　EPOSINT 废气循环工艺示意图

EPOSINT 选择性废气循环工艺，循环罩的设计具有独特之处：一是循环罩覆盖烧结机的宽度，通过非接触型窄缝迷宫式密封来防止循环废气和灰尘从罩内自动逸出；二是循环罩不延伸到烧结机末端，从而让新鲜空气通过最后几个风箱流入烧结床，这样保证烧结矿进入冷却室之前得到有效的冷却，同时，台车敞开为维修工作带来了方便。

EPOSINT 选择性废气循环工艺和 EOS、LEEP 工艺一样，降低了能源消耗，减少了40%的废气排放量，降低了焦粉用量。至于污染物循环，NO_x 与 PCDD/F 会在烧结床内分解而降低了排放量，50%会被烧结矿吸收，CO 的二次燃烧用作能源，粉尘循环也降低其排放量。冷却室热风的利用，减轻了冷却室粉尘的排放。表 12-4 显示采用此工艺获得的优良指标。

表 12-4　EPOSINT 选择性废气循环工艺的减排效果

参　数	减　排　量
每吨烧结矿废气排放量	降低 25%~28%
烧结机粉尘	降低 30%~35%
冷却室粉尘	85%~90%
重金属颗粒	大约 30%~35%
SO_2	大约 25%~30%
NO_x	大约 25%~30%
PCDD/F	30%
CO	30%
焦粉用量	节约 2~5kg/t 烧结矿

12.5.3.4　区域性废气循环工艺

区域性废气循环工艺如图 12-11 所示。

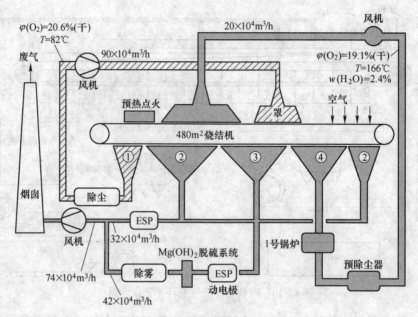

图 12-11 区域性废气循环工艺

区域性废气循环工艺，其原理是烧结机局部抽风、局部循环到烧结矿上层。这种选择性局部抽风与局部循环工艺是与 EOS 工艺的最大区别。某厂 3 号 480m² 烧结机被分为 4 个不同区域：

（1）区域 1。对应烧结原料的点火预热段，废气循环到烧结机的中部，废气特点是高 O_2、低 H_2O、低温。

（2）区域 2。废气经除尘后直接从烟囱排出，废气特点是低 SO_2、低 O_2、高 H_2O、低温。

（3）区域 3。废气经除尘、脱硫 $[Mg(OH)_2$ 溶液洗涤]、除雾后与区域 2 废气共同从烟囱排出，废气特点是高 SO_2、低 O_2、高 H_2O、低温。

（4）区域 4。对应燃烧前沿附近的高温段，废气循环到烧结机的前半部，在点火区后面，废气特点是高 SO_2、高 O_2、低 H_2O、超高温度。

这种区域性循环工艺可使循环废气量占总废气量的 25%，废气中氧气含量（体积分数）平均高于 19%，水分含量（体积分数）低于 3.6%。现场生产实践表明此循环工艺对烧结矿质量无负面影响（RDI 保持恒定，落下指数提高 0.5%）。

与常规烧结工艺相比，区域性废气循环工艺有两点优势：（1）废气中未用的氧气可被循环到烧结机进行有效利用；（2）将来自不同区域的废气依据其成分进行分别处理，从而明显减少了废气治理设施的投资和运营成本。

12.6 复合造块法

随着钢铁工业的快速发展，传统优质铁矿资源不断枯竭，人类对自身生存的环境也日益关切。各种非传统含铁原料，如低品位、难处理以及复杂共生铁矿，钢铁厂内的各种含铁废料、尘泥，化工厂和有色冶炼厂产生的含铁渣尘等的利用和处理日益迫切。这些原料大部分采用现行的烧结法或球团法无法有效处理，即使少量作为配料加入烧结和球团料中，也会显著影响造块生产过程和产量、质量。

研究开发铁矿造块新方法、新技术，高效利用不断增加的微细粒铁精矿和各类难处理的含铁原料，并解决酸性、碱性炉料严重失衡的问题，成为新世纪初我国钢铁生产面临的最紧迫的课题之一。

基于以上背景，中南大学烧结球团与直接还原研究所经多年探索和研究，开发出铁矿粉复合造块法，较好地解决了上述问题与难题。新方法于 2008 年率先在我国包头钢铁公司投入工业应用。

12.6.1 复合造块工艺流程与技术特点

基于不同含铁原料制粒、造球、烧结与焙烧性能的差异，复合造块法提出了原料分类、分别处理、联合焙烧、复合成矿的技术思想：将造块用全部原料分为造球料（Pelletizing Materials）和基体料（Matrix Materials）两大类。造球料包括传统的铁精矿、难处理和复杂矿经磨选获得的精矿、各种细粒含铁二次资源等与黏结剂；基体料则是除上述原料以外的其他原料，包括全部粒度较粗的铁粉矿、熔剂、燃料、返矿，当含铁原料中细精矿为主（比例超过60%）时，基体料也可以部分甚至全部为细粒铁精矿。在工艺路线上，该方法将质量比占 20%~60%（具体比例视全部原料的具体情况而定）的造球料制备成直径为 8~16mm 的酸性球团，而将基体料在圆筒混合机中混匀并制成 3~8mm 高碱度颗粒料，然后再将这两种料混合，并将混合料布料到带式烧结/焙烧机上，采用新的布料方法使球团在混合料中合理分布，通过点火和抽风烧结、焙烧，制成由酸性球团嵌入高碱度基体组成的人造复合块矿。在成矿机制方面，混合料中的酸性球团以固相团结获得强度，基体料则以熔融的液相黏结获得强度。这种方法既不同于单一烧结法，又不同于单一球团法，但同时兼具两者的优点，故称为复合造块法。复合造块法的原则工艺流程如图 12-12 所示。

由于通过调整造块工艺中酸性球团料的比例，就可以调整产品的总碱度，使得复合造块法可在总碱度由 1.2~2.2 的广泛范围内，制备优质炼铁炉料。这就为现行生产企业解决高碱度烧结矿过剩但酸性料不足的矛盾提供了一条有效途径。新建联合钢厂如原料结构具备，则可不必同时建设烧结和球团两类造块工厂（车间），从而简化钢铁制造流程，降低生产成本。复合造块法突破了近百年来形成的高炉炼铁炉料由烧结和球团两套工艺生产的传统模式，实现了在一台烧结机上制备出兼具高碱度烧结矿和酸性球团矿性能的复合造块产品。

复合造块法的技术特点及其与烧结法、球团法以及小球团烧结法的比较，见表 12-5。与烧结法相比，复合造块法可大量处理各类细粒物料而保持较高技术经济指标。与球团法相比，复合造块法适应的原料粒级范围更宽，并可以处理传统球团法难造球、难焙烧的细粒含铁原料。

以下重点比较复合造块法与小球团烧结法的区别：

（1）在原料适应性方面，小球团法要求原料粒度为 0~5mm，因而主要用来处理铁精矿；复合造块法可以处理 0~10mm 的原料，在粒级上涵盖烧结法和球团法适应的原料范围，在种类上还可以处理难以造球、难焙烧的物料。

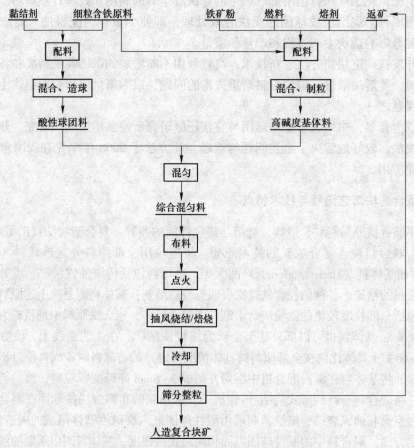

图 12-12　铁矿粉复合造块法的原则流程

表 12-5　复合造块法与其他造块方法的比较

比较项目	烧结法	球团法	小球团/小球烧结法	复合造块法
原料粒度范围	小于 10mm	−0.045mm 80%~90%	0~5mm	造球料−0.075mm 60%~90% 粗粒料小于 10mm
原料种类	粉矿、精矿	精矿	精矿、细粒粉矿	粉矿、精矿、含铁尘泥等
制料/造球准备	所有原料粒至3~10mm	所有原料造球至12~16mm	所有原料造球至5~10mm	粗粒制粒至3~10mm 细粒造球至8~16mm 总粒级3~16mm
燃料添加方式	全部内配	外部供热	内配+外滚	全部内配至基体料
干燥段	不需设干燥段	需设干燥段	需设干燥段	不需设干燥段
边料的需要	不需要	视焙烧设备而定	需要铺边料	不需要铺边料
强度机理	熔融相黏结	固相固结	固相固结	熔融相黏结+固相固结
产品外观	不规则块状	球形	以点状连接的"葡萄状"小球聚集体	酸性球团嵌入高碱度基体的不规则块状
产品碱度	1.8~2.2	一般<0.2	一般<1.2 或>2.0	1.2~2.2

（2）在原料准备方面，小球团法将全部原料制备成 5~10mm 球团；复合造块法则将球团料制备成直径 8~16mm 的球团，基体料制成 3~10mm 的颗粒群，进入焙烧作业物料的总粒级范围为 3~16mm。

（3）在燃料添加方面，小球团烧结法以部分内配和部分外滚两种方式加入；复合造块法将全部燃料以内配方式加入基体料。

（4）在布料方面，小球团烧结法要设移动带式台车铺边料，以防止气流偏析；复合造块法无需铺边料。

小球团烧结法需在烧结前设干燥段对生球团进行干燥；复合造块法不需另外设干燥段。

小球团烧结法产品强度靠扩散（固相）黏结获得；复合造块法产品强度由扩散（固相）黏结和熔融相黏结的复合作用获得。

小球团烧结法产品外观为"葡萄状"小球聚集体，单球易于从聚集体中脱落；复合造块法产品中，球团被嵌入基体料中，不会脱落。

日本小球团烧结法产品的碱度大于 2.0，我国安阳钢铁公司报道的小球团烧结的产品碱度为 2.0~2.2，也有小球团烧结矿碱度小于 1.2 的报道，但很少见到小球团烧结法制备碱度为 1.2~2.0 产品的报道。从工艺原理和生产实践看，小球团法不适宜制备中等碱度产品；复合造块法则可在碱度 1.2~2.2 的范围内，制备兼具高碱度烧结矿和酸性球团矿性能的炼铁炉料。

12.6.2 复合造块法的作用与优势

12.6.2.1 制备中低碱度炉料

涟钢公司进行的研究发现，在常规烧结工艺下，随着碱度的降低烧结矿产量、质量指标明显恶化，当碱度由 2.0 降低至 1.5 时，烧结矿转鼓强度由 63.0% 下降为 52.7%，利用系数从 $1.65t/(m^2 \cdot h)$ 降至 $1.47t/(m^2 \cdot h)$，当碱度进一步降至 1.2 时，转鼓强度则降至 45.9%，利用系数降至 $1.37t/(m^2 \cdot h)$。

而采用复合造块法，在全部碱度范围内，产品转鼓强度和利用系数均明显高于烧结法，其利用系数高出 25%~30%，虽然随碱度的降低，复合块矿的转鼓强度有所下降，但在碱度为 1.2 时仍获得 58.7% 的好指标。

另外，采用复合造块法还可以降低焦粉用量 10% 以上，同等料层高度下抽风负压降低 20%，具有明显的节能减排效果。

12.6.2.2 高铁低硅细粒原料造块

将高铁低硅原料制备成球团，采用复合造块工艺，随着球团配比增加，造块产品中 SiO_2 的含量逐渐降低，而产品产量、质量指标不仅不降相反逐渐改善。当球团配比达到 40%，SiO_2 总含量（质量分数）降低至 4.06% 时，利用系数为 $1.710t/(m^2 \cdot h)$，转鼓强度 71.15%。与 SiO_2 含量（质量分数）为 4.51% 时烧结法结果相比，利用系数提高了 23%，转鼓强度提高了近 7%。复合造块法是处理高铁低硅原料非常有效的方法。

12.6.2.3 超高料层造块

在抽风负压相同的情况下，采用复合造块工艺可大幅度提高料层高度（700~

1000mm）。虽然在700mm以上，随料层厚度提高，复合造块利用系数略有下降，但料高900mm时的利用系数仍高于料高600mm时常规烧结的利用系数，而转鼓强度则比600mm常规烧结法高近3%。

12.6.2.4 复杂难处理资源的造块

将复合造块法应用于含氟铁矿、钒钛磁铁矿、镜铁矿和含铁粉尘的造块，获得了优良的产量、质量指标，产品的低温还原粉化率明显改善，见表12-6。

表12-6 复合造块法处理各类难造块资源的效果及比较

原料类型	造块方法	主要造块条件	主要造块指标			低温还原粉化率 $RDI_{+3.15}$/%
			成品率/%	利用系数 /t·m^{-2}·h^{-1}	转鼓强度/%	
含氟铁矿	TSP	$R=2.2$，含氟矿总配比40%	72.98	1.40	57.71	67.01
	CAP	$R=1.6$，含氟矿总配比60%，其中40%用于造球	77.43	1.56	65.05	70.89
钒钛磁铁矿	TSP	$R=2.0$，钒钛矿总配比55%	63.73	1.38	54.19	60.84
	CAP	$R=2.0$，钒钛矿总配比55%，其中50%用于造球	77.45	1.63	62.19	64.56
	CAP	$R=2.0$，钒钛矿100%，其中50%用于造球	73.12	1.45	63.44	85.01
镜铁矿	TSP	$R=2.0$，镜铁矿总配比20%	69.92	0.93	63.45	72.68
	CAP	$R=2.0$，镜铁矿总配比40%，全部用于造球	81.33	1.71	71.12	77.45
含铁粉尘	TSP	$R=2.0$，含铁粉尘总配比10%	72.12	1.36	63.41	74.56
	CAP	$R=2.0$，含铁粉尘总配比10%，全部用于造球	76.12	1.55	65.76	78.57

注：TSP—烧结法；CAP—复合造块法；R—总碱度。

大量研究与生产实践表明，复合造块法集烧结法和球团法的优点于一体，具有如下优势：

（1）可利用烧结机在碱度由1.2~2.2的广泛范围内制备优质炼铁炉料，为解决现行企业酸性料不足的矛盾提供了一条切实可行的途径；新建钢铁企业采用复合造块法，可不必同时建设烧结和球团两类造块工厂，从而简化钢铁制造流程，降低生产成本。

（2）与烧结法相比，复合造块法可在相同料高下大幅提高烧结机生产率，在相同的烧结速度下可实现超高料层（大于700mm）操作，获得提高产品质量和节约燃料消耗的显著效果。

（3）复合造块法可高效处理粗、细含铁原料。用于造球的细粒物料既可以是传统的细粒铁矿，也可以是难以造球和焙烧的各类难处理精矿、二次含铁原料等，从而有效扩大了钢铁生产可利用的资源范围。

12.6.3 复合造块法的工业实践

复合造块及高炉冶炼工业试验于2008年4至9月分别在某钢铁公司3号烧结机

（265m²）和 5 号高炉进行。工业试验期以含氟精矿为主要原料，在碱度为 1.53 的条件下，作业率较常规烧结提高 2.81%，平均产量提高 210t/d，固体燃耗降低 7.87kg/t 烧结矿。高炉使用复合块矿后，入炉铁品位提高 0.19%，硅石添加量由原来的 25.87kg/t 降低至 13.6kg/t；高炉利用系数提高 0.209t/(m³·d)，焦比降低 13.41kg/t，煤比增加 6.77kg/t，渣比降低 41.0kg/t。

在工业试验成功后，随即在三烧车间投入复合造块工业生产。多年的生产实践表明，5 号高炉使用碱度 1.5 左右的复合造块产品后，硅石加入量由原来的 25.87kg/t 进一步降低至 9.78kg/t，利用系数提高 0.169t/(m³·d)，入炉矿铁品位提高 0.44%，入炉焦比降低 11.92kg/t，煤比降低 3.12kg/t，综合焦比降低 13.29kg/t，渣比降低 37kg/t。从而实现在不新建球团厂的条件下解决了长期困扰炼铁生产的酸性炉料不足问题，经济效益十分显著。

随着该钢铁公司主东矿区的开发，巴润铁精矿产量大幅增加。由于该矿粒度超细、难烧结、难焙烧的特性，导致其在烧结或球团生产中的最大使用量均不超过 40%。鉴于复合造块法在三烧车间生产的成功实践及其产品在 5 号高炉的优良应用效果，于 2010 年 1 月开始对四烧车间两台 265m² 烧结机进行改造，采用复合造块工艺处理超细巴润铁精矿，2011 年 1 月投入工业生产，投产后将巴润精矿的配比由原来 40% 提高到 60%，4 号高炉和 6 号高炉使用复合造块产品后冶炼指标显著改善。

此外，为解决钢铁生产过程产生的含铁尘泥的利用问题，该钢铁公司在复合造块生产过程中，将所有含铁尘泥配入球团料，实现了含铁尘泥的全部利用，并生产出优质的复合造块产品。

习　题

12-1　解释下列概念：低温烧结法，小球团烧结法，富氧烧结法，双层烧结法，热风烧结法。

12-2　简述废气循环利用的基本条件和几种典型废气循环烧结工艺的主要特点。

12-3　简述复合造块法的技术特点。

12-4　与烧结法相比，复合造块法有什么作用与优势？

13 其他矿物的烧结

13.1 锰矿粉的烧结

我国的锰矿资源比较丰富，而且锰在国民经济中日益发挥巨大作用。在锰的生产过程中，锰矿石造块是不可缺少的工序，而用烧结法造块具有产量大、对矿石适应性广、工艺简单的特点。因此，讨论锰矿石烧结具有很大的意义。

13.1.1 锰矿石的烧结特性

锰矿石在烧结过程中所发生的物理化学变化和烧结矿的矿物组成，与铁矿粉烧结相比具有如下特点。

13.1.1.1 烧损大、热耗高

软锰矿和碳酸锰矿在预热带受热后很容易排除水分和发生分解反应放出氧和二氧化碳。其反应为：

$$4MnO_2 \xrightarrow{\geqslant 650℃} 2Mn_2O_3 + O_2 \tag{13-1}$$

$$mMnO \cdot MnO_2 \cdot nH_2O \xrightarrow{\geqslant 330℃} mMnO \cdot MnO_2 + nH_2O \tag{13-2}$$

$$6Mn_2O_3 \xrightarrow{\geqslant 630℃} 4Mn_3O_4 + O_2 \tag{13-3}$$

$$MnCO_3 \xrightarrow{\geqslant 650℃} MnO + CO_2 \tag{13-4}$$

碳酸锰矿在烧结时发生热分解，放出 CO_2，可提高原料的含锰品位。

在燃烧带，锰的高价氧化物或继续分解或被还原，Mn_2O_3 遇到 CO 时，在较低的温度下即被还原。

$$Mn_2O_3 + CO = 2MnO + CO_2 \tag{13-5}$$

烧结过程中，由于 H_2O、CO 和 O_2 的逸出，使烧结矿的结构疏松，因此，要求适当地增加燃料使之产生较多的液相，以提高烧结矿的强度。

由于从烧结料中分解出 H_2O、CO_2 和 O_2，故锰矿石烧损较大。对于氧化锰矿石，烧损率一般在 5%~15%，对碳酸锰矿石，烧损率一般在 20%~30%以上。因此，氧化锰矿的烧结收缩率达 15%~20%，软锰矿和碳锰矿的收缩率达 30%以上。

13.1.1.2 软熔温度低、区间窄

锰矿石受热分解为 MnO 和 Mn_3O_4，在高温下很容易和混合料中的 SiO_2 发生作用，生成低熔点的硅酸盐。

$$MnO + SiO_2 = MnO \cdot SiO_2 \tag{13-6}$$

$$2MnO + SiO_2 = 2MnO \cdot SiO_2 \tag{13-7}$$

在烧结含铁较高的锰矿时，还可能生成易熔的锰铁橄榄石（$FeO \cdot MnO \cdot SiO_2$）。锰矿石的软熔区间较窄，如碳酸锰原矿开始软化温度为1100℃，至完全熔化为1220℃，温度区间为120℃，远比铁矿石的软熔区间（220℃）要窄。各种锰矿石的软熔温度列于表13-1。

表 13-1　锰矿石的软熔温度　　　　　　　　　　　　　　　　（℃）

含锰矿物类型	锰矿石类型					新余富锰渣烧结矿
	高硅低锰精矿	高锰精矿	碳酸锰精矿	碳酸锰粉矿	堆积锰精矿	
软化/熔化温度	1140/1220	1140/1310	1100/1230	1100/1220	1200/1250	1167/1214
软熔区间	80	170	130	120	50	47

另外，料层点火后碳燃烧，因而造成一定还原气氛。CO把部分微小颗粒的锰矿粉完全还原成MnO（方锰矿）。MnO与Mn_3O_4这两种氧化物常常紧密地结合在一起，MnO与氧的亲和力很大，因而在冷却过程中被Mn_3O_4包围。同样也把磁铁矿还原成浮氏体，表示形式如下：

$$Fe_3O_4 + CO \rightleftharpoons 3FeO + CO_2 \uparrow \tag{13-8}$$

$$4MnO_2 + 2CO \rightleftharpoons 2Mn_2O_3 + 2CO_2 + 541804.184J \tag{13-9}$$

$$3Mn_2O_3 + CO \rightleftharpoons 2Mn_3O_4 + O_2 + 406604.184J \tag{13-10}$$

$$2Mn_3O_4 + nCO \rightleftharpoons 6MnO + 2CO_2 + (n - 2)CO + 248004.184J \tag{13-11}$$

生成的MnO通常呈MnO_x（$x = 1 \sim 1.15$）的形态，很易生成易熔液相，新生成的MnO_x和Mn_3O_4在烧结过程中可立即与SiO_2反应生成锰橄榄石（$2MnO \cdot SiO_2$）及少量蔷薇辉石（$MnO \cdot SiO_2$），见式（13-6）、式（13-7）和式（13-12）。

$$2Mn_3O_4 + 3SiO_2 + 2CO \rightleftharpoons 3Mn_2SiO_4 + 2CO_2 \tag{13-12}$$

图5-25中的A点（1285℃）及B点（1365℃）分别为这两种化合物的熔点，而它们在E点1208℃（1230℃）可形成最低共熔点。据MnO-FeO-SiO_2系三元相图（图5-26）的三角形内有最低共熔点（1170℃），这点的成分为$w(SiO_2) = 32\%$、$w(FeO) = 47\%$及$w(MnO) = 21\%$。含铁量时有可能产生这种三元共晶体，使MnO在较低的温度水平形成液相。同时$2MnO \cdot SiO_2$还能熔解Mn_3O_4生成更易熔的MnO-Mn_3O_4-SiO_2系的化合物，如$MnO_x \cdot 2MnO \cdot SiO_2$和$Mn_3O_4 \cdot 2MnO \cdot SiO_2$等这些化合物在液相线能无限互溶，在固相时则无任何反应。因此，当烧结矿冷却时，则从熔体中分别析出$MnO_x \cdot Mn_3O_4$及$2MnO \cdot SiO_2$两种晶体，来不及析出的便成玻璃质。强制抽风冷却可使熔体高温保持时间缩短，但由于$MnO \cdot Mn_3O_4$的结晶温度高、结晶能力强，因此在熔体骤冷情况下仍能析出很发达的树枝状晶体。

13.1.1.3　矿石的堆密度小、透气性好

锰矿石疏松多孔，其堆密度大大低于铁矿石；同时，在预热带和燃烧带中各种锰矿物分解为Mn_2O_3与Mn_3O_4，放出热量和氧，加快了燃料的燃烧过程，在分解和燃烧过程中形成很多孔隙，烧结过程中形成的液相黏度小，流动性好，容易生成大的孔洞，减小了抽风的阻力。上述这些原因都会使烧结过程中的料层透气性良好，故垂直烧结速度比烧结铁矿粉时高出50%~100%。

13.1.1.4 烧结矿机械强度低

由于锰矿石堆密度小，烧损大，使烧结矿的结构变得疏松，液相流动性良好，可生成大孔薄壁结构，这是其强度低的原因之一。

其次，因料层透气性良好，烧结矿冷却速度大，高温保持时间短，急冷时液相中产生的玻璃质较多且产生裂纹，这是其强度低的原因之二。

另外，在生产熔剂性锰烧结矿时，特别是石灰石粒度较大时，烧结矿含有 $2CaO \cdot SiO_2$ 和游离 CaO。烧结料中，锰矿石中的氧化锰和 SiO_2 紧密掺合在一起，故加热时首先生成锰橄榄石 $2MnO \cdot SiO_2$。而在 SiO_2 与 CaO 接触处生成固相硅酸钙，上述服从于热力学规则：

$$2CaO \cdot SiO_2 \qquad \Delta G°_{1200 \sim 1600} = 135 kJ/mol$$

而 $\qquad 2MnO \cdot SiO_2 \qquad \Delta G°_{1200 \sim 1600} = 96 \sim 54 kJ/mol$

在烧结过程中，大量的 SiO_2 首先消耗于生成锰橄榄石。由于硅酸盐的熔化温度高达 2200℃，故生成 $2CaO \cdot SiO_2$ 的同时伴随着在熔融带发生凝固。而烧结矿中存在游离 CaO 的主要原因是由于在 CaO 颗粒周围有一层难熔的硅酸盐包围层，这些硅酸盐障碍物妨碍了液相继续向 CaO 颗粒渗透和进行化学反应。石灰石的粒度越粗，扩散越困难，烧结矿中游离 CaO 的含量就高。大量矿相鉴定表明，沿 CaO 颗粒周边为硅酸钙，它证明了熔剂性锰烧结矿中 CaO 的矿化机理。

13.1.2　强化锰矿石烧结的主要措施

根据锰矿石的特点，在强化烧结时应采取如下措施：

（1）控制适宜的水分。由于锰矿粉结构疏松，湿容量较大，混合料的适宜水分较高，一般在 15% 左右。

（2）适当增加燃料加入量。锰矿石烧结时分解过程大量吸热以及混合料水分较高，透气性好，通过料层的风量大。因此，混合料燃料的适宜添加量较烧结铁矿粉时大，混合料中固定碳含量（质量分数）一般在 5% 以上。

（3）适当提高料层厚度，并加以压料。这样做可增加表面料层的堆密度，降低透气性，或适当地降低烧结负压，可使烧结和冷却的速度不致太快。在一般情况下，垂直烧结速度控制在 20～25mm/min 为宜。

（4）适当增加返矿量，提高混合料的堆密度，减少总的烧损，但返矿的用量不宜超过 35%，否则会降低生产率。

（5）精矿与粉矿搭配使用，以改善混合料的性能。

（6）由于熔剂性锰烧结矿具有良好的冶金性能，可降低高炉冶炼锰铁的焦比和电炉冶炼锰钢的电耗，所以应提高烧结矿的碱度，但应加强原料准备工作和改善烧结操作，防止和减少生成 $2CaO \cdot SiO_2$ 及游离 CaO。

锰矿石烧结的工艺设备与铁矿石烧结几乎完全一样，本节不再讨论。

13.2　红土镍矿的烧结

红土镍矿是一种典型的低品位劣质矿，其含铁品位一般在 10%～45%，部分能够达到

50%。大多数红土镍矿中含有较高的 Al_2O_3 和 MgO，也有某些红土镍矿中 SiO_2 的含量比较高，红土镍矿中含有 Ni、Cr、Co 等元素，游离水和结晶水含量也比较高，烧损大。

红土镍矿的处理工艺可以分为湿法工艺和火法工艺两种，其中火法工艺主要有回转窑—电炉流程生产高镍铁和烧结—高炉流程生产中镍和低镍铁产品。烧结—高炉流程是中国独创的工艺，一般采用 $500m^3$ 以下的炼铁高炉用于红土镍矿的处理，生产含镍质量分数为 3%~5% 的含镍生铁。

13.2.1　红土镍矿的烧结特性

由于红土镍矿本身的性质，其烧结特性与常规铁矿石相比，有如下特点：

（1）固体燃耗高。由于红土镍矿含有较高的游离水和结晶水，在烧结过程中相当一部分燃料产生的热量被用来脱除水分，导致燃耗升高。

（2）烧结矿机械强度差、成品率低。同样由于红土镍矿烧结过程中部分热量用于脱除水分，造成用于产生液相的热量减少，导致烧结矿成品率低。另外，当用红土镍矿生产自熔性烧结矿时，冷却时 β2CaO·SiO_2 发生相变导致体积膨胀，从而造成粉化，降低烧结矿强度。

（3）烧结速度慢。红土镍矿含水量高，烧结部分热量用于脱除水分，造成料层温度下降，容易导致料层下部出现过湿现象，从而引起料层透气性的下降，最终导致烧结速度变慢。

13.2.2　强化红土镍矿烧结的主要措施

根据红土镍矿的特点，强化其烧结的主要措施有：

（1）控制原料水分。采用预先干燥的方式控制红土镍矿的水分，可以降低烧结混合料水分，从而降低烧结过程燃耗，同时可以提高烧结速度。

（2）优化配料结构。红土镍矿单独烧结能耗高，但由于其黏结性能好，可与其他难制粒矿石进行混合烧结，如铬精粉矿等，一方面可满足不锈钢生产对镍铬金属产品的需求，另一方面可解决单独铬精粉矿烧结需要黏结剂的问题，从而达到降低能耗的目的。有生产实践证明，铬精粉矿、红土镍矿混合烧结，可以不配加黏结剂，并且烧结指标较好。

（3）适当配加添加剂。北海诚德镍业有限公司以高铁低硅型红土镍矿生产自熔性烧结矿，由于烧结过程液相量不足，烧结矿强度低，故采用添加剂改善烧结矿强度，其主要化学成分见表 13-2。在添加剂配比为 0.15% 时，燃料消耗和返矿平衡下降，烧结矿转鼓强度提高，但在提高烧结矿产量方面效果并不明显。

表 13-2　烧结添加剂主要化学成分　　　　　　　　　　　（质量分数/%）

Fe_2O_3	CaF_2	$CaCl_2$	$NaBO_3 \cdot 3H_2O$	H_3BO_3	稀土元素	其他
5~8	8~12	11~14	12~18	15~23	10~15	15~25

红土镍矿烧结的工艺设备与铁矿石烧结几乎完全一样，本节不再讨论。

13.3　铬铁矿的烧结

自然界中铬总是与铁共生形成铬铁尖晶石（$FeO \cdot Cr_2O_3$），其矿物学名称是铬铁矿。

铬铁矿主要使用于冶金、耐火、化学工业，其中冶金工业中生产铬铁合金是铬铁矿最大的消费领域，而铬铁合金主要用于生产不锈钢，不锈钢平均含铬质量分数为 10.5%。因此，铬铁矿消费量很大程度上取决于不锈钢产量。目前，世界年产铬矿中粉矿（-8mm）约占 80%。虽然粉矿品位高，价格低，但冶炼高碳铬铁过程中粉矿过多会导致炉料透气性变差、炉况恶化、翻渣，严重影响各项技术经济指标。因此，如何利用廉价粉矿、加强铬矿粉的造块是降低我国铬系铁合金生产成本、提高铬系铁合金市场竞争力的有效措施之一。

13.3.1 铬铁矿的烧结特点

当前，铬铁矿主要的造块方法有压团法、球团法和烧结法。由于铬尖晶石熔点很高，且难以形成低熔点的液相，一般认为，铬铁矿不适合用于铁矿粉很成功的带式烧结法来生产，尤其是铬精矿制粒性能差，烧结过程透气性差，且铬烧结矿属于酸性烧结矿，故其燃耗较高，成品率偏低，烧结矿的强度比较差。然而，铬烧结矿具有一些其他预处理法不具有的优点：

（1）经过烧结的铬铁矿尖晶石矿物结构与原矿截然不同。矿石中 Fe^{2+} 转成 Fe^{3+}，有些铁离子脱离了尖晶石，集中在晶粒表面。在料层上部还原性炉气中氧化铁极易还原成游离铁，这种还原方式加强了还原过程。尽管矿石的氧化性增大，但还原剂的消耗并没有增加，有的反而减少了。

（2）烧结矿孔隙率很高，比表面积很大，有利于提高还原反应速度。采用烧结法生产，电炉产量可提高 10%~17%。

（3）烧结矿强度高且粒度均匀，能改善电炉透气性。与块矿和冷压团相比，烧结矿结构疏松，高温电阻率比块矿和冷压球团大得多。冶炼产品单位电耗可降低 200~300kW·h/t。

由于铬铁矿烧结矿有上述优点，中南大学在烧结杯上进行了铬铁矿常规烧结试验研究，在国内成功进行了铬铁矿粉烧结，此工艺解决了粉铬矿的造块问题。

在国外工业规模生产铬铁矿烧结矿的还有巴西珀居卡（Pojuka）和挪威埃肯的烧结盘工艺、带式烧结机工艺等。表 13-3 是几种铬铁矿粉经预处理冶炼炭素铬铁的综合能耗（折合标煤计算）比较。

表 13-3 铬铁矿不同造块法综合能耗比较 (kg/t)

传统块矿法	粉矿压块法	球团预热法	SRC 法	DRC 法	烧结法
2166	2174	1951	1336	1548	1120

尽管常规烧结+电炉冶炼是几种造块+电炉冶炼炭素铬铁工艺中能耗最低的工艺，但常规烧结工艺能耗仍偏高，远高于普通铁矿石烧结工艺。提高铬铁矿粉烧结产质量、降低烧结能耗仍有很大潜力，也可为进一步降低电炉冶炼电耗、提高电炉产量创造条件。

13.3.2 强化铬铁矿烧结的主要措施

根据铬铁矿的烧结特点，研究人员开发出不同的技术工艺来强化其烧结过程。

13.3.2.1 采用球团烧结工艺

针对铬铁矿制粒性能差的问题，特别是对于铬铁精矿，采用球磨预处理的方式，一方面可降低其粒度组成，另一方面提高其比表面积，将细磨预处理后的铬铁精矿配加部分焦粉进行造球，采用球团烧结的方式进行造块。研究表明，常规烧结工艺所得铬铁烧结矿中，橄榄石液相量仅在19%左右，液相量少，且由于高燃料配比导致形成大量大孔薄壁结构，故烧结矿强度差，产量低；当采用球团烧结工艺时，球团烧结矿的固结以铁铬尖晶石、镁铬尖晶石、镁铬尖晶石再结晶固相固结为主，占80%~82%，橄榄石液相黏结为辅，占18%~20%。同时制粒造球时焦粉采用内外分加，烧结矿呈中孔厚壁结构，孔径分布均匀，固相扩散充分，烧结矿强度好，呈葡萄状宏观结构。

13.3.2.2 采用镍铬复合烧结矿制备工艺

同样由于铬铁矿制粒性能差的问题，研究人员根据不锈钢生产对镍铬含量的需求，提出采用制粒性能好的红土镍矿与制粒性能差的铬铁矿混合烧结，制备镍铬复合烧结矿，同时解决两种资源烧结存在的能耗高、烧结矿质量差等问题。研究认为，镍铬复合烧结矿的固结是以尖晶石为"骨架"，铁橄榄石及少量铁酸钙（高碱度时）液相黏接的方式来完成，液相主要是红土镍矿自身物质产生。铬铁矿尖晶石固结再结晶形成晶粒分布其中，形成致密的烧结矿结构，有助于改善烧结矿质量。

13.4 钒钛磁铁矿的烧结

世界钒钛资源主要分布在澳大利亚、加拿大、南非、中国和印度等国家，其中加拿大、中国和印度主要为钛岩矿，澳大利亚、美国主要为钛砂矿，南非的钛岩矿和钛砂矿储量也十分丰富。我国钒钛磁铁矿主要分布于四川的攀西地区，其次是河北承德和安徽马鞍山地区，其中攀西地区保有储量占全国储量的95%以上。

钒钛磁铁矿是一种以铁、钛、钒为主，伴生有铬、钴、镍、铜、钪、镓和铂族元素等的共生铁矿，由于铁钛紧密共生，钒又以类质同象的形式赋存于钛磁铁矿中，因此而得名。钒钛磁铁精矿的主要矿物是钛铁矿、钛铁晶石、硫化物及镁铝尖晶石。

从世界范围看，经选别后的钒钛磁铁精矿，目前主要有3种用途：（1）用作回转窑直接还原的原料，后经电炉熔化还原回收铁和钒，如南非Highveld和新西兰钢铁公司等；（2）精矿中TiO_2含量很高，用作电炉冶炼高钛渣的原料，主要目的是回收钛，铁作为副产品回收；（3）以传统的钢铁工艺（经烧结工序）加工后，用作高炉炼铁的原料，回收铁和钒，如我国攀钢和承钢、前苏联塔吉尔钢厂等，这是我国钒钛磁铁精矿最为普遍的利用方式。

13.4.1 钒钛磁铁矿的烧结特点

由于钒钛磁铁矿本身的特殊性质，导致其在烧结过程中存在较多的难题，其烧结具有以下特点：

（1）精矿粒度粗，制粒性能差。生产用钒钛磁铁精矿-0.074mm粒级仅占50%左右，实际生产中还存在有+1.0mm粒级，是国内粒度最粗的精矿，且其粒度呈较规则的圆球状，制粒后仅有少量颗粒能够黏附在核颗粒上，导致料层透气性差，垂直烧结速度低，烧结配加大量钒钛磁铁精矿后，产量、质量急剧下降。

（2）烧结过程生成液相量少，提高强度困难。钒钛磁铁精矿含有较高的钛、铝，它们的初始熔点比普通铁矿石的初始熔点高得多，液相难以生成。同时 SiO_2 质量分数仅 3.5%左右，烧结生成的液相量比普通铁矿烧结少 10%~15%，生成的硅酸盐液相量也少。在碱度一定的情况下，加入的 CaO 也相对较少，因此要大量发展铁酸盐体系较困难。

（3）烧结过程中生成的钙钛矿较多，而铁酸钙较少。钙钛矿是在高温（大于 1300℃）和还原性气氛下生成的，TiO_2 通过液相扩散与 CaO 生成 $CaO \cdot TiO_2$ ［见反应 (13-13)］，而且在温度高于 1250℃下，铁酸钙［见反应 (13-14)］被还原离解成 Fe_2O_3 和 CaO，CaO 浓度增大，更易和 TiO_2 生成性质稳定的 $CaO \cdot TiO_2$ ［见反应 (13-15)］。因此，钙钛矿与铁酸钙呈相互消长关系，并且钙钛矿比铁酸钙的生成趋势大得多。另外，钙钛矿熔点高达 1970℃，在冷却结晶过程中总是最先从熔体中析出，以固相形式分散于渣相和钛铁矿之间，削弱了渣相的胶结作用。钙钛矿韧性差、脆而硬，直接导致烧结矿强度下降。有研究认为，钙钛矿结晶析出早和熔点高，起不到黏结其他矿物的作用，因此不是黏结相。

$$CaO + TiO_2 =\!=\!= CaO \cdot TiO_2 \qquad\qquad \Delta G = -19100 - 0.8T \quad (13\text{-}13)$$
$$CaO + Fe_2O_3 =\!=\!= CaO \cdot Fe_2O_3 \qquad\qquad \Delta G = -1700 - 1.15T \quad (13\text{-}14)$$
$$CaO \cdot Fe_2O_3 + TiO_2 =\!=\!= CaO \cdot TiO_2 + Fe_2O_3 \qquad \Delta G = -17400 + 0.3T \quad (13\text{-}15)$$

（4）低温还原粉化率高。钒钛烧结矿的低温还原粉化率在 70%左右，而普通烧结矿仅为 30%左右。引起普通烧结矿低温还原粉化的主要原因是烧结矿中的 αFe_2O_3 还原成 Fe_3O_4 产生晶格变化、体积膨胀、内应力等。而引起钒钛烧结矿低温还原粉化的原因要复杂得多，主要是钒钛烧结矿中的钛赤铁矿含量（质量分数）通常在 40%左右，其中粗大的骸晶状赤铁矿占 50%左右，还原过程产生很大的内应力，并有部分钙钛矿分散于晶粒之间，黏结相少，矿物相及结构复杂，还原过程产生内力偏析，使烧结矿更容易粉化。

13.4.2 强化钒钛磁铁矿烧结的主要措施

根据钒钛磁铁矿的烧结特点，主要有以下强化措施：

（1）优化制粒参数、改进制粒工艺以提高制粒效率。有研究表明，混合料制粒介质会影响制粒效果，动力软水和 $CaCl_2$ 水溶液制粒效果最好，浊环水其次，新水最差。配加生石灰提高制粒效率，改善料层透气性等，烧结产量一般能提高 20%~35%，配加 5%的消石灰增产 8%，节约燃料 2.0kg/t，钒钛磁铁精矿混合料过湿层水分比原始混合料水分（体积分数）提高了 1.15%，制粒小球在烧结过程破坏减轻，提高生产率幅度为 11%~17%；攀钢钒钛磁铁精矿添加有机强化剂制粒的研究表明，黏结剂能在矿物表面产生化学吸附，降低了水在矿粉表面的接触角，但强化剂的用量应控制在 0.02%左右。另外有研究认为"小球烧结"工艺可显著改善钒钛烧结混合料制粒效果，具有显著提产降耗作用，采用松料器、高负压转子、安装压边机、打孔机等均可改善透气性。除此之外，调整制粒设备参数可优化钒钛磁铁矿制粒效果。

（2）采用润磨或高压辊磨预处理技术。润磨或高压辊磨可减小颗粒粒度，增大钒钛磁铁精矿表面活性，其制粒后混合料平均粒度增大、制粒小球形状系数提高，改善了混合料制粒效果及其透气性，从而提高烧结速度。研究表明高压辊磨效果优于润磨。

（3）采用超高碱度烧结。由于钒钛磁铁精矿熔点高，生成的液相量少，影响烧结矿产量、质量与冶金性能，提高碱度可克服这些缺陷。其主要原因是随着碱度的提高，烧结矿 CaO 含量增加，易与其他成分生成多元低熔点化合物，液相生成量增加，低硅高碱度烧结矿铁酸钙黏结相大量增加，钙钛矿减少，提高了烧结矿强度。而且大量使用生石灰还可以提高混合料制粒小球的成球率，提高烧结过程透气性，改善结晶条件，有效提高烧结成品率。

（4）使用硼化物、卤化物等添加剂。烧结料中配加少量 B_2O_3 后，烧结矿转鼓强度、成品率、利用系数均有提高。硼化物强化烧结的机理是 B^{3+} 离子半径小，带电荷多，活化能力很强，添加少量的能降低液相的熔点和黏度，可改善料层透气性，又有利于液相中的 CaO 向 Fe_2O_3 表面扩散，使得低熔点的铁酸钙和含硼硅酸盐相含量增多。某钢厂烧结矿表面喷洒卤化物稀溶液后，使其低温还原粉化率 $RDI_{+3.15}$ 大幅提高，使高炉冶炼增产降焦，获得了良好的经济效益。

（5）优化原料结构。钒钛磁铁精矿烧结通常需要配加普通富矿粉来降低烧结矿中 TiO_2 的含量，但由于普通富矿粉品种繁多，原料成分与粒度波动大，并且每种矿石的烧结性能差异大，必须加强原料混匀，并对烧结生产的原料结构合理优化，才能提高烧结矿质量稳定率和强度。

（6）采用复合造块工艺。表 12-6 中的对比结果显示，在相同的原料结构条件下（$R=$ 2.0，钒钛矿总配比 55%），采用复合造块工艺（50% 钒钛矿用于造球）可大幅提高钒钛烧结成品率、利用系数和转鼓强度，同时其低温还原粉化率提高了近 4%。将钒钛矿配比提高至 100%。并且采用复合造块法时，与常规烧结法且钒钛矿配比为 55% 时进行对比，烧结成品率提高近 10%，利用系数从 $1.38t/(m^2 \cdot h)$ 提高至 $1.45t/(m^2 \cdot h)$，烧结矿转鼓强度从 54.19% 提高至 63.44%，低温还原粉化率 $RDI_{+3.15}$ 从 60.84% 大幅提高至 85.01%。可见采用复合造块法可强化钒钛磁铁精矿的烧结。

习　题

13-1　简述锰矿粉烧结的特点与强化措施。

13-2　简述红土镍矿烧结的特点与强化措施。

13-3　简述铬铁矿烧结的特点与强化措施。

13-4　简述钒钛磁铁矿烧结的特点与强化措施。

14 烧结过程节能

14.1 降低烧结能源消耗的措施

在钢铁企业中，烧结是仅次于炼铁的第二能耗大户。烧结节约能源，降低能耗，对整个钢铁企业来说是很重要的，既是降低钢铁企业能耗指标的需要，也是降低钢铁生产成本的需要。

降低烧结能耗的措施是多方面的，主要包括工艺节能和设备节能。

14.1.1 工艺节能

工艺节能主要包括以下几方面：

（1）根据焦粉或煤粉的粒度及其含碳量以及原料情况，稳定烧结矿 FeO 的前提下，掌握好焦粉或煤粉的配入量。对稳定或降低固体燃耗的影响不可忽视。

（2）低温烧结。低温烧结是在较低温度（1250~1300℃）下，生产强度高，还原性好的针状铁酸钙作为主要黏结相（约占40%），并含有较高比例（约占40%）的还原性高的残留原矿（赤铁矿）的烧结矿的一种方法。因此，烧结矿的 FeO 含量低，所耗用的固体燃料少，同时点火温度也相应降低，煤气耗量也减少。但低温烧结必须在一定条件下才能进行（详见第13章），其条件是：1）掺入烧结的原料粒度有严格要求；2）烧结料应有良好的透气性以改善烧结过程的氧化气氛；3）控制好烧结矿的化学成分；4）严格控制烧结过程中的加热曲线。

（3）小球烧结。增加料层厚度的关键是要大幅度提高烧结料层的透气性。而小球烧结就能实现这个要求。通过延长混合机的制粒时间和添加生石灰或消石灰等黏结剂，强化烧结料的制粒作用，使其粒度组成达到大于 3mm 占90%以上，再加之提高烧结料的料温，就能很大程度地改善烧结料的透气性，使料层厚度能大幅度增加，而垂直烧结速度不会受到影响，确保了烧结台时产量和质量的提高，可以有效地降低固体燃耗和电耗。

（4）热风烧结。热风烧结是将热空气吹到烧结台车点火后的料面上，减轻了急冷造成的表面强度的降低，表面料层具有了较长的高温保持时间，有利于烧结反应进行。通常热风温度控制在250℃左右。实践表明，热风烧结可降低混合料中的配碳量，降低气氛的还原性，使 FeO 含量（质量分数）降低 2%~4%，烧结吨矿可节约固体燃料 6kg 左右。

（5）厚料层烧结。在抽风烧结过程中，烧结料层的自动蓄热作用随着料层高度的增加而加强。当料层高度为 180~220mm 时，蓄热量只占燃烧带热量总收入的 35%~45%；当料层厚度达到 400mm 时，蓄热量达 55%~60%；当料层达到 650mm 以上时，蓄热量更高。因此，提高料层厚度，采用厚料层烧结充分利用烧结过程的自动蓄热，可以降低烧结料中的固体燃料用量，提高节能效果。根据实际生产情况，料层每增加 10mm，燃料消耗可降低 1.5kg/t 左右。

（6）余热利用。按烧结矿生产量计，1t 烧结矿消耗的固体燃料（标准煤）为 50~55kg/t，消耗的点火煤气为 80~100MJ/t，烧结矿的总热耗为 1550~1750MJ/t。烧结过程中，实际热耗的有效利用率仅为 45% 左右，尚有 55% 的热耗以烟气和烧结矿的显热排入大气中。部分显热的热值总量为 850~950MJ/t，折合标准煤为 29~32kg 标准煤。如果采取一定的技术措施将这部分显热的 10%~30% 或者更大比例利用起来，对于烧结生产节能有着十分重要的意义。余热利用的有关知识详见 14.2 节。

14.1.2 设备节能

设备节能主要包括以下几方面：

（1）安装红外线水分控制系统，稳定烧结料水分。适宜而相对稳定的烧结料水分能为烧结过程热传递的相对稳定提供保证，可提高热能的利用率，不但有利于烧结过程的顺利进行，提高烧结矿的产量和质量，而且有利于降低燃料的消耗。安装水分测量控制系统、配备自动调节阀以实现给水量的自动控制，效果明显，烧结矿产量提高的同时，固体燃耗和煤气消耗下降。

（2）采用柔性密封等新技术，减少设备漏风率。烧结机系统的漏风主要是烧结机本体的漏风，包括台车与台车之间、台车与滑道之间、台车与烧结机首尾密封板之间以及风箱伸缩节、双层卸灰阀、抽风系统的管道及电除尘器的漏风等。有害漏风直接影响主抽风机能力的发挥和烧结机生产能力的提高。降低烧结机抽风系统的漏风，不但能提高产量，而且能降低烧结工序的能耗。生产实践表明，烧结台车和首尾风箱（密封板）、台车与滑道，台车与台车之间的漏风，占烧结机总漏风量的 80%。因此，采用柔性密封新技术等改进台车与滑道之间的密封形式，特别是首尾风箱端部的密封结构形式，可以显著减少有害漏风，增加通过料层的有效风量，提高产量，节约电能。

（3）采用新型节能点火器。高效低燃耗点火器的特点是：采用集中火焰直接点火技术，缩短点火器长度，降低炉膛高度（400~500mm）。点火器容积缩小，热损失减少，降低点火风箱的负压，避免吸入冷空气，使台车宽度方向的温度分布更均匀。目前国内大型烧结机以双斜式点火炉为主，点火煤气消耗降低到 0.055GJ/t。

（4）烧结设备大型化。烧结设备大型化是技术发展趋势，随着高炉技术发展，高炉向大型化发展，从经济合理配置的角度，大型高炉必须配置大型烧结设备。烧结设备大型化使得单机产量明显提高，热量散失比例小，漏风率低，烧结矿质量和综合技术经济指标获得显著改善，数据表明，一台 500m² 烧结机比两台 250m² 烧结机节能 20%。

14.2 烧结过程余热利用

随着现代工业的迅猛发展，能源危机日趋严重，自 20 世纪 70 年代以来，降低生产中的能源消耗，回收生产中的余热，已越来越引起世界各国的重视。

烧结过程中的能源消耗占钢铁企业总能耗的 10% 左右，在可供利用的余热中仅冷却机废气及烧结烟气的显热约占烧结全部热支出的 50%，充分回收利用这些烧结余热，是开辟新能源和烧结节能的重要途径及发展趋势。

14.2.1 烧结余热的产生

烧结生产中，从煤气点火开始，烧结机上的混合料中的焦粉在抽风的作用下开始燃烧，放出热量。焦粉周围的物料形成融熔液相而互相黏结在一起烧成烧结矿。随着空气不断通过料层进入烟道，烧结矿中碳燃烧的部分热量也被抽入烟道，烟道中的废气温度大约在 60~450℃。烧结机烟道烟气显热主要集中在烧结机机尾后面几个风箱处，烟气最高可达 400℃以上。烧结机后几个风箱的热烟气不仅温度高，含氧量也高。机尾几个风箱的烟气，温度可达 300~520℃，而烧结机风箱烟气平均温度一般不超过 150℃，所含显热占烧结总热量的 20%左右。

烧结过程结束后，烧结饼由机尾卸下。从机尾卸出的烧结饼平均温度为 500~800℃，经冷却后烧结矿温度降到 150℃以下。冷却过程中，空气将烧结矿的热量带走，产生了高温的热废气。冷却机烟气显热主要集中在冷却机头部。随着烧结设备的大型化和现代化，冷却机主要采用鼓风式冷却，通常将冷却段分为 5 个区域，有回收价值的集中在前 3 个鼓风段。冷却机烟气温度在 100~400℃之间变化，其显热约占烧结总热量的 30%左右。

冷却机废气和烧结机烟气的显热构成了烧结余热利用的最大热源，回收这两部分热量是烧结工序节能的一个重要环节。图 14-1 是烧结机烟气和冷却机烟气温度分布示意图。此外，热返矿中的热量及点火后烧结机料层表面辐射热也可回收利用。

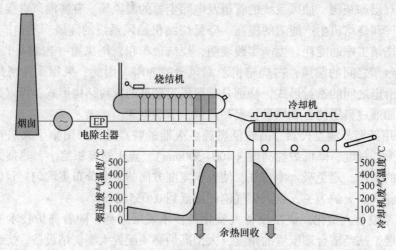

图 14-1 烧结过程热烟气温度分布

在以上几部分可供利用的余热中，随工艺及技术装备水平不同而异，每部分所占比例并不相同。根据烧结热平衡测试，采用环形冷却机冷却的烧结矿，热返矿所含热量占总热支出的 10%，烧结烟气占 20%，冷却废气占 30%左右。

14.2.2 余热利用技术

14.2.2.1 热返矿余热的利用

早期设计的烧结机，一般都有热返矿系统。其流程是将配合料系统通过机尾固定筛下，机尾固定筛筛下的热返矿卸到混合料上。热返矿运输采用的另一方式是链板输送，即热返矿由热筛筛出后，经链板输出，送到热返槽中贮存，然后下到配合料皮带上。

热返矿铺到混合料上并进入混合机后，与混合料充分混匀，进行热交换，提高混合料温度，一般而言，通过热返矿预热，混合料温度可提高20~30℃，对消除过湿层，提高透气性，提高烧结利用系数起到了一定的作用。根据测定，混合料温度每提高10℃，利用系数就可提高2%~4%；固体燃料消耗可降低2%~4%。

热返矿预热混合料热效率较高，但热返矿系统有如下缺点：

（1）如果采用链板运输，由于链板的速度慢，热散失较严重，据测定，采用链板运输热返矿，温度大约降低100℃左右。如果热返矿直接铺到配合料上，则配合料工艺流程必须通过机尾下面，增加了工艺流程的复杂性。

（2）热返矿系统的另一缺点是污染环境，设备作业条件恶劣，设备寿命短，设备维修困难。

由于以上缺点，在20世纪80年代以后设计新建的大型烧结机中，多数不再采用热返矿工艺流程，而是通过烧结矿冷却系统的余热回收产生的蒸汽来预热混合料。

14.2.2.2 烟道废气余热的利用

烟道废气余热的利用从20世纪70年代中期开始研究，80年代初在日本钢铁企业开始推广应用。烟道废气余热的回收主要利用烟道后部风箱中产生的高温废气。日本某厂2号烧结机，回收烟道余热产生的蒸汽量达22~28t/h，相当于回收热量100~117MJ/t。

烧结烟气余热利用一般均采用余热锅炉的回收方法，分为开路回收流程和闭路循环回收流程。开路回收流程，余热锅炉的排气送到烧结机的除尘管中，烟气显热没有得到充分利用，闭路循环烟气经余热锅炉后返回至烧结料面，作为烧结用热风。开路循环一般采用在非机冷式的烧结机上，主要原因是废气中含氧量不足，而闭路循环一般采用在机冷式烧结工艺上。烟道废气余热回收工艺流程如图14-2所示。

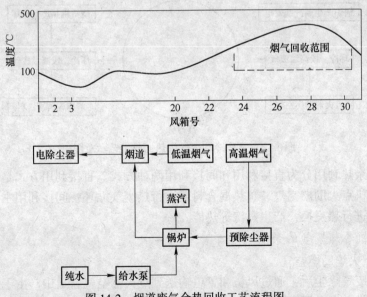

图14-2 烟道废气余热回收工艺流程图

烟道废气余热利用的效果取决于烟道废气流量、烟道废气温度及换热设备的换热效率。当换热设备及主抽风机选定后，废气流量及换热效率就确定了。影响余热利用效果的关键就在于烟道废气温度的高低。烟道废气温度与料层高度、配碳量及操作制度关系很大，当烟道废气温度低时，可利用的余热就较小，如烟道废气温度过分降低，还将会造成风机转子挂泥。

回收烟道废气余热应注意以下两个问题：

（1）最后一个风箱上要设置旁通管，当此风箱因漏风或操作等原因造成温度低时，把该风箱中的废气经旁通管抽入大烟道，以保证废气的温度。

（2）为保证机头电除尘及相应管道不被废气中的 SO_2 所腐蚀，必须保证主抽风机入口废气温度不低于110℃。

烟道废气余热利用的另一种方法是采用热管技术，将水预热器、热管的受热段、蒸汽过热器等都放在烟道内，烟道内气流所受的阻力不大，对烧结机的烧结过程影响也很小，其流程如图14-3。

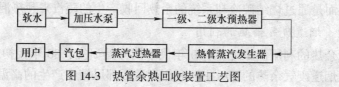

图14-3　热管余热回收装置工艺图

14.2.2.3　冷却废气余热的利用

目前国内烧结矿机外冷却的方式主要有带冷和环冷两种（抽风、鼓风），其废气温度范围一般在60~500℃左右，环冷余热回收系统一般将冷却一段用作烧结点火预热、余热锅炉产生蒸汽或再用于发电。环冷二段一般用作解冻或热废气循环等，其工艺流程如图14-4所示。

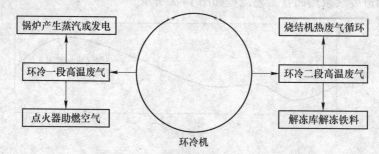

图14-4　环冷冷却废气余热回收工艺示意图

冷却废气余热利用分为直接利用和间接利用两种方式。直接利用方式是指将冷却废气直接用作烧结机点火助燃空气、预热混合料或进行热废气循环；间接利用主要是指利用换热器等与废气进行热交换，产生蒸汽等热能。

A　环冷机冷却废气的余热利用

a　用作点火炉助燃空气

将冷却机废气除尘后，通过风机和管道输送到点火器空气管道中。由于高温冷却废气作为助燃空气带入点火器内的热量，在点火器内得到了充分的利用，不再变成废气的显热从炉内排出。而向炉内送入同量的点火燃料时，随着燃料量增加，相应烟气量也增加，一部分热量被带走，只有部分热量在点火器中得到充分利用。因此，其节约的燃料量将超过与回收的废气热量所相当的燃料量，节能效果显著，一般可节约燃料10%以上。国内宝钢、武钢四烧等烧结机均采用了此种方式回收环冷机的冷却废气余热。

b 用作余热锅炉

环冷机余热废气用作余热锅炉热源，一般使用一段冷却废气，废气温度一般在 300~500℃。通常采用闭路循环流程，即送入废气经余热锅炉换热后重新回到环冷机冷却烧结矿。采用余热锅炉回收冷却废气，热效率高。某烧结厂 2004 年回收冷却机鼓风一段、二段余热，采用单压锅炉产汽发电，开创了国内烧结余热回收发电的先河，随后国内烧结行业余热发电接踵而来。某烧结总厂的两台 265m² 烧结机，各采用一台 280m² 的环冷机冷却烧结矿，每台烧结机安装了一台余热锅炉，设计进气温度 350℃、风量（标准状态）214000m³/h、回收热量 139MJ/t 烧结矿，每台余热锅炉产生蒸汽约 16t/h。

近年不少厂家采用了热管式余热回收装置回收环冷机余热，其工艺原理与图 14-3 相同。热管式余热回收装置的优点是传热性能较好，结构紧凑，热量传输过程不需任何外动力。其不足之处是没有除尘设备，换热器上的积灰只能在检修时清扫，降低了换热能力。余热回收采用开路流程，余热回收率低。

c 热废气循环烧结工艺

热废气循环烧结的原理是将环冷机产生的高温废气引至烧结机，替代烧结过程中抽入的自然空气。其利用的方式是：将冷却一段或二段的高温废气直接引至烧结机或将一段废气经余热锅炉后引至烧结机，送入烧结机上安装的热废气循环保温罩。

引入烧结机的环冷废气的温度一般在 200~500℃，其主要优点如下：

（1）提高表层烧结矿的强度。由于采用热风后避免了表层烧结矿急速冷却，促进了 FeO 的再氧化，减少了内应力的形成，使表层烧结矿的强度提高。

（2）改善烧结矿的矿相结构，提高成品率。采用热风后，高温燃烧带加宽，高温保持时间长，烧结矿中铁酸钙含量（质量分数）增加约 5%，烧结矿的强度提高，小于 5mm 粒度减少，烧结矿成品率提高。

（3）降低固体燃料消耗。

据某钢厂 3 号 360m² 烧结机进行热风烧结对比测试，烧结矿转鼓指数提高约 1.5%。某钢厂烧结厂 1 号 265m² 烧结机采用热风烧结后，烧结矿成品率提高 1.42%，转鼓指数提高 3.6%，每吨烧结矿干焦粉消耗量减少 8.71kg。

B 带冷机的冷却余热利用

带冷机冷却原理和余热利用方式与环冷基本一致。某钢厂三烧车间 4 台 90m² 烧结机于 1997 年由热矿改为冷矿生产时，采用了鼓风带冷机冷却方式。同时在 1 号、4 号带冷机上安装了由鞍山热能研究所研究制造的翅片管式余热锅炉。其工作原理为：20℃ 的软水首先进入省煤器，经平均为 300℃ 的烟气加热后达到 120℃ 进入汽包。然后，汽包内水流进入下降管，平均温度为 350℃ 的烟气加热后变成饱和蒸汽由上升管进入汽包，再经过热器使饱和蒸汽转变成干蒸汽后并网。其工艺流程图如图 14-3 所示。

翅片管式余热锅炉有以下特点：

（1）传热方面。其传热是热空气通过管壁直接传导给饱和水，不同于热管的传至热端—传至冷端—传至饱和水。

（2）结构方面。其构成包括若干个联箱，每一个联箱组单独进出汽包，形成了简单的自然循环回路。

（3）热稳定性及可靠性方面。对废气温度适应范围广，废气温度高时也不会出现爆管现象。

（4）检修及维护方便。

（5）设备投资较少。

与热管式余热回收装置相同，翅片管式热回收装置也存在没有除尘设备的缺点，换热器上的积灰只能在检修时清扫，降低了换热能力；余热回收采用开路流程，余热回收率低。

某钢厂三烧改造后该锅炉运行稳定，产汽能力平均达 4t/h，最高时达到 6t/h，蒸汽压力为 4MPa，过热蒸汽温度为 220℃。

14.2.2.4　点火后料面辐射热的利用

烧结料层离开点火器后可向外放热，在长约 8m 的区段内，烧结料表面温度一般可从 1100℃ 降到 300℃，损失热量约 3.77GJ/h，该热量的 75%（2.83GJ/h）是在点火后的 3m 段中损失的，这段距离中的表面温度从 1100℃ 降到 600℃。在点火器后安装三段式换热器，余热回收装置的热容量为 3.35GJ/h，供热量为 7.34~9.34GJ/m²，其热交换的方式为料层表面产生的辐射热被换热板的端部吸收后，进行传导传热，最后再将热传递给换热板之间的空气，再由空气返回。料层资料显示，换热器中的空气温度可达 300~400℃，采用此装置可节省固体燃料 2.56%，约 1.5kg/t。

14.2.3　我国余热利用发展趋势

对于整个钢铁厂的余热利用，有些钢铁企业已建立了企业的能源管理中心（如武钢、攀钢等）。企业能源中心的建立有利于全公司余热资源的统一调配，如宝钢等企业将烧结余热回收产生的过热蒸汽或饱和蒸汽供给自备电厂或附近的高炉煤气电站用于发电，将系统产生的低压饱和蒸汽供给厂区低压蒸汽管网，参与全公司蒸汽平衡。该模式将成为今后烧结余热利用的指导范例。

在国内能源资源日益紧张的严峻形势下，根据国家产业政策加强高耗能产业的节能工作，淘汰落后产能，实行企业节能技术改造项目"以奖代补"新机制，将促进更多的钢铁企业淘汰效率低下的产蒸汽设备，新上高校的换热设备，在满足工艺用热的前提下建设余热发电系统。

同时，国内各研究机构积极开发新型的烧结冷却装置及余热回收系统，如竖罐式冷却及余热回收利用系统，其工艺流程如图 14-5 所示。竖式冷却工艺核心目标是在对烧结矿冷却时实现烧结矿显热的高效回收，同时规避环冷、带冷等传统冷却工艺密封困难、扬尘、散热损失严重等缺点。

烧结矿余热回收竖炉的本质是一种气固逆流式移动床，热烧结矿在竖罐内下移过程中与逆流而来的冷风进行热交换而被冷却，冷风吸收烧结矿的热量而达到回收余热的目的。

竖罐式冷却技术与环冷机相比具有废气温度高、余热回收率高、吨矿发电高和环境友好等优势。但由于是新开发技术，其工业化应用还存在较大的问题。2013 年某钢厂一台 152m² 步进式烧结机后增加一套竖式冷却装置，工程投产后一直不能正常运行，经过十几次的大修改造后才基本正常，设备作业率基本满足生产要求，吨矿发电指标达到 27kW·h 以上。但因原设计在布料、排料、塔体等方面存在较大的问题，还存在排料温度高、废气

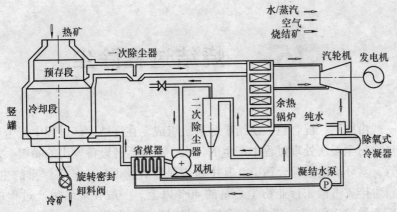

图 14-5　烧结余热竖罐式回收与利用的工艺流程图

温度偏低、局部炉衬磨损比较严重等问题。某设备公司几乎完全按干熄焦技术于 2014 年在某钢厂一台 360m² 烧结机环冷机旁建立了一套竖式冷却装置，但因塔体结构及参数存在较大问题，排矿温度远远超高等一系列问题，一直未能正常投产，至今还在大修改造中。某公司于 2014 年成立了竖式冷却技术与装备研发项目部，通过大量的实验研究、仿真研究，最终摸清了搞好烧结矿竖式冷却的关键因素，并开发出一套技术指标先进、装备可靠的烧结矿竖式冷却技术及装备。

习　题

14-1　简述降低烧结过程能耗的措施。
14-2　简述烧结余热利用技术及其应用。

15　烧结过程除尘

　　烧结厂一般由原料、混合料、烧结矿等系统组成。在烧结生产过程中产生和散发的烟尘及有害废气、粉尘湿法处理过程中产生的污水、高速运转设备发出的噪声、复合流程中分出的废渣等，对环境造成综合污染。其中粉尘是量大、面广、危害严重的主要污染物。烧结工序的粉尘排放占钢铁行业粉尘总量的40%以上。一般在烧结生产过程中产生的粉尘量占烧结矿产量的3%左右。为防止污染、保护环境，必须采取有效的除尘措施对烧结粉尘加以治理。

　　烧结除尘一般分烧结工艺废气除尘和环境除尘两大部分。前者是指通过烧结机台车下的真空箱、导气管、降尘管由主抽风机排出的废气除尘。其产生的废气量按每平方米烧结机面积取 $4500 \sim 6000 m^3/h$；废气含尘浓度按有铺底料和无铺底料工艺不同波动在 $0.5 \sim 6g/m^2$ 范围；废气温度为 $150 \sim 180℃$。工艺废气除尘除保护环境外也可提高主抽风机的使用寿命。后者是指对烧结工艺的原料、混合料、烧结矿各系统为保护环境所采取的粉尘治理措施。烧结原料系统的尘源多而分散，含尘气体为常温，气体含尘浓度为 $2 \sim 5g/m^3$，粉尘种类较多，有含铁原料、燃料、熔剂等。其主要尘源为熔剂破碎加工用的锤式破碎机或反击式破碎机生产时所产生的大量粉尘；混合料系统多数因加入热返矿而造成尘气共生，含尘气体温度为 $60 \sim 80℃$，气体含尘浓度为 $5 \sim 10g/m^3$；烧结矿系统为成品烧结矿在破碎、筛分、装卸过程中产生大量粉尘，其废气温度为 $80 \sim 150℃$，废气含尘浓度为 $8 \sim 20g/m^3$，粉尘分散度 $40\mu m$ 的占很大比例，粉尘具有棱角并具有较强的磨蚀性。

　　搞好烧结除尘应采取改革烧结工艺、严格密闭尘源、充分利用湿法防尘、设置有效的机械除尘系统、加强维护管理等综合技术措施。

　　多年来，烧结除尘技术是随烧结工艺技术发展而发展起来的。除尘系统从小型分散到大型集中；除尘装置从简单机械式到高效静电式；粉尘处理从伴随工艺流程循环到集中统一回收利用。总之是从小到大，从简单低效率到高效率，从单一除尘到全面综合治理。目前烧结除尘技术已发展到一个新的水平。

15.1　烧结烟气粉尘特性

　　烧结烟气粉尘特性如下：

　　（1）由于漏风率高（40%~50%）和固体料循环率高，有相当一部分空气没有通过烧结料层，使烧结烟气量大大增加，每产生1t烧结矿大约产生 $4000 \sim 6000 m^3$ 烟气。

　　（2）烟气温度较高，随工艺操作状况的变化，烟气温度一般在 $120 \sim 180℃$。

　　（3）烟气携带粉尘多。粉尘主要由金属、金属氧化物或不完全燃烧物质等组成，一般浓度达 $10g/m^3$（标准状态），平均粒径为 $13 \sim 35\mu m$。部分粉尘有回收利用价值。烧结粉尘含有全铁量（质量分数）一般在 30%~50% 左右，回收后可以作为烧结原料，重新参与配料。

（4）烧结机机头烟气含湿量大。水分含量（体积分数）在 10% 左右。

（5）含有腐蚀性气体。高炉煤气点火及混合料的烧结成型过程，均产生一定量的氯化氢（HCl）、硫氧化物（SO_x）、氮氧化物（NO_x）、氟化氢（HF）等。

（6）CO 含量较高。

（7）含 SO_2 浓度较低，根据原料和燃料差异而变化，一般在 1000~3000mg/m³（标准状态）。

（8）含有重金属污染物。

（9）含二噁英类污染物，目前钢铁行业的二噁英排放居世界第 2 位，仅次于垃圾焚烧行业。

15.2　烧结除尘技术

15.2.1　除尘技术的发展

我国烧结厂经过多年的摸索和发展，已经基本上实现了因地制宜采用分散式除尘系统、大型集中化除尘系统、防风抑尘等技术治理烧结粉尘。一些重点钢铁企业烧结厂的废气减排治理技术已经达到了国际水平，具体表现在以下几个方面：

（1）从局部治理到整体治理。随着环境保护要求的提高，烧结厂已经由治理主要尘源点发展到治理生产流程中的各个尘源，从最初为了保护主抽风机而设置的机头多管旋风除尘器到环境除尘（机尾、整粒、配料除尘等）、大面积使用静电除尘器、袋式除尘器，从治理机头、机尾烟气发展到在堆场、料场建设防风抑尘装置，烧结除尘减排治理扩展到烧结的全流程。

（2）改革生产工艺流程。烧结厂使用了铺底料、厚料层烧结和棒条筛工艺等，提高了烧结矿的产量和质量，减少了粉尘散发量，从而减轻了除尘系统的粉尘负荷，为治理废气创造了良好条件。

（3）除尘装备水平和效果普遍提高。从最初的低效旋风、多管除尘器、水雾除尘器到高效的静电除尘器、袋式除尘器，除尘效率显著提高。电除尘器供电设备由机械整流机组发展到高压硅整流机组，供电自动控制水平明显提高，脉冲供电、高频电源等已经开始应用，除尘装备水平普遍提高。

（4）应用集中控制和自动监测装置。电除尘器、袋式除尘器和大型集中除尘系统由最初的现场分散控制到烧结机控制室集中控制，便实现与烧结生产 100% 同步运行。随着国家环保要求的提高和监管的需要，国内重点钢铁企业烧结厂的除尘装置均纳入了污染源在线监测系统，提高了除尘装置的运行效率。

15.2.2　烧结原料准备系统除尘

烧结原料准备工艺过程中，在原料的造堆、混合、破碎、筛分、运输和配料的各个工艺设备点都产生大量的粉尘，如：原料场的堆、取料机的扬尘点；翻车机室、板式矿槽的受料、卸料点及矿槽下给料机、皮带机受料点；燃料、熔剂破碎筛分室各种破碎机的产尘点，振动筛产尘点及皮带机受料点、卸料点；配料室移动可逆皮带机或移动小车的受料点，移动可逆皮带机或移动小车向矿槽卸料点及矿槽经过圆盘给料机向皮带机上的卸料点。

15.2.2.1　产尘特点

产尘特点如下：

（1）废气成分和空气成分相同，粉尘成分同原料成分一致。

（2）废气温度为常温。

（3）含尘浓度受天气变化和物料的含水率影响。当天干物燥时，物料转运和筛分过程中产生的废气含尘浓度达 $500 \sim 3000 mg/m^3$，翻车和破碎过程中产生的废气含尘浓度达到 $4000 \sim 5000 mg/m^3$；当天气潮湿或者物料湿度大时，废气含尘浓度明显降低。

（4）露天作业的开放性尘源多，原料场的堆料机、取料机等均为露天作业，无法密闭，难以设置大型除尘系统。

（5）阵发性尘源多。翻车机和板式矿槽在车厢卸料时产生阵发性粉尘，加之车皮需要进出，难以实现有效的密闭，因此需要设置大容量的除尘系统。

15.2.2.2　原料准备系统除尘

原料准备系统除尘，可采用湿法和干法除尘工艺。对原料场，由于堆取料机露天作业，扬尘点无法密闭，不能采用机械除尘装置，可采用湿法除尘加防风抑尘装置，即在产尘点喷水雾以捕集部分粉尘和使物料增湿抵制粉尘的飞扬，同时在堆场周边设置防风抑尘装置，减少空气流动引起的二次扬尘。对物料的破碎、筛分和胶带机转运点，设置密闭和抽风除尘系统。除尘系统可采用分散式或集中式。分散式除尘系统的除尘设备可采用冲激式除尘器、泡沫除尘器和单点袋式除尘器等。集中式系统可集中控制几十个乃至近百个吸尘点，并设置大型高效除尘设备，如电除尘器或者袋式除尘器等，除尘效率高。

15.2.3　烧结机烟气除尘

烧结机烟气除尘也就是烧结机机头除尘，烧结抽风生产的特点决定了烧结主抽风机是高负压、大风量的，经过主抽风机排出的烟气绝对含尘量占整个烧结工序所产生总粉尘量的比例较高。烧结机机头烟气中水分含量较高，当烟气温度低于露点时会对主抽风机产生腐蚀。目前大多数烧结厂采用铺底料系统降低烟气的含水率和烟气含尘量，实际生产中的烟气温度控制在 $110 \sim 150℃$。

目前绝大多数大中型烧结机均采用电除尘器除尘，一般采用三电场，可以满足排放浓度小于 $100 mg/m^3$ 的基本要求，但很难稳定达到粉尘排放浓度小于 $50 mg/m^3$ 的要求。根据国外的经验，机头电除尘器必须设置 4 个以下的电场方能满足标准排放浓度的要求，国内新建烧结机机头除尘器开始设置 4 电场及较低的电场风速。

15.2.4　烧结机尾烟气除尘

烧结机尾部除尘主要是热烧结饼从烧结机台车上卸料并经过单辊破碎机破碎、装入冷却机等过程中产生的粉尘。烧结机机尾产生的含尘废气温度一般在 $80 \sim 200℃$，含尘浓度

在 $5\sim15g/m^3$。机尾含尘气体回收量大，TFe 含量高，有较高的回收价值。

烧结机尾部含尘废气的除尘选用干法除尘中的静电除尘器，这样可以避免湿法除尘带来的污水污染，同时也有利于粉尘的回收利用。烧结机尾除尘大多采用大型集中除尘系统。机尾可采用大容量密闭罩，密闭罩向烧结机方向延长，将最末几个风箱上部的台车全部密闭，利用风箱的抽力，通过台车料层抽取密闭罩内的含尘废气，以降低机尾除尘抽气量。

目前烧结机机尾除尘采用静电除尘器已很难满足环保要求。随着袋式除尘器各种新型滤料的不断出现，常规的袋式除尘器已可耐250℃左右的高温，加上袋式除尘器除尘效率高，特别是不限制高比电阻粉尘的捕集，因此已有越来越多的烧结厂在烧结机尾除尘方面采用袋式除尘器取代电除尘器或串联电除尘器（布袋除尘器）来满足新的排放标准。当机尾烟气温度高时，可并入常温除尘点烟气，来降低机尾除尘烟气温度，进口管道上还可设置冷风阀，此时可考虑使用常温滤料，降低工程和运行费用。

15.2.5 整粒系统除尘

整粒系统的扬尘包括固定筛、齿辊破碎机、振动筛以及附近的胶带运输机等扬尘点，粉尘产生量大、粒度细且干燥，因此除尘抽风点多、风量大，一般需要设置专门的整粒除尘系统。系统设置应采取集中除尘系统，根据整粒系统粉尘的特性和实际生产情况，一般采用高效大风量袋式除尘器或电除尘器。受新的排放标准的限制，更适宜采用袋式除尘器。

15.2.6 配料室除尘

烧结工序使用的各种含铁原料、熔剂和燃料一般都集中在配料室参加配料，物料在由给料设备落下至电子皮带秤或者配料皮带的过程中，因为落差产生大量的扬尘，加上配料室空气湿度大，因此必须选择合适的通风除尘设备。目前配料室一般采用一个单独的除尘系统，可以选择电除尘器或者袋式除尘器。

15.3　烧结粉尘资源化应用

烧结过程中粉尘的产生量约占烧结矿总量的 1%~2%，烧结除尘灰产量巨大。因此，烧结除灰的无害化处理和资源化综合利用具有重要的环境意义和经济效益。

我国钢铁工业规模庞大，不同钢铁厂烧结配料不同，产生的烧结除尘灰成分也不尽相同，但基本类似，见表 15-1，3 项主要除尘灰中，机头除尘灰从一电场到三电场全铁含量逐渐降低，有害元素 Pb、K、Na 的含量则逐渐增加，尤其是二电场和三电场除尘灰中 K 含量非常高。目前，国内烧结机头大部分以电除尘为主，电场数量从 3~5 个不等，但电场除尘灰中 K、Na 等有害元素含量的规律是越往后越高。烧结机尾除尘灰与环境除尘灰中有害杂质含量较少，全铁含量较高。研究表明，烧结机头除尘灰的 K、Na 多以 KCl、NaCl 的形式存在；此外，很多厂家的烧结除尘灰（尤其是机头除尘灰）中还含有 Cu、Pb 等元素。

表 15-1　烧结除尘灰的化学成分 （质量分数/%）

固废名称	TFe	SiO_2	CaO	MgO	Al_2O_3	PbO	Na_2O	K_2O	S
机头一电场	43.98	4.80	7.08	1.97	1.46	1.06	1.87	8.25	1.09
机头二电场	25.13	3.04	3.86	1.37	1.46	2.71	1.80	17.00	1.27
机头三电场	13.54	2.00	4.42	1.62	1.37	3.56	3.23	18.95	1.21
机尾除尘灰	49.14	6.91	15.20	3.40	3.46	0.016	<0.10	0.40	0.45
环境除尘灰	51.16	7.10	15.18	3.63	3.69	0.008	<0.10	0.24	0.11

15.3.1　烧结除尘灰中铁的利用

烧结除尘中含铁量较高，长期以来主要是返回烧结配料，回收利用其中的铁。传统的方法是"小球团烧结工艺"预处理，但有较大的负面效应：烧结矿产生"花脸"，夹生；除尘灰引起"二次扬尘"影响作业环境；除尘效率低等。除尘灰直接返回烧结配料循环利用的方式简单，铁利用率高，但存在的问题是有害元素循环富集。如表 15-1 中机头三电场除尘灰，铁含量低，有害元素含量高，返回烧结循环利用，导致其中的碱金属、重金属等有害元素无法离开烧结工序，造成循环富集，以致烧结矿中有害元素含量过高，进入高炉后造成一系列危害。因此，有厂家现在的处理方法是：采用浮选-重选工艺将烧结除尘灰中的铁氧化物选出来，然后再返回烧结或球团工序，有害元素则富集到尾矿中用作建筑材料。

15.3.2　制备肥料

鉴于烧结除尘灰（尤其是机头除尘灰）中钾含量较高，而我国又是一个钾资源匮乏的国家，有研究提出，采用烧结除尘灰制备钾肥。实验表明，采用烧结机头除尘灰制备农用硫酸钾和（K,NH_4）SO_4+（K,NH_4）Cl 混合结晶等产品在工艺上是可行的，除尘灰中钾元素的脱除率和钾资源的回收利用率均在 92% 以上，所制得的硫酸钾产品质量可以达到《农业用硫酸钾》（GB 20406—2006）标准中农用硫酸钾合格指标要求。并且，还可以进一步与优等品磷肥（P_2O_5）进行复配，生产高钾、含氯的高浓度 N+P_2O_5+K_2O 复合肥。

15.3.3　制取氯化铅

烧结原料中，一些铁矿石和厂内循环物料中含有铅。铅会随烟气进入烧结机头除尘系统中。研究表明，烧结机头除尘灰中铅的存在形式有 $PbCl_2$、$Pb_4Cl_2O_4$、PbO。可以回收利用其中的铅。通过加入盐酸和氯化钠混合溶液，通过氯化浸提方式回收其中的氯化铅。研究表明：结合烧结除尘灰制备钾肥的工艺，分别提取其中的钾与铅，达到综合利用的目的，将获得更好的经济效益。

习　题

15-1　简述烧结烟气粉尘的特点。

15-2　简述烧结粉尘资源化应用的途径与特点。

16 烧结过程减排

烧结机排放的 SO_2、NO_x、二噁英，分别占其钢铁企业排放总量的 85%、50%、90% 以上。SO_2 排放浓度较高，一般为 $400\sim1500mg/m^3$（其中某钢厂 $4000\sim8000mg/m^3$），二噁英一般为 $3\sim5ng\text{-}TEQ/m^3$，烧结烟气 NO_x 排放浓度相对较低（部分在 $200\sim310mg/m^3$）。2012 年，国家环保部颁布了《钢铁烧结、球团工业大气污染物排放标准》（GB 28662—2012），见表 16-1，规定新建烧结机烟气 SO_2 的排放限值为 $200mg/m^3$，其中京津冀、长三角和珠三角等大气污染物特别排放限值地域，执行更加严格的标准，烧结 SO_2 的排放限值为 $180mg/m^3$。2017 年 6 月 13 日，国家环保部发布了《关于发布〈钢铁烧结、球团工业大气污染物排放标准〉等 20 项国家污染物排放标准修改单（征求意见稿）意见的函》，其中修改了《钢铁烧结、球团工业大气污染物排放标准》（GB 28662—2012）大气污染物特别排放限值，增加 4.9 条为：烧结和球团焙烧烟气基准含氧量为 16%。实测焙烧烟气的大气污染物排放浓度，应换算为基准含氧量条件下的排放浓度，并以此作为判定排放是否达标的依据。增加 "4.10 无组织排放控制措施"。

表 16-1　《钢铁烧结、球团工业大气污染物排放标准》（GB 28662—2012）（mg/m^3，二噁英类除外）

生产工序或设施	污染物项目	排放浓度限值	特别排放限值	特别排放限值（修改值）
烧结机球团焙烧设备	颗粒物	50	40	20
	二氧化硫	200	180	50
	氮氧化物（以 NO_2 计）	300	300	100
	氟化物（以 F 计）	4.0	4.0	4.0
	二噁英类（$ng\text{-}TEQ/m^3$）	0.5	0.5	
烧结机机尾带式焙烧机机尾	颗粒物	30	20	20
执行时间		2012.10.1 新建企业执行 2015.1.1 现有企业执行		2017.10.1 起

16.1　烧结过程脱硫

16.1.1　烧结过程 SO_2 的排放

目前，钢铁企业的 SO_2 排放量位居全国工业 SO_2 总排放量的第二位，约占 11%，排放量约为 150 万~180 万吨/年，仅次于煤炭发电。钢铁生产企业 SO_2 排放主要来源于烧结、炼焦和动力生产。烧结工序外排 SO_2 占钢铁生产总排放量的 60% 以上，是钢铁生产过程中

SO_2 的主要来源。

烧结过程中，SO_2 的浓度随烟气位置的不同而变化，烧结机机头和尾部烟气 SO_2 浓度低，中部烟气 SO_2 浓度高。如图 16-1 所示为某钢铁厂烧结机所测结果。SO_2 的排放特征与其再吸收和释放密切相关。SO_2 的再吸收与烧结机的湿润带相对应，在烧结初期，由于烧结原料中碱性熔剂（生石灰 CaO）、弱酸盐 [石灰石 $CaCO_3$、白云石 $CaMg(CO_3)_2$、菱镁石 $MgCO_3$] 和液态水的存在，大部分 SO_2 被吸收，其排放浓度较低。随着烧结过程的推进，烧结原料的吸收能力和容纳能力逐步降低，同时，在湿润带生成的不稳定的亚硫酸盐在通过干燥预热带时会发生分解，再次释放出 SO_2，造成 SO_2 排放浓度较高。在干燥预热带和燃烧带，有 90% 以上的硫化物被氧化为 SO_2 而释放，有 85% 左右的硫酸盐发生热分解，在烧结机尾部以烧结矿层为主，SO_2 的排放浓度较低。

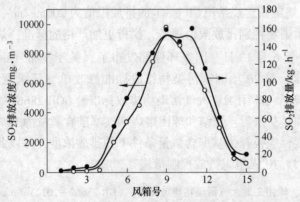

图 16-1　某钢铁厂 180m² 烧结机烟气参数随风箱位置的变化

根据各风箱 SO_2 排放浓度及排放量的特点，部分企业采用了选择性烟气脱硫工艺，或者称为半烟气脱硫，仅将排放浓度较高的风箱中烟气引出脱硫，而排放浓度较低的风箱烟气不经脱硫，只经单独电除尘净化后排入大气。与此不同，全烟气脱硫是指所有的烧结烟气全部经过脱硫装置，在烧结机主抽风机后安装烟气脱硫装置。

16.1.2　SO_2 控制技术

烧结工序 SO_2 排放控制主要有 3 种方法，即烧结原料控制、烧结过程控制和烧结烟气脱硫，其中烧结烟气脱硫被认为是控制 SO_2 污染最实际可行的方法。

烟气脱硫技术，按脱硫过程是否加水和脱硫产物的干湿形态，基本可以分为 3 类，即湿法、半干法和干法，如图 16-2 所示。从国外烧结烟气脱硫技术的发展趋势来看，湿法向干法转变以及单一脱硫向多组分脱除转变成为总体发展趋势。20 世纪 70 年代日本以湿法工艺为主导，如石灰石-石膏法、氨法、镁法等，80 年代中后期开始，因二噁英控制及湿法工艺问题的暴露，基本上采用活性焦（炭）干法工艺。

国内烧结烟气脱硫技术在 2006 年以前基本处于研究和摸索阶段，2006 年至今，应国家的环保要求，烧结脱硫发展迅速，湿法、干法、半干法百花齐放，工艺种类多。各大钢铁公司烧结脱硫工艺应用方法统计见表 16-2。目前，烧结烟气脱硫设备有 700 多套，80% 是湿法，有 60% 采用石灰石—石膏法。总体上烧结烟气脱硫还没有一个十分成熟的技术可进行全面推广（除活性炭吸附法）。各企业的情况差别较大。

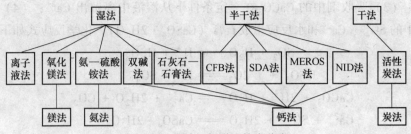

图 16-2　烧结烟气脱硫技术分类

表 16-2　主要钢铁公司烧结烟气脱硫工艺方法

钢铁企业	脱 硫 工 艺
柳钢	氨法
鞍钢	SDA 旋转喷雾法
沙钢	SDA 旋转喷雾法
首钢京唐	循环流化床法
太钢	活性炭法
宝钢本部	气喷旋冲石灰石—石膏法、循环流化床法
湘钢	石灰石—石膏法
武钢	氨法、NID 法、SDA 旋转喷雾法
攀钢	离子液法、氨法、循环流化床法
韶钢	氧化镁法
涟钢	氨法、石灰石—石膏法、循环流化床法

16.1.2.1　石灰石—石膏法

石灰石—石膏法烟气脱硫工艺是目前应用最广泛、技术最成熟的脱硫技术，是我国电厂应用最多（约占 80%）、在烧结球团行业应用也较多的脱硫技术，日本 20 世纪 70~80 年代烧结机烟气脱硫普遍采用该技术。

A　工艺原理

石灰石—石膏法是目前应用最广泛的一种烟气脱硫技术，其原理是采用石灰石粉制成浆液作为脱硫剂，进入吸收塔与烟气接触混合，浆液中的碳酸钙与烟气中的 SO_2 以及鼓入的氧化空气进行化学反应，最后生成石膏。脱硫后的烟气经过除雾器除去雾滴，再经过换热器加热升温后经烟囱排入大气。吸收液通过喷嘴雾化喷入吸收塔，分散成细小的液滴并覆盖吸收塔的整个横截面。这些液滴与塔内烟气逆流接触，发生传质与吸收反应，烟气中的 SO_2、HCl、HF 被吸收。SO_2 吸收产物的氧化和中和反应在吸收塔底部的氧化区完成并最终形成石膏。为了维持吸收液恒定的 pH 值并减少石灰石耗量，石灰石被连续加入吸收塔，同时吸收塔内的吸收剂浆液被搅拌机、氧化空气不停地搅动，以加快石灰石在浆液中的均布和溶解。在吸收塔内吸收剂经循环泵反复循环与烟气接触，吸收剂利用率很高，钙硫比较低，一般不超过 1.05，脱硫效率超过 95%。

石灰石—石膏湿法烟气脱硫的化学原理如下：（1）烟气中的 SO_2 溶解于水，生成亚硫酸并离解成 H^+ 和 HSO_3^-；（2）烟气中的氧和氧化风机送入空气中的氧，将溶液中 HSO_3^- 氧

化成 SO_4^{2-}；（3）吸收剂中的 $CaCO_3$ 在一定条件下从溶液中离解出 Ca^{2+}；（4）在吸收塔内，溶液中的 SO_4^{2-}、Ca^{2+} 和水反应生成石膏（$CaSO_4 \cdot 2H_2O$）。化学反应式如下：

$$SO_2 + H_2O === H^+ + HSO_3^-$$
$$HSO_3^- + 1/2O_2 === H^+ + SO_4^{2-}$$
$$CaCO_3 + 2H^+ + H_2O === Ca^{2+} + 2H_2O + CO_2$$
$$Ca^{2+} + SO_4^{2-} + 2H_2O === CaSO_4 \cdot 2H_2O$$

B　工艺流程

吸收剂是由石灰石粉剂加适量的水溶解制备而成，配制的吸收剂溶液直接加入脱硫吸收塔，工艺吸收过程主要发生在塔内。在吸收塔的喷淋区，石灰石浆液由循环泵提升至塔上部，通过多层喷淋管自上而下喷洒，而含有 SO_2 的烧结烟气则逆流而上，气液接触过程中，发生脱硫反应。烟气在脱硫塔内经喷淋浆液洗涤脱硫，然后经过除霜、升温由烟囱排放。通过添加新鲜石灰石浆液吸收剂来实现较高的 pH，使反应持续进行。母液中鼓入空气，将 HSO_3^- 氧化成 HSO_4^-，进一步反应形成硫酸盐，生成固态盐类结晶并从溶液中析出成为石膏（$CaSO_4 \cdot 2H_2O$）。从吸收塔浆池中抽出的富含石膏的浆液被送到石膏脱水车间，经脱水产生含水率（体积分数）小于10%的成品石膏。部分工艺有 GGH 换热器，即原烟气经过 GGH 换热降温后进入脱硫吸收塔，而脱硫后净烟气经过 GGH 换热升温后排放。典型的石灰石—石膏法脱硫系统工艺流程如图16-3所示。

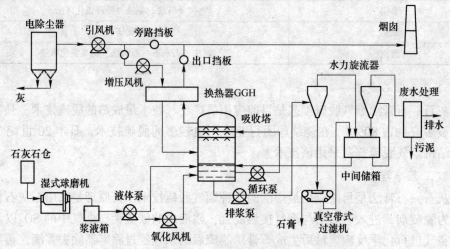

图16-3　湿法石灰石—石膏法烟气脱硫系统流程

C　工艺特点

优点：技术成熟，应用广泛，脱硫效率高，一般在95%以上；脱硫剂为石灰石或石灰，原料价格便宜。

缺点：在减排1t SO_2 的同时排放0.7t 温室气体 CO_2；有烟囱雨现象；需增设水处理设施，系统较复杂，一次投资高；占地面积大，不太适合预留场地不足的钢铁企业，工艺扩展性有限，不能有效脱除其他有毒有害气体；设备易结垢、堵塞、磨损；副产物脱硫石膏品质不高，综合利用价值有限，一般用于建材行业，如水泥添加剂等。

16.1.2.2 氨—硫酸铵法

氨—硫酸铵烟气脱硫工艺是利用氨作为吸收剂，氨是一种良好的碱性吸收剂，碱性强于钙基脱硫剂。用氨吸收烟气中 SO_2，反应速率高，吸收剂利用率高。对该工艺的研究从 20 世纪 30 年代就已开始，早期有氨—酸法、氨—亚硫酸铵法，但是由于它们的不足，没有推广应用。20 世纪 70 年代，德国、日本、美国相继投入研究氨—硫酸铵脱硫方法并获得成功。进入 20 世纪 90 年代后，该工艺的应用逐步上升。

A 工艺原理

氨—硫铵法脱硫的主要原理是利用焦化厂的氨气，将烧结烟气中的 SO_2 除掉。氨硫铵法是用亚硫酸铵 $[(NH_4)_2SO_3]$ 溶液作为吸收液，与烧结烟气中的 SO_2 反应，生成亚硫酸氢铵 $[NH_4HSO_3]$。亚硫酸氢铵再与焦炉中排出的氨气 $[NH_3]$ 进行反应，变为亚硫酸铵溶液。此溶液又作为吸收液，再与 SO_2 进行反应。这样往复循环进行反应，亚硫酸铵的浓度越来越高。达到一定浓度后，将部分溶液提取出，进行氧化，浓缩成为硫酸铵 $[(NH_4)_2SO_4]$ 回收。剩余部分的亚硫酸铵溶液不断加水稀释，使其浓度（质量分数）保持在 30% 左右，再作为脱硫反应的吸收液。

B 工艺流程

烧结烟气氨法脱硫系统主要由烟气系统、浓缩降温系统、脱硫吸收系统、供氨系统、灰渣过滤系统等组成，包括浓缩降温塔、脱硫塔、氨水罐、过滤器等设备。工艺流程如图 16-4 所示。

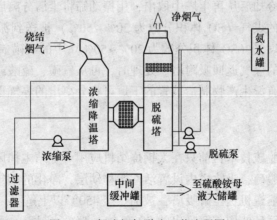

图 16-4 氨法烟气脱硫工艺流程图

从烧结机出来的原烟气经电除尘器净化后，由脱硫塔底部进入；同时，在脱硫塔顶部将氨水溶液喷入吸收塔内与烟气中的 SO_2 反应，脱除 SO_2 的同时生成亚硫酸铵，与空气发生氧化反应生成硫酸铵溶液，经中间槽、过滤器、硫酸铵槽、加热器、蒸发结晶器、离心机脱水、干燥器制得化学肥料硫酸铵，完成脱硫过程。烟气经脱硫塔的顶部出口排出，净化后的烟气由烟囱排入大气。

C 工艺特点

氨法脱硫技术成熟，脱硫效率高，一般在 95% 以上；脱硫副产物为硫酸铵，经济价值相对较高；工况适应性强；具备一定的脱硝功能；可使用焦化废氨水脱硫，实现"以废治废"。但该工艺有明显的缺点外排烟气夹带硫酸铵和氨，且形成腐蚀性的烟囱雨；存在设备腐蚀问题，系统防腐要求高。

16.1.2.3　活性炭吸附法

最初，日本最先采用活性炭吸附法来处理烟气净化，将烧结机排烟的除尘、脱硫、脱硝的 3 种功能集于一身，开发了更为经济的烧结排烟脱硫、脱硝、除尘设备，使烧结排烟脱硫技术提高到新的阶段。

A　活性炭脱硫原理

活性炭脱硫原理是由设置的吸附塔，填充重力移动的活性焦炭，将排出的煤气导入吸附塔。吸附塔的前段主要具有脱硫功能，将硫磺氧化物作为硫酸吸附除去。

$$2SO_2 + O_2 + 2H_2O = 2H_2SO_4$$

吸附塔的后段具有脱硝功能，添加氨还原氮氧化物，使其分解为氮和水。

$$4NO + 4NH_3 + 10O_2 = 4N_2 + 6H_2O_4$$

为了防止烧结排烟中粉尘引起反应器堵塞，采用了移动层吸附塔，该吸附塔也具有除尘装置的功能。尘屑用活性焦炭过滤，附着在活性焦炭上。活性焦炭经过滤网筛选后，吸附其上的尘屑即被除去。吸附塔出口的尘屑量降低到（标准状态）$20mg/m^3$ 以下。

硫磺氧化物在吸附塔中被吸附，吸附能力变低的活性焦炭在再生塔中被不断加热再生。

$$H_2SO_4 = H_2O + SO_3$$
$$2SO_3 + C = 2SO_2 + CO_2$$

再生的活性焦炭冷却后从再生塔中取出，用振动筛将尘屑分离后，送往吸附塔循环使用。再生塔中分离出的煤气（SO_2 体积分数为 20%～50%）被送到派生产物回收工序。被分离送往回收工序的煤气（SO_2 体积分数为 20%～50%）中的硫磺氧化物经回收装置作为派生产物回收，残存的煤气返回吸附塔。处理时，可从硫磺、硫酸或液体 SO_2 中选择生成派生产品。另外，具有派生产物制造装置的工厂可将分离出的煤气送往制造装置以回收派生产物。

B　工艺流程

活性炭烧结烟气脱硫技术目前只在太钢烧结机应用。烧结主抽风机后引出的烟气经增压风机，进入吸收塔脱硫，吸收塔内设置活性炭移动层，净化的烟气排入烟囱。活性炭吸附硫氧化物后，经过输送机送至解吸塔，被加热至 450℃ 以上解吸。解吸后的活性炭经冷却再次送入吸收塔，循环使用。解吸出的 SO_2 气体一般送往制酸。活性炭烧结烟气脱硫工艺流程如图 16-5 所示。

C　技术特点

（1）活性炭法可以实现一体化联合脱除 SO_2、NO_x 和粉尘，SO_2 脱除率可达到 98% 以上，NO_x 脱除率可超过 80%，同时吸收塔出口烟气粉尘含量小于 $20mg/m^3$。

（2）能除去废气中的碳氢化合物，如二噁英、重金属（如汞）及其他有毒物质。

（3）副产品（浓硫酸、硫酸、硫磺）可以出售。

（4）无需工艺水，避免了废水处理。

（5）净化处理后的烟气排放前不需要再进行冷却或加热，节约能源。

（6）喷射氨增加了活性焦的黏附力，造成吸附塔内气流分布的不均匀性，由于氨的

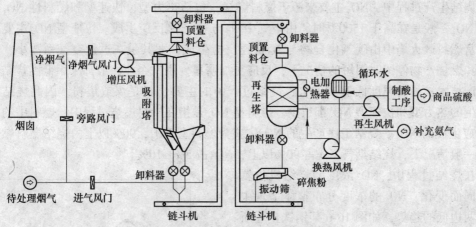

图 16-5 烧结烟气活性炭脱硫工艺流程

存在产生对管道的堵塞、腐蚀及二次污染等问题。

（7）系统安全性要求极高，对入口烟气温度、粉尘含量有严格要求，容易发生火灾。

（8）活性炭/焦来源有限且价格高，运行费用高，工程造价高。

D 运转业绩

1987 年日本某钢铁厂的 3 号烧结机利用活性炭排烟脱硫、脱硝设备（标准状态）（$90 \times 10^4 m^3/h$），积累了烧结机防酸露点腐蚀和运转、设备技术等方面的经验。该装置经过长期运转业绩证明，净化效率高，超过设计值 95%，接近 100%，完全能够达到预期的效果。该钢铁厂的 1 号和 2 号烧结机已引进该处理装置设备（标准状态）（$130 \times 10^4 m^3$），于 1999 年 7 月投入使用。

某钢厂 450m^2烧结机活性炭脱硫于 2010 年 9 月投产，另一台 660m^2烧结机活性炭脱硫于 2011 年 9 月投产。目前，该钢厂脱硫效率可控制在 95% 以上，脱硝效率一般 30%，除尘效率 80%，对二噁英的去除率较高，出口烟气二噁英经检测 TEQ 小于 0.2ng/m^3。

我国已成功开发出活性炭烟气治理的技术装备，永钢、前进钢铁和包钢已开始应用，设备价格比引进的低 60% 以上，可实现脱硫、脱硝、脱二噁英及脱除重金属。

16.2 烧结过程脱硝

16.2.1 烧结过程 NO$_x$ 的排放

据统计，钢铁行业 NO$_x$ 排放量占全年工业 NO$_x$ 总排放量的 5.8%，是继火力发电、机动车、水泥工业后的第四大 NO$_x$ 排放源。烧结工序排放的 NO$_x$ 占钢铁行业 NO$_x$ 总排放量的 50% 以上，见表 16-3。因此，烧结烟气 NO$_x$ 减排是钢铁行业 NO$_x$ 减排的重点。

表 16-3 钢铁工业主要生产工序 NO$_x$ 排放比例 （%）

烧结	焦化	炼铁	炼钢	轧钢
54.66	11.80	14.29	4.35	14.91

烧结生产过程中，NO_x 主要来源于燃料燃烧，包括热力型、快速型和燃料性 NO_x。热力型 NO_x 一般是在高于 1500℃时，由空气中 N_2 与 O_2 直接反应生成。快速型 NO_x 主要是在高温富燃料区火焰中由碳氢化合物与 N_2 快速反应生成，尤其是在过量空气系数小、低温条件和燃烧产物停留时间短的情况下，反应更加明显。钢铁企业一般都采用低温烧结的清洁生产技术，最高温度低于 1300℃，烧结过程中的主要燃料是煤或焦粉，因此烧结过程中产生的热力型和快速型 NO_x 都很少。燃料型 NO_x 是指在燃料燃烧过程中，燃料中的氮与 O_2 反应生成的 NO_x。烧结工序产生的 NO_x 主要为燃料型 NO_x，90%以上由烧结燃料燃烧产生。一般情况下，烧结烟气 NO 占90%以上，NO_2 占 5%~10%。

在烧结过程中，NO_x 浓度随烧结机位置的不同而变化，NO_x 的浓度分布整体呈现中间高两边低的趋势，如图 16-6 某钢铁企业所测。点火阶段烧结机头处于煤热解初期，燃料中氮的热分解温度低于煤粉燃烧温度，只有一些分子量较小的挥发分从颗粒中释放出来生成 NO_x，导致该阶段 NO_x 的生成量较少。燃烧中期随着温度的升高，挥发分氮中分子量较大的化合物和残留在焦炭中的氮释放出来，因此 NO_x 的排放浓度较高。燃烧中后期，由于挥发分氮释放减少，而焦炭氮生成 NO_x 量相对较少，此时 NO_x 的浓度缓慢下降，燃

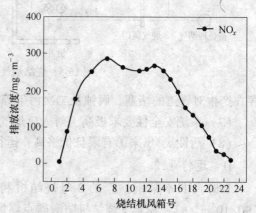

图 16-6　沿烧结机风箱方向 NO_x 的浓度变化

烧后期燃料燃烧殆尽，料层下部最高温度可以达到 1300℃以上，只有少量热力型 NO_x 生成，所以此阶段 NO_x 的排放浓度较低。

根据《钢铁烧结、球团工业大气污染物排放标准》（GB 28662—2012），自 2015 年 1 月 1 日起，现有企业和新建企业的烧结烟气 NO_x 排放浓度限值为 $300mg/m^3$。根据国内 25 台烧结机实测 NO_x 的排放浓度，14%的烧结机 NO_x 排放浓度介于 $300\sim600mg/m^3$ 之间，86%的烧结机 NO_x 排放浓度小于 $300mg/m^3$，达到标准要求，可以直接排放。

16.2.2　NO_x 控制技术

近年来，对 NO_x 的防治主要包括源头控制、过程控制和末端治理。主要方法包括：

（1）降低燃料的含氮量。采用低氮焦炭，或采用 NO_x 产生量较少的混合煤气作为点火燃料。值得注意的是，烧结机内气氛不同于燃煤锅炉炉膛内气氛，属于富氧环境，很难进行气氛调控而实现低氮燃烧。

（2）降低 NO_x 转化率。通过焦炭分层添加法和烧结烟气循环可在一定程度上控制 NO_x 的生成量和排放量。据报道，日本住友金属公司鹿岛烧结厂早在 1977 年投产的 $600m^2$ 烧结机上就采用烟气循环的工艺，NO_x 排放量减少 50%。烟气循环技术在国外应用多年，对国内来说，比较适宜新建烧结机或改造的烧结机，我国三明钢厂、沙钢及永钢均陆续采用此技术，取得不错的效果。

对于烟气中 NO_x 的净化，主要有干式净化法和湿式净化法两大类：

（1）干式净化法。包括选择性催化还原法 SCR 法、非选择性催化还原法 NSCR、吸附法、吸收法、非催化还原法、电子束照射法等。

（2）湿式净化法。包括酸碱吸收法、络合吸收法、氧化吸收法、液相还原法、钢渣吸收法等。

目前，烟气脱硝技术在国内有商业化应用的只有选择性催化还原法 SCR 和选择性非催化还原法 SNCR，且只在电厂脱硝工程中应用。当然，有的脱硫技术如氨法、活性炭法、电子束法，有一定的脱硝功能。SCR 技术已成为工业上应用最为广泛的一种烟气脱硝技术，应用于燃煤锅炉后烟气脱硝效率可达 90% 以上，是目前最好的可以广泛用于固定源 NO_x 治理的脱硝技术。我国大陆地区尚未有烧结烟气 SCR 脱硝的工程应用实例，但在我国台湾地区有 3 套。据报道，烧结烟气采用 SCR 脱硝的设施在日本有 7 套，在美国有 3 套。

总体而言，目前常见的烧结烟气 NO_x 控制技术主要有过程控制的烟气循环法和末端治理的 SCR 法和活性炭吸附法。

16.2.2.1 烟气循环

烧结烟气循环脱硝技术是基于一部分热废气被再次引入烧结过程的原理而开发的方法。热废气再次通过烧结料层时，其中的 NO_x 和二噁英能够通过热分解被部分破坏，SO_2 和粉尘能够被部分吸附并滞留于烧结料层中。此外废气中的 CO 在烧结过程中再次参加还原，还可降低固体燃料消耗。烧结烟气循环脱硝技术可以脱除循环烟气中 40%～70% 的 NO_x。

烧结烟气循环脱硝工艺流程如图 16-7 所示，系统主要由循环烟气切换阀、高效旋风除尘器、烟气混合室和循环管道组成。特定的烧结烟气经过除尘器除尘，再经过引风机进入烟气混合室与部分环冷废气混合后引入密封热风罩，补入富氧空气保证烧结矿质量不受影响。为保证烧结矿质量，密封热风罩内氧气浓度（体积分数）保持在 18% 以上。由于从烧结机机头至机尾方向 20%～70% 之间的区域为 NO_x 高浓度区域，此区域的烟气量大约占整台烧结总烟气量的 40%～50%，而 NO_x 总量则要占到整个烧结机总量的 65%～80%，此区间 NO_x 的浓度峰值可达到全烟气 NO_x 平均浓度的 3～4 倍，所以选择该区域部分风箱进行烟气循环，烧结机机尾处烟气温度能达到约 350℃，为了提高循环烟气量及利用余温，选择烧结机机尾处高温烟气参与循环。

迄今为止，典型的废气循环利用工艺有日本新日铁开发的区域性废气循环技术、EOS 和 LEEP 工艺、奥钢联公司开发的 EPOSINT 等。

区域性废气循环技术首先在日本某厂 3 号烧结机上应用，将烧结机烟气分段处理、部分循环。根据烟气成分不同，该烧结机被分为 5 段 4 部分烟气，烟气循环量约为 30%，循环烟气中 NO_x 脱除率达到 33%。

EOS 工艺已在克鲁斯艾莫伊登烧结厂实现工业化应用。大约 50% 的烧结废气被引入烧结机上的热风罩内，在烧结过程中，为调整烧结气体的氧气含量，鼓入少量新鲜空气与循环废气混合。因此，仅需对 50% 的烧结废气进行处理使其达到环保要求。NO_x 体积分数减少约 52%，灰尘质量分数减少约 45%，二噁英质量分数减少约 70%。

LEEP 工艺是由德国 HKM 开发的，在其烧结机上实现了工业化应用。该烧结机设有两个废气管道，一个管道回收机尾处的热废气，另一个管道回收烧结机前段的冷废气。通

248

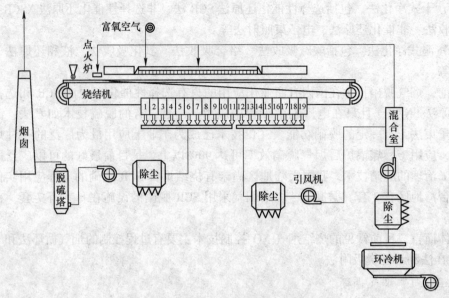

图 16-7 烧结烟气循环脱硝工艺流程图

过喷入活性褐煤来进一步减少剩余的二噁英。烧结机罩的设计不同于 EOS 装置，密封罩没有完全覆盖烧结机，而是允许一部分空气漏进来补充气体中氧含量的不足，这样就无需额外补给新鲜空气。经过几年的生产实践，LEEP 工艺实现了减少烧结废气 45%，循环烟气脱除 NO_x 效率达到 75%，减少烧结焦粉 5kg/t 烧结矿，并维持了烧结矿质量不降低的目标。

EPOSINT 工艺于 2005 年 3 月在奥钢联钢铁公司投入应用。EPOSINT 工艺，又称选择性废气循环工艺，根据烧结机各风箱的流量和污染物排放浓度决定循环烟气的来源，用于循环的气流来自废气温度升高区域的风箱，这一区域大致位于烧结机总长的 3/4 处。根据工艺条件的变动，可按需选择循环区域的各个风箱烟气是进入外排系统还是循环系统。在不影响烧结产量的情况下，应用 EPOSINT 工艺可使现有烧结厂的多种污染物排放指标降低 40% 左右。

16.2.2.2 SCR 脱硝

选择性催化还原（SCR）脱硝技术是指利用还原剂在一定温度和催化剂的作用下将 NO_x 还原为 N_2 的方法。SCR 反应机理十分复杂，主要是喷入的 NH_3 在催化剂存在下，反应温度在 250~450℃ 之间时，把烟气中的 NO_x 还原成 N_2 和 H_2O。主要反应如下：

$$4NO + 4NH_3 + O_2 \Longrightarrow 4N_2 + 6H_2O$$

$$2NO_2 + 4NH_3 + O_2 \Longrightarrow 3N_2 + 6H_2O$$

烧结烟气中 NO_x 大部分为 NO，NO_2 体积分数约占 5%，影响并不显著，所以第一个反应为主要反应。反应原理如图 16-8 所示。

目前，SCR 脱硝技术已经广泛应用于燃煤锅炉烟气脱硝。然而在对烧结烟气进行 SCR 脱硝工艺设计时，并不能照搬燃煤烟气的脱硝工艺，需结合烧结烟气的特点进行优化设计，才能实现 SCR 脱硝工艺在钢铁行业的成功应用。烧结烟气与燃煤锅炉烟气相比，有如下特点：（1）烟气温度在 80~185℃ 之间波动；（2）含湿量大，水分体积分数为 10%~

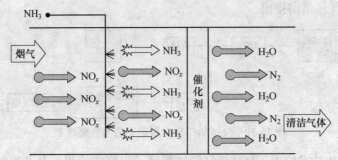

图 16-8   SCR 脱硝原理示意图

12%，露点温度较高，为 65~80℃；（3）烟气含氧量（体积分数）较高，达到 14%~18%；（4）NO_x 浓度随铁矿和燃料的不同而不同，一般为 150~400mg/m³。

烧结烟气的特点决定了采用 SCR 脱硝技术需关注以下几方面：（1）烧结烟气的温度较低（低于 200℃），不能直接采用 SCR 技术，需要对烟气进行加热，使烟气温度达到催化剂最佳活性温度（300~400℃）。（2）烧结烟气的含湿量和含氧量较大，催化剂需要具备良好的抗热水性能，并能在富氧环境下工作。（3）烧结烟气流量变化范围大，NO_x 浓度较低，当采用 SCR 法处理时，设计参数需满足实际工况要求，同时又要充分考虑投资及运行成本。（4）烧结烟气携带粉尘多，且磨蚀性较强。因此，脱硝系统宜布置在除尘器之后，减少粉尘对催化剂的冲刷磨损。（5）脱硝效率的确定。一般来说，在脱硝效率为75% 时，SCR 催化剂需要布置两层；当脱硝效率要求在 50% 以下时，一层催化剂即可满足脱硝要求。催化剂占整个 SCR 脱硝系统的投资比例达到 30%~40%。钢厂可依据烧结烟气的实际状况，确定最终的脱硝效率，以便设计和布置相应的催化剂层数，最大地节省投资和运行成本。

在布置烧结烟气 SCR 脱硝系统时，需要考虑对前后系统的影响。当烧结机采用半干法烟气脱硫工艺时，如 CFB 工艺或 SDA 工艺等，在喷入生石灰或熟石灰的同时也喷入相应的活性炭（焦）或褐煤等吸附剂。该工艺可达到一定的脱硝效率，但脱硝效率较低，可用于处理 NO_x 浓度较低的烟气。当烧结机采用湿法烟气脱硫工艺时，如石灰石—石膏法或氨法等，需在烧结机机头主抽风机后将烟气升温至 350℃ 左右，接着采用 SCR 工艺对烟气进行脱硝，脱硝后烟气采用换热装置降温后再进行湿法烟气脱硫。该方案一次性投资较大，运行成本高，但是其单个工艺成熟、脱硫脱硝效率高。工艺路线有如下两种：

（1）将 SCR 系统布置在静电除尘器之后、脱硫装置之前，如图 16-9 所示。烧结烟气经加热装置升温后，先进行 SCR 脱硝，再用换热装置（可用余热锅炉回收，用于发电）进行降温处理，出来后的烟气经脱硫装置净化后经烟囱排出。

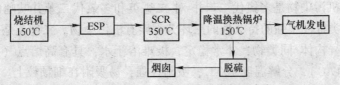

图 16-9   烧结烟气 SCR 脱硝工艺布置路线 1

（2）将 SCR 系统布置在除尘器和脱硫装置之后，如图 16-10 所示。烧结烟气经过除尘和脱硫后，通过加热装置将烟气升温至 350℃ 左右进行脱硝，然后用换热装置进行降温处理，净化后烟气经烟囱排出。

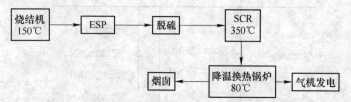

图 16-10   烧结烟气 SCR 脱硝工艺布置路线 2

　　某钢厂将 SCR 技术应用于烧结烟气脱硝获得了很好的效果，其开发的 SCR 催化剂在脱硝的同时可降解二噁英，脱硝与脱二噁英的效率皆可达到 80%。

　　由于传统的 SCR 技术需要对烧结烟气进行加热，成本能耗增加，目前在国内外很多研究单位已开展了对低温 SCR 催化剂的研究，开发适用温度在 120~300℃的低温催化和适用温度在 80~120℃的超低温催化剂。

16.2.2.3   活性炭脱硝

　　吸附法是利用吸附剂对 NO_x 的吸附量随温度或压力变化的特点，通过周期性地改变操作温度或压力控制 NO_x 的吸附和解吸，使 NO_x 从烟气中分离出来。根据再生方式的不同，吸附法可分为变温吸附和变压吸附。活性炭吸附脱除 NO_x 属于典型的变温吸附过程，在烟气出口温度为 120~160℃时 NO_x 被活性炭吸附，吸附饱和的活性炭经 300~450℃高温再生后继续循环利用。该工艺在通入氨气的情况下，NO_x 和 NH_3 在活性炭表面发生催化反应生成 N_2 和 H_2O，实现 NO_x 的深度处理。

　　德国自 20 世纪 50 年代开始研发活性焦（炭）干法烟气净化技术，日本于 60 年代也开始研发，不同企业之间进行合作与技术转移以及自主开发，形成了日本住友、日本 J-POWER 和德国 WKV 等工艺。采用活性焦（炭）法烧结烟气脱硫脱硝的大型钢铁公司包括日本的新日铁、JFE、住友金属和神户制钢，韩国的浦项钢铁和现代制铁，澳大利亚的博思格钢铁，印度的波卡罗钢厂以及我国的太钢等，工程应用 17 套，处理烟气量（标准状态）从 $90×10^4 ~ 200×10^4 m^3/h$，脱硫效率大于 80%，脱硝效率大于 40%。在国内，煤炭科学研究总院最早开始活性焦脱硫脱硝的研究，目前在有色冶炼烟气净化方面已有多套应用。近年来，中国科学院过程工程研究所也开始活性焦脱硫脱硝的研究，并进行了小试。国内的活性焦烟气净化技术以脱硫为主，尚未启用预留的喷氨脱硝接口，即吸附法脱硝。

16.3   烧结过程二噁英排放及控制

　　二噁英类有机污染物是多氯代二苯并-对-二噁英和多氯代二苯并呋喃的统称，简称为 PCDD/Fs，是一类毒性很强的持久性的三环芳香族有机污染物。二噁英是一种白色晶体化合物，存在众多异构体/同类物，非常稳定，极难溶于水，具有高熔点（303~306℃）和高沸点（421~447℃），分解温度 700℃，吸附性强，易吸附在细颗粒上。

　　研究表明，二噁英在环境中有很强的"持久性"，难以被生物降解，可能数百年的时间存在于环境中。因此会被人体吸收，微量的二噁英摄入人体不会立即引起病变，但由于其稳定性极强，一旦摄入不易排出，最终对人体造成危害。

16.3.1 烧结过程二噁英的排放

铁矿石烧结过程是二噁英类有机污染物排放的重要源头之一。目前认为,烧结过程二噁英的产生最有可能是"从头合成"(de novo synthesis),即在低温(200~400℃)条件下,大分子碳与飞灰基质中的有机或无机氯经金属离子(铜、铁等)催化反应而生成二噁英。图16-11所示为存在二价铜催化下二噁英的从头合成机理。

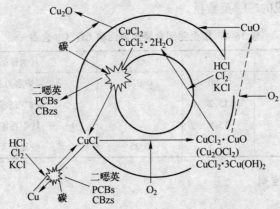

图 16-11 Cu^{2+} 催化下的二噁英从头合成机理

根据二噁英的物理性质,150℃以下很容易吸附在细小颗粒物上,可以通过高效除尘或喷吸附剂等措施使其得到高效净化。

PCDD/Fs 是在烧结床本身形成的,减排途径首先应减少其生成量。在烧结工序中,二噁英主要来源于含油轧钢皮,特别是氯化物原料的热反应过程。通过选用低氯化物原料、轧钢皮除油以及废气循环的措施可以有效降低废气中二噁英的排放浓度。

此外,低温条件下(低于200℃)二噁英大部分都以固态形式吸附在烟尘表面,而且主要吸附在微细颗粒上。湿法除尘对二噁英的净化效率为65%~85%,静电除尘效果稍差,而袋式除尘器一般可以在75%~90%。烧结烟气脱硫对二噁英具有明显的减排效果,因为脱硫后细粒烟尘排放浓度可以大幅度降低。此外,烟气脱硝过程由于催化氧化对二噁英的降解作用对二噁英减排也具有明显效果。

利用二噁英可被多孔物质(如活性炭、焦炭、褐煤)吸附的特性对其进行物理吸附(国外已广泛采用),一般有携流式、移动床和固定床3种。用褐煤做吸附剂可使烧结废气中二噁英最终排放量降低70%~80%。采用焦炉褐煤粉末作吸附剂和布袋除尘,二噁英减排98%。半干法脱硫工艺如循环流化床、旋转喷雾法、MEROS法,增加活性炭喷入口,都可以去除烟气中的二噁英,但脱硫渣中含有吸附了二噁英的活性炭,如何处理脱硫渣,还是一个需要解决的技术难题。

16.3.2 二噁英控制技术

根据烧结厂二噁英的主要生成方式——从头合成的特点,削减技术主要从控制从头合成形成条件入手,主要分为源头削减、过程控制和末端治理3类。

16.3.2.1 源头削减

根据烧结二噁英的成因,氯元素的存在是烧结生产过程中二噁英形成的重要因素之一，由于除尘灰和轧钢氧化铁皮的氯元素含量相对较高，因此通过改变配入两者的比例可以改变烧结混合料原料中氯元素含量。此外，铜元素对二噁英的生成有极大的催化作用，特定种类的铁矿石有可能是铜元素的主要来源，因此选用合适的铁矿石非常重要。烧结返回料（除尘灰、氧化铁皮、污泥等）可通过洗涤或高温方式减少烧结原料中的氯元素和铜元素。表 16-4 显示某企业部分烧结返回料 Cl 和 Cu 的元素含量，其中"—"表示未检测到，显然应尽量减少烧结电除尘器二、三、四电场以及高炉布袋灰的返回料在烧结中使用，从而抑制从头合成的二噁英数量。

表 16-4　某企业部分烧结返回料 Cl、Cu 含量　　　　　（质量分数/%）

除尘灰样品	Cl	Cu	其他样品	Cl
一电场	1.90	0.026	高炉重力灰	0.39
二电场	15.2	—	高炉布袋灰	4.28
三电场	15.8	—	转炉污泥	0.34
四电场	24.3	0.25	脱硫石膏	2.58

16.3.2.2　过程控制

A　添加抑制剂

添加抑制剂可有效抑制二噁英的形成，抑制剂的种类主要分为氮、硫抑制剂和碱土金属两大类，氮、硫抑制剂可使铜离子等催化剂失活。

目前，许多研究者报道了含氮物质可抑制烟气中二噁英的生成，当含氮物质的抑制效果达到某一值时，若继续添加抑制剂将基本无效。这表明，含氮物质的抑制原理，极有可能是使铜催化剂中毒，失去二噁英生成的催化作用，而不是抑制气相反应，因为后者的抑制效果显然与抑制剂浓度呈正相关。此外，含硫物质的抑制机制目前尚未十分清晰，但其抑制特性毋庸置疑。值得注意的是，含硫物质的引入会导致 SO_2 生成量增加，这是不利因素。

此外，由于碱土金属具有与 HCl 反应的能力，能降低烟气中 HCl 含量，同样对二噁英的生成有抑制作用。研究表明，颗粒物酸性的降低会导致有机氯化物质排放量的降低。一般而言，在烧结料中添加诸如石灰石等碱土金属是为了加强烧结矿的结构性质，从而增加高炉炼铁时的操作性能。不过，上述物质会在高炉中形成结痂，降低高炉传热性能，所以添加碱土金属抑制烧结过程二噁英的形成，可能并不是很好的选择。

B　烟气循环

此外，可采用烟气循环工艺，使较高浓度的二噁英烟气再次通过高温带，利用高温分解已经形成的二噁英。目前国内对烟气循环技术的研究刚刚起步，国外已工业化应用的有 EOS 工艺、LEEP 工艺、EPOSINT 工艺等。点火后，在烧结机首部 1/3 的长度上，向料面上喷加热空气和热烟气对烧结料上层进行辅助烧结，该工艺的机理在于利用烧结矿热空气和热烟气的物理热来替代部分固体燃料的燃烧热使料层温度分布更加均匀，能够明显改善料层上部供热不足的状况，延长高温保持时间，促进铁酸钙的形成，提高成品率并具有改善表层烧结矿强度的作用。热风循环烧结减少了固体燃料的用量，可以利用环冷机或者烧结机本身的中低温热烟气是一项节能减排技术。如图 16-12 所示为西门子奥钢联开发的 EPOSINT 烧结烟气循环工艺，将中部 11～16 号风箱排出的烟气经过电除尘器 2 除尘后，返回烧结机循环使用，而其他风箱排出烟气则先经过电除尘器 1 进行除尘，在经烟气净化系统从烟囱排放到大气中。

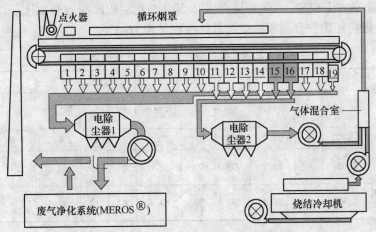

图 16-12　西门子奥钢联开发的 EPOSINT 烧结烟气循环工艺

16.3.2.3 末端治理

通常，仅采用源头控制或过程控制是无法达到严格的烧结烟气二噁英排放标准的，随着环保的日益严苛，针对颗粒物、SO_2 的处理已经成为十分常见的烟气处理手段，这些常规手段对颗粒物中的二噁英均有一定的脱除作用，但对气相中的二噁英则必须进一步治理。目前已经工业运行的末端治理方法主要包括湿式净化法、静电除尘或布袋除尘、选择性催化还原 SCR 和活性炭吸附等。除 SCR 工艺可直接分解二噁英物质外，气体洗涤器和过滤装置主要实现了二噁英污染物的转移，需要进行二次处理。

16.4　烧结烟气污染物协同处理一体化技术

烧结烟气除了含有 SO_2 外，还含有 NO_x、CO_x、HF、二噁英等多种有害污染物。针对我国严峻的大气污染形势，国家"十二五"规划提出要将主要污染物 SO_2 总量减少 8%～10%，并新增 NO_x 减排 10% 的约束性指标。《钢铁烧结、球团工业大气污染物排放标准》（GB 28662—2012）提高了粉尘、SO_2 等污染物的排放标准，增加了 NO_x、二噁英类污染物排放标准，这就要求钢铁烧结烟气今后将必须同时进行粉尘、SO_2、NO_x 和二噁英等多种污染物的脱除。

因此，实施烧结烟气除尘、脱硫、脱硝、脱二噁英协同治理，是钢铁企业的必然选择；选择技术可靠、经济合理的协同控制技术是大多数钢铁企业面临的棘手问题。

目前，在烧结烟气多污染物控制方面实现工业化应用的主要有活性炭法、旋转喷雾法、MEROS 法、IOCFB 法、烟气循环等技术，这些综合治理技术将成为现有烧结厂升级改造和新建烧结厂采用的工艺。

16.4.1 活性炭吸附工艺

某钢厂 450m² 烧结机于 2006 年建成使用，为严格控制烟气污染，采用活性炭脱硫脱硝及制酸一体化装置，集脱硫、脱硝、脱二噁英、脱重金属、除尘五位一体。该装置于2010年9月建成投产，在国内烧结行业为首例。

　　某钢厂烧结烟气活性炭法脱硫脱硝与制酸系统投运以来运行稳定，作业率达到95%以上，SO_2脱除率大于98%，NO_x脱除率大于50%，粉尘脱除率60%以上，二噁英脱除率78%以上，关键指标均符合国家标准，具体指标见表16-5。

表16-5　某钢厂采用活性炭吸附工艺获得的效果

净化前、后浓度及脱除率	$SO_2/mg \cdot m^{-3}$			$NO_x/mg \cdot m^{-3}$			粉尘$/mg \cdot m^{-3}$			二噁英$/ng \cdot m^{-3}$		
	前	后	脱除率	前	后	脱除率	前	后	脱除率	前	后	脱除率
450m²烧结机	449	8	98.2	203	101	50.3	71	17	76.1	0.96	0.21	78.1
新450m²烧结机A塔	681	9	98.7	278	93	66.6	47	15	68.1	2.1	0.12	94.3
新450m²烧结机B塔	508	8	98.4	242	79	67.4	42	17	59.5	2.6	0.04	98.5

　　活性炭技术由于投资大、运行成本高，在业内一直得不到推广应用。近几年，国内有关单位积极攻关，在借鉴国外技术的基础上推出了具有自主知识产权的活性炭烟气治理技术，并已开始工程应用。有条件的钢铁企业应该一次性采用活性炭一体化烟气处理技术进行烧结烟气的综合治理。

　　目前，这一技术核心装备全部实现了国产化，一次性投资费用仅为同等进口设备的60%。与其他烟气净化工艺相比较，这一工艺可实现污染物的综合协同处理；产出的副产品为98%的优质浓硫酸，回收的活性炭粉可作为燃料使用；烟气处理中无废水、自产固体废弃物产生；主机同步率可达到100%。烧结烟气脱硫脱硝一体化处理是今后发展的趋势，届时，钢铁企业使用活性炭烟气治理技术降低综合成本的效果也会更加明显。

　　上海克硫联合中冶北方在某钢铁公司600m²烧结机建成了两套烧结烟气净化系统，烟气先脱硫后注入氨气脱硝两段式，其净化效果见表16-6。

表16-6　某钢铁公司600m²烧结机活性焦烟气净化系统

净化前、后浓度及脱除率	$SO_2/mg \cdot m^{-3}$			$NO_x/mg \cdot m^{-3}$			粉尘$/mg \cdot m^{-3}$		
	前	后	脱除率	前	后	脱除率	前	后	脱除率
600m²烧结机	739.6	15.2	97.9	207.8	153.9	25.9	38.9	16.3	58.1

注：NO_x仅依靠活性焦自身脱除。

　　目前，某钢铁公司烧结烟气净化一期工程投产后经过运行，各部分系统运行正常，经检测，各项污染物排放标准均优于国家标准，见表16-7。

表16-7　某钢铁公司2×550m²烧结烟气净化工程检测结果

项　目	数值	设计值	保证值	实测值
SO_2浓度$/mg \cdot m^{-3}$	300~1000	600	50	1~6
NO_x浓度$/mg \cdot m^{-3}$	100~500	450	150	120~145
粉尘浓度$/mg \cdot m^{-3}$	约50	50	20	≤20
二噁英当量浓度$/ng\text{-}TEQ \cdot m^{-3}$	≤6	5	0.5	0.2~0.3

16.4.2　烟气循环烧结工艺

烟气循环烧结是基于一部分热废气被再次引入烧结过程的原理而开发的一种新型烧结模式。不仅充分利用了烧结主烟道中的余热，提升余热回收利用效率，同时降低烟气排放量，减少烟气处理成本。当烟气再次通过烧结料层时，烟气中的粉尘部分会被吸附并滞留于烧结料层中，烟气中的 CO、CH 等化合物在烧结过程中发生二次燃烧放热，可降低固体燃耗，减少气体污染的产生量。同时，在高温条件下，烟气中 PCDD/Fs 和 NO_x 在通过烧结料层时，部分通过热分解得到减排；而且烧结烟气中的 SO_2 得到富集，有利于提高脱硫系统的脱硫效率。因此，烟气循环烧结能有效地将粉尘、PCDD/Fs、NO_x、SO_2、CO 等有害物质消除在过程中。

对于烧结烟气循环技术，日本、德国、荷兰、奥地利等国家的钢铁企业开发了多种技术，目前，主要有 5 种，即 EOS 工艺、LEEP 工艺、EPOSINT 工艺、区域性废气循环技术及烧结机废气余热循环技术，主要废气量和污染物减排情况见表16-8。当采用烟气循环技术后，每吨烧结矿可减少废气量25%～45%，粉尘 30%～55%，SO_2 25%～46%，NO_x 25%～50%，二噁英 30%～85%，同时降低烧结工序能耗 5%～6%左右。

表 16-8　烟气循环技术节能减排情况

技术产权所属企业	技术名称及应用企业	废气量和污染物产生量减少情况					节能效果
		废气量	颗粒物	SO_2	NO_x	二噁英	
日本新日铁	废气分区再循环技术 户畑厂 3 号 480m² 烧结机	减少 28%	减少 40%	减少 46%	减少 30%	—	每吨烧结矿净能耗减少 6%
西门子奥钢联集团	EPOSINT 技术 林茨钢厂 5 号烧结机 陕西龙钢集团	吨烧结矿废气量减少 25%～28%	减少 30%～35%	减少 25%～30%	减少 25%～30%	减少 30%	焦粉单耗降低 2～5kg/t 烧结矿
德国 HKM 公司	LEEP 技术 HKM 公司 420m² 烧结机	吨烧结矿废气量减少 45%	减少 50%～55%	减少 27%～35%	减少 25%～50%	减少 75%～85%	固体燃料降低约 7kg/t 烧结矿
中国宝钢	烧结废气余热循环利用技术 宁波钢铁有限公司 1 号 430m² 烧结机	减少 30%～40%	最大减少 50%左右	—	排放总量最大减少 40%	最大减排 70%	降低烧结工序能耗 5%以上

习　题

16-1　烧结烟气主要污染物有哪些，常见的脱硫方法是什么？

16-2　简述烧结过程 NO_x 和二噁英的控制技术及应用。

16-3　简述活性炭吸附工艺的特点。

参 考 文 献

[1] 姜涛. 铁矿造块学 [M]. 长沙：中南大学出版社，2016.

[2] 付菊英，姜涛，朱德庆. 烧结球团学 [M]. 长沙：中南工业大学出版社，1996.

[3] 周取定，孔令坛. 铁矿石造块理论与工艺 [M]. 北京：冶金工业出版社，1989.

[4] 姜涛. 烧结球团生产技术手册 [M]. 北京：冶金工业出版社，2014.

[5] 陈新民. 火法冶金过程物理化学 [M]. 北京：冶金工业出版社，1984.

[6] 唐贤容，王笃阳，张青岑. 烧结理论与工艺 [M]. 长沙：中南工业大学出版社，1992.

[7] 卡佩尔 F，文德伯恩 H，杨永宜等译. 铁矿粉烧结 [M]. 北京：冶金工业出版社，1988.

[8] William A. Knepper. Agglomeration [M]. Interscience Publishers. ，1962.

[9] K. V. S. Sastry. Agglomeration 77, Proceedings of the 2nd International Symposium on Agglomeration [C]. American Institute of Mining, Metallurgical, and Petroleum Engineers, Inc. ，1977.

[10] 冶金部长沙黑色冶金矿山设计研究院. 烧结设计手册 [M]. 北京：冶金工业出版社，1990.

[11] 习乃文. 烧结技术 [M]. 昆明：云南人民出版社，1993.

[12] 郭兴敏. 烧结过程铁酸钙生产及其矿物学 [M]. 北京：冶金工业出版社，1999.

[13] 许斌. 铁矿石均热烧结基础与技术研究 [D]. 长沙：中南大学，2012.

[14] 张鸣一. 铁精矿焙烧过程中氟化物生成的热力学与动力学 [D]. 包头：内蒙古科技大学，2014.

[15] 张广杰. 白云鄂博烧结矿复合铁酸钙生成的研究 [D]. 包头：内蒙古科技大学，2012.

[16] 吴胜利，孙国龙，刘培骁，等. 白云鄂博铁矿粉的特性及其合理使用技术的研究 [J]. 钢铁，2008（05）：7-11.

[17] 罗果萍，张学锋，王艺慈，等. 白云鄂博铁矿中氟对烧结矿组成与结构的影响 [J]. 过程工程学报，2010，10（增刊1）：150-153.

[18] 张芳，李荣，罗果萍，等. 包钢低硅烧结矿的冶金性能 [J]. 钢铁研究学报，2013（02）：4-8.

[19] 陈革，王瑞军，沈茂森. 包钢自熔性复合烧结矿试验研究 [J]. 矿冶工程，2013（03）：98-100.

[20] 张涛，左海滨，张建良，等. 高配比红土镍矿在烧结生产中的应用分析 [J]. 烧结球团，2013（02）：6-9.

[21] 蒋仁全，邓小东，吕学伟. 铬精粉矿+红土镍矿混合烧结的研究与实践 [J]. 铁合金，2017（01）：4-10.

[22] 潘料庭. 红土镍矿烧结生产实践研究与探讨 [J]. 铁合金，2013（02）：7-10.

[23] 吕学伟，白晨光，张立峰，等. 印度尼西亚红土镍矿脱水-烧结机理 [J]. 钢铁，2008（12）：13-18.

[24] 郭恩光. 褐铁矿型红土镍矿烧结行为研究及工艺优化 [D]. 重庆：重庆大学，2014.

[25] 张元波，杜明辉，李光辉，等. 复合造块法在难处理含铁资源中的应用新进展 [J]. 烧结球团，2016（04）：39-44.

[26] Yang S, Zhou M, Jiang T, et al. Effect of basicity on sintering behavior of low-titanium vanadium-titanium magnetite [J]. Transactions of Nonferrous Metals Society of China, 2015, 25 (6)：2087-2094.

[27] 白瑞国，李燕江，吕庆，等. 钒钛磁铁矿分流制粒厚料层烧结工艺研究 [J]. 钢铁钒钛，2015（04）：65-70.

[28] 何木光，蒋大军，杜斯宏，等. 攀钢钒高钛型钒钛磁铁矿烧结技术进步 [J]. 四川冶金，2013（01）：14-19.

[29] 王强. 钒钛磁铁精矿烧结特性及其强化技术的研究 [D]. 长沙：中南大学，2012.

[30] 王文山. 承德钒钛磁铁矿烧结优化研究 [D]. 沈阳：东北大学，2011.

[31] 刘衍辉，吕学伟，陈攀，等. 镍铬复合烧结矿制备工艺与固结机理 [J]. 钢铁研究学报，2016

（03）：19-28.

[32] 陈攀. 镍铬复合烧结矿的制备与还原分离行为研究 [D]. 重庆：重庆大学，2014.

[33] 李东海. 铬铁矿制粒烧结工艺优化研究 [D]. 重庆：重庆大学，2012.

[34] 仇宏亮. 铬铁精矿球团烧结—电炉冶炼高碳铬铁合金工艺及机理研究 [D]. 长沙：中南大学，2010.

[35] 李建. 铬铁矿粉球团烧结新工艺及固结机理研究 [D]. 长沙：中南大学，2004.

[36] 奚旦立，孙裕生，刘秀英. 环境监测 [M]. 北京：高等教育出版社，2004.

[37] 肖扬. 烧结生产节能减排 [M]. 北京：冶金工业出版社，2014.

[38] 李光强. 钢铁冶金的环保与节能 [M]. 2版. 北京：冶金工业出版社，2010.

[39] 卢红军. 烧结余热的基本特点及对烧结余热发电的影响 [J]. 烧结球团，2008，33（1）：35-38.

[40] 王兆鹏. 烧结余热回收发电现状及发展趋势 [J]. 烧结球团，2008，33（1）：31-35.

[41] 朱廷钰. 烧结烟气净化技术 [M]. 北京：化学工业出版社，2008.

[42] 朱廷钰，李玉然. 烧结烟气排放控制技术及工程应用 [M]. 北京：冶金工业出版社，2015.

[43] 郭玉华，马忠民，王东锋. 烧结除尘灰资源化利用新进展 [J]. 烧结球团，2014，39（1）：56-59.

[44] 余志杰，李奇勇，徐海军，等. 三钢2号烧结机烟气干法选择性脱硫装置的设计与应用 [J]. 烧结球团，2007，32（6）：15-18.

[45] 张春霞，王海风，齐渊洪. 烧结烟气污染物脱除的进展 [J]. 钢铁，2010，45（12）：1-11.

[46] 金永龙. 烧结过程中 NO_x 的生成机理解析 [J]. 烧结球团，2004，29（5）：6-8.

[47] 高继贤，刘静，曾艳，等. 活性焦（炭）干法烧结烟气净化技术在钢铁行业的应用与分析（Ⅰ）——工艺与技术经济分析 [J]. 烧结球团，2012，37（1）：65-69.

[48] 高继贤，刘静，曾艳，等. 活性焦（炭）干法烧结烟气净化技术在钢铁行业的应用与分析（Ⅱ）——工程应用 [J]. 烧结球团，2012，37（2）：61-66.

[49] 张强，许世森，王志强. 选择性催化还原烟气脱硝技术进展及工程应用 [J]. 热力发电，2004，33（4）：1-6.

[50] Iino F, Imagawa T, Takeuchi M, et al. De novo synthesis mechanism of polychlorinated dibenzofurans from polycyclic aromatic hydrocarbons and the characteristic isomers of polychlorinated naphthalenes [J]. Enviromental Science & Technology, 1999, 33：1038-1043.

[51] Ooi T C, Liu·L M. Formation and mitigation of PCDD/Fs in iron ore sintering [J]. Chemosphere, 2011, 85：291-299.

[52] 何晓蕾，李咸伟，俞勇梅. 烧结烟气减排二噁英技术的研究 [J]. 宝钢技术，2008（3）：25-28.

[53] 高翔，吴祖良，杜振，等. 烟气中多种污染物协同脱除的研究 [J]. 环境污染与防治，2009，31（12）：84-90.

[54] 赵德生. 太钢 $450m^2$ 烧结机烟气脱硫脱硝工艺实践 [C]. 2011年全国烧结烟气脱硫技术交流会文集，2011：8-15.